Soldadura en atmósfera natural

FABRICACIÓN MECÁNICA

Soldadura en atmósfera natural

Cristóbal López Gálvez

Francisco Ramón Orozco Roldán

TÉCNICO EN SOLDADURA Y CALDERERÍA

Paraninfo

ciclos formativos

Paraninfo

Soldadura en atmósfera natural

Gerente Editorial
María José López Raso

Técnico Editorial
Paola Paz Otero

Editora de Adquisiciones
Carmen Lara Carmona

Producción
Nacho Cabal Ramos

Diseño de Cubierta
Ediciones Nobel

Preimpresión
Alejandra García Blázquez

2.ª edición, 2019, 2.ª reimpresión, 2023.

C/ Velázquez 31, 3.° Dcha. / 28001 Madrid (ESPAÑA)
Teléfono: 914 463 350 / Fax: 914 456 218
clientes@paraninfo.es / www.paraninfo.es

ISBN: 978-84-283-4141-7
Depósito legal: M-10803-2019

(27.649)

Impreso en España /*Printed in Spain*
Tórculo Comunicación Gráfica

La editorial recomienda que el alumnado realice las actividades sobre el cuaderno y no sobre el libro.

Paraninfo

Presentación

Este libro desarrolla los contenidos del módulo profesional de **Soldadura en Atmósfera Natural** del Ciclo Formativo de grado medio de Soldadura y Calderería, perteneciente a la familia profesional de Fabricación Mecánica.

Las unidades del libro se acompañan de multitud de **recursos didácticos** que ayudarán al futuro profesional a comprender la materia y acercarlo a su inminente realidad laboral:

- Conceptos más relevantes.
- Numerosas ilustraciones y fotografías.
- Actividades de tipo test y de desarrollo.
- Ejercicios prácticos de soldadura eléctrica con electrodo revestido en todas las posiciones.
- Ejercicios prácticos de soldadura oxiacetilénica en todas las posiciones.
- Modelo imprimible de la hoja de procesos.

Este libro dispone de los siguientes materiales y recursos disponibles en línea para **el profesorado que confirme su adopción** como libro de texto para impartir la materia:

- **Programación de aula.**
- **Solucionario.**
- **Materiales y documentación extra.**
- **Presentación en PowerPoint.**
- **Examina.**
- **LDP (Libro Digital Proyectable).**

Contenido

Unidad 1/ 1
Seguridad y prevención de riesgos

Unidad 2/ 23
Organización del trabajo

Unidad 3/ Principios de la soldadura 41

Unidad 4/ Soldadura eléctrica por arco con electrodo revestido 67

Unidad 6/ Defectología de uniones soldadas — 137

Unidad 7/ Otros tipos de soldadura en atmósfera natural — 155

UNIDAD 1

Seguridad y prevención de riesgos

Objetivos

- Reconocer la importancia de la seguridad laboral.
- Saber cuáles son los riesgos en los trabajos de soldeo.
- Conocer y utilizar los equipos de protección individual.
- Conocer y utilizar las medidas de protección colectiva.

Contenidos

Introducción

La industria del metal y la de la construcción son los dos sectores en los que el índice de siniestralidad es más alto debido a las condiciones en las que hay que realizar los trabajos. La mayor parte se realiza con materiales muy pesados, a la intemperie, con maquinaria también pesada, con intensidades de corriente muy alta, elevadas temperaturas, radiaciones, humos y con gran desgaste físico y mental, pues es, muchas veces, una tarea muy repetitiva.

Por ello, esta unidad tiene mucha importancia para los futuros profesionales de la especialidad y debe ser el primero a tratar en este libro.

1.1. Identificación de riesgos en operaciones de soldeo

Los trabajos de soldadura, por la naturaleza de los materiales empleados y por las características de las técnicas que se utilizan, tienen gran cantidad de riesgos que habrá que conocer y prevenir.

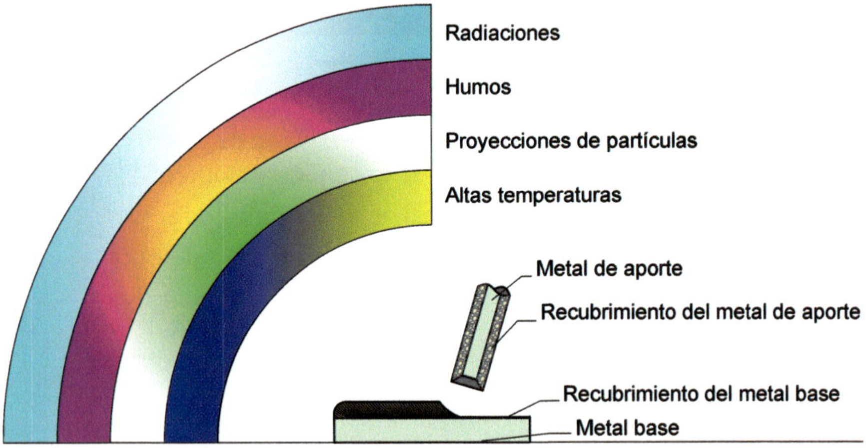

Figura 1.1. Riesgos en operaciones de soldeo.

Estos riesgos son debidos a:

- Las altas temperaturas alcanzadas en los procesos.
- Las proyecciones de partículas incandescentes.

- Los humos y los gases.
- Las radiaciones.
- La manipulación de gases comprimidos.
- La utilización de material eléctrico.
- El trabajo con grandes masas y piezas de grandes dimensiones.
- Los trabajos en altura.
- Las operaciones auxiliares al soldeo.

1.1.1. Altas temperaturas alcanzadas en los procesos

Hay que tener en cuenta que la soldadura consiste en fundir los bordes de dos piezas para que formen una sola y, para conseguir esta fusión, hay que alcanzar, por ejemplo, para el acero, una temperatura de 1500 °C. Estas temperaturas son elevadísimas y pueden producir importantes daños.

El acero es un metal que, cuando se calienta mucho, cambia de color y ese color puede darnos una idea de la temperatura a la que está, sin embargo, hay metales que no cambian su aspecto con la temperatura como, por ejemplo, el aluminio y esto, junto a la elevada conductividad térmica de los metales, puede hacer que los trabajos de soldadura tengan un riesgo importante de producir quemaduras.

Sabías que...

Temperatura a la que se funden algunos metales

Acero	Aluminio	Cobre	Wolframio
1535 °C	625 °C	1035 °C	3700 °C

Para que te hagas una idea, el agua hierve a 100 °C.

1.1.2. Proyecciones de partículas incandescentes

Debido a la acción del arco eléctrico, la composición del material base, el tipo de recubrimiento del electrodo, la diferencia de temperatura entre el baño de fusión y la zona adyacente, la humedad ambiental y algunos otros factores, es habitual en muchos procesos de soldeo que salten o se desprendan pequeñas gotas de metal fundido.

Estas pequeñas gotas de metal fundido se llaman proyecciones y unas veces solidifican en el aire y otras caen en estado líquido en el suelo, con el consiguiente riesgo que ello implica para la integridad del trabajador y de las instalaciones. También se producen proyecciones en los trabajos de esmerilado para saneado o repaso de soldaduras y en trabajos de corte con disco abrasivo.

1.1.3. Humos y los gases

Las altas temperaturas que funden los metales también queman cualquier tipo de residuos que haya en el metal base, como grasa, polvo, pintura, etcétera.

Igualmente, se queman o se funden los recubrimientos de los electrodos, varillas de aporte, desoxidantes, fundentes y otros productos que se utilizan en la ejecución de las soldaduras.

Todo esto produce gran cantidad de humos que, muchas veces, son tóxicos y debemos protegernos de ellos.

También se utilizan gases para la soldadura, tanto combustibles como inertes, y activos capaces de producir daños, bien por inhalación, bien por posibles explosiones o por desplazamiento del aire, lo que elimina el oxígeno.

1.1.4. Radiaciones

Las principales radiaciones que produce el arco eléctrico son las infrarrojas y las ultravioleta, ambas pueden llegar a ser muy perjudiciales para las personas.

El ojo humano solo puede captar un espectro de radiaciones luminosas que van desde el rojo al violeta. Toda la parte del espectro que esté por encima del violeta no es visible para nosotros y se llama *luz ultravioleta* y todo lo que esté por debajo del rojo, que tampoco es visible para nosotros, se llama *luz infrarroja* (Figura 1.2).

No toda la luz ultravioleta o infrarroja es perjudicial; de hecho, los mandos a distancia funcionan con luz infrarroja y los dentistas utilizan luz ultravioleta para endurecer los empastes y existen muchas más aplicaciones.

Sin embargo, las radiaciones del arco eléctrico son de tal intensidad que sí son perjudiciales para las personas que las reciben, incluso pueden llegar a producir quemaduras importantes en la piel y en los ojos. Estas quemaduras son del mismo tipo que las que produce la luz del sol cuando nos exponemos a él sin protección durante mucho tiempo.

Para protegernos de estas radiaciones nuestro cuerpo debe estar cubierto y debemos mirar la soldadura a través de unos filtros llamados *cristales inactínicos*. La capacidad filtrante de estos cristales irá en función del proceso de soldeo, de la cantidad de radiaciones que este produzca y de la capacidad visual del soldador.

Los cristales inactínicos están numerados del 1 al 14 y filtran más según va aumentando su número. En la siguiente tabla, se da una orientación de los filtros a usar según el procedimiento de soldadura o corte (Tabla 1.1).

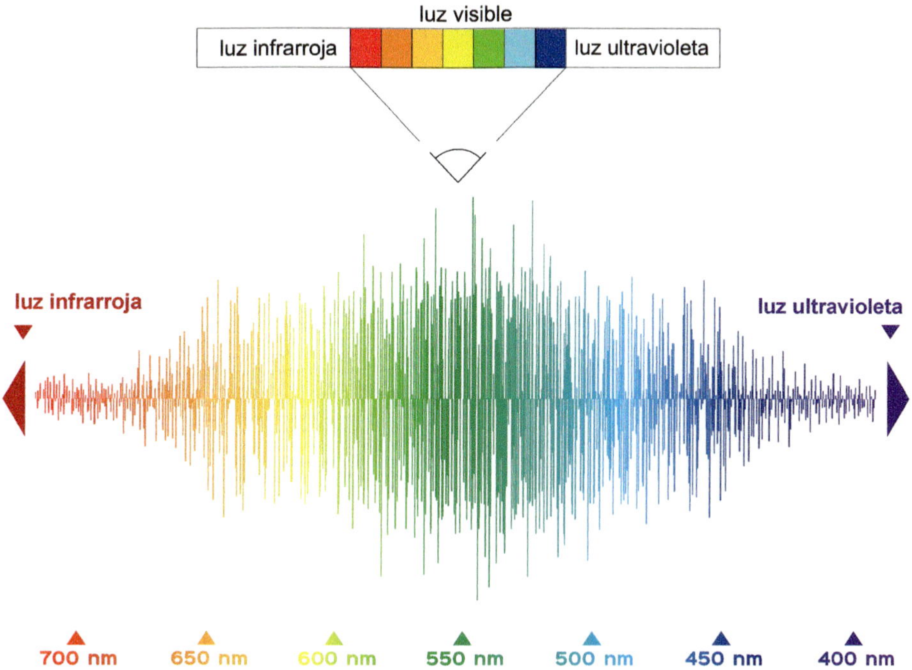

Figura 1.2. Espectro de luz visible para el ojo humano (nm = nanómetro).

Tabla 1.1. Cristales inactínicos que debemos usar según los trabajos a realizar

Protección ocular		
Proceso	**Filtros***	**Filtro más usado**
Soldeo blando con soplete	2	2
Soldeo fuerte con soplete	3-4	3
Oxicorte	3-6	5
Soldeo oxigás (acero)	4-8	5
Soldeo manual con electrodo revestido	7-14	10
Soldeo MIG - MAG	7-14	11
Soldeo TIG	8-14	11
Corte por plasma	8-14	10
Arco aire	10-14	12

* Dependiendo de la intensidad de la corriente o de la potencia de la llama y de la capacidad visual del soldador, nos moveremos entre estos valores. Se empezaría por el filtro de mayor numeración e iríamos reduciendo hasta conseguir una buena visión.

1.1.5. Manipulación de gases comprimidos

A pesar de lo expuesto anteriormente, el principal peligro de los gases es el hecho de que estén envasados en botellas o cilindros de alta presión.

La manipulación de estas botellas comporta gran cantidad de riesgos. Los principales son su manejo, por su forma y por su peso, y las fugas que se pueden producir.

Figura 1.3. Botellas de gas.

1.1.6. Utilización de material eléctrico

Actualmente, la gran mayoría de equipos de soldadura son eléctricos, pues a la oxiacetilénica la está sustituyendo el TIG, por lo que el oxigás se utiliza solo para corte y resanado de cordones.

Figura 1.4. Utilización de cables y máquinas eléctricas.

Aunque la corriente utilizada en soldadura no suele tener una tensión elevada, lo cierto es que puede resultar peligroso y, además, hemos de tener en cuenta que los equipos tienen que estar conectados a la red y que, muchas veces, hemos de utilizar alargaderas para llegar al lugar donde se realiza el trabajo.

Todo esto supone un riesgo que puede llegar a accidentes graves e incluso a la muerte. Es fundamental prestar la máxima atención a los aislamientos y a un buen conexionado de todos los equipos y de la maquinaria auxiliar.

1.1.7. Trabajo con grandes masas y piezas de grandes dimensiones

Los trabajos de calderería y de montaje de estructuras a menudo suelen ser de grandes dimensiones y, por consiguiente, de grandes pesos. Suele ser necesario el manejo de grúas-puente y maquinaria pesada para su movimiento, manipulación, transporte y montaje.

Esto supone un riesgo tanto por el tamaño y peso de las piezas como por el tipo de maquinaria a utilizar.

Figura 1.5. Trabajo con piezas de grandes dimensiones.

1.1.8. Trabajos en altura

Por las mismas razones expuestas anteriormente, el montaje de piezas suele ser en altura con la utilización de andamios o de maquinaria de elevación, con el consiguiente riesgo de caídas.

Se hará muy necesaria la utilización de redes y de arneses, además de otras medidas de seguridad.

Figura 1.6. Trabajo de montaje en altura.

1.1.9. Operaciones auxiliares al soldeo

Estas son las que se realizan antes o después del soldeo, corte, preparación de bordes, saneado de cordones, descosido, repaso de cordones, etcétera.

Casi todas estas operaciones se realizan con desbarbadoras radiales.

Figura 1.7. Desbarbadora radial.

Estas pequeñas máquinas o herramientas eléctricas parecen inofensivas, pero son una fuente importante de accidentes en los trabajos que se realizan con ellas.

En primer lugar, hay que tener en cuenta que son máquinas muy potentes en relación con su tamaño, pueden llegar a alcanzar los 1600 W.

En segundo lugar, montan un disco abrasivo que puede ser de corte o de repaso de hasta 230 mm de diámetro y que gira en torno a las 9000 r. p. m., lo cual le da una inercia a veces difícil de controlar.

Y, por último, esta máquina trabaja por abrasión, lo que significa que arranca material desgastándolo con pequeños granos que se van desprendiendo y esto provoca una gran cantidad de partículas incandescentes que llegan a una distancia relativamente grande.

Otra operación auxiliar a tener en cuenta es el picado de la escoria en soldadura con electrodo revestido y limpiado del cordón con cepillo de acero.

Las precauciones a tener en cuenta en este tipo de operaciones son:

- Utilización de gafas protectoras.
- Utilización de guantes de cuero.
- No repasar donde haya productos inflamables.
- Mirar siempre hacia donde se dirigen las proyecciones.
- No forzar la radial.
- Conservar los discos convenientemente y no golpearlos.
- Mantener el cable alejado de la muela.
- Mantener el cableado con buen aislamiento.
- Realizar un buen conexionado de la máquina.
- No quitar NUNCA el protector del disco.

Recuerda que...

1 caballo (HP) = 745 vatios

Por tanto, una radial tiene:

1600 : 745 = 2,14 HP

Sabías que...

En la red puede encontrarse abundante información sobre seguridad y prevención. Busca unos documentos llamados NTP (Nota Técnica de Prevención). Existen infinidad de ellas sobre actividades, procedimientos o máquinas. Otra fuente importante de información sobre estos temas es el Instituto Nacional de Seguridad y Salud en el Trabajo. Su web es: **http://www.insht.es**.

1.2. Lugar de trabajo

El lugar donde desarrollamos nuestro trabajo debería ser un lugar agradable, si tenemos en cuenta que tenemos una jornada laboral de ocho horas, esto supone un tercio del día en el trabajo. Por ello y para conseguir un buen rendimiento, este debe ser un lugar acogedor y confortable.

En la profesión de soldador, no siempre es posible conseguir un lugar adecuado e incluso, a veces, ni siquiera un lugar, ya que muchos trabajos se tienen que hacer a la intemperie.

Podemos dividir este apartado en trabajos en taller y trabajos en obra.

1.2.1. Trabajos en taller

El taller, normalmente, no suele ser solo de soldadura, sino que la soldadura es uno de los diferentes procesos que se realizan en la empresa, que puede dedicar su actividad a cualquier cosa.

Debe estar definida cada zona de trabajo, por ejemplo, la zona de corte, la de mecanizado, la de montaje, la de soldadura, etc. Y debe tener una distribución lógica para que el producto a fabricar siga una secuencia ordenada y con pocos desplazamientos.

También debe estar señalizado, todo lo que la normativa dicte y el sentido común aconseje, por ejemplo, extintores, salidas de emergencia, pasillos, los EPI a utilizar en cada zona, etc. La iluminación debe ser la adecuada y siempre es preferible luz natural.

En un taller de estas características, es fundamental una buena ventilación por la gran cantidad de gases que se producen, sobre todo, en los procesos de soldadura y de corte. Cuando sea necesario, tendrá que haber una ventilación forzada para eliminar los humos contaminantes y el polvo que pueda quedar en suspensión.

Por último, un lugar limpio y ordenado siempre será un sitio más seguro y agradable donde desarrollar nuestro trabajo.

Figura 1.8. Taller señalizado y con buena distribución.

1.2.2. Trabajos en obra

En el montaje de piezas ya construidas, las cosas cambian un poco y hay que tener en cuenta el tipo de productos que fabricamos (estructuras metálicas, naves industriales, puentes, construcción naval, etc.), pues todas ellas suelen ser de dimensiones muy grandes y hay que hacerlas en el exterior.

El principal problema con el que nos enfrentamos es la climatología y esta va a depender de en qué época del año y en qué punto geográfico estemos.

Puede resultar un peligro:

- **La lluvia.** Reduce la visibilidad, provoca enfriamientos, aumenta el riesgo de contactos eléctricos y puede provocar resbalones.
- **El viento excesivo.** Puede llegar a tener gran fuerza y ser capaz de mover grandes masas, derribar muros y mover maquinaria pesada. Es especialmente peligroso para la seguridad de los andamiajes y, por encima de ciertas velocidades de viento, está prohibido trabajar.
- **El calor.** Es un enemigo silencioso que produce gran agotamiento, ya que el cuerpo consume grandes recursos para combatirlo. Es difícil luchar contra él, solo podemos beber mucha agua y procurar trabajar a la sombra, ya que el sol, además de calor, puede provocar importantes quemaduras en la piel por la acción de los rayos ultravioleta.
- **El frío.** Puede provocar entumecimiento muscular y hacer que nuestros movimientos sean muy torpes. En condiciones extremas, puede causar congelación. Se combate con buena ropa de abrigo, pero esta no debe limitarnos la capacidad de movimientos. Actualmente, existe gran variedad de ropa térmica.

Figura 1.9. Trabajo en obra expuesto a la climatología.

Otro factor de riesgo a tener en cuenta en los trabajos de montaje es la utilización de andamios o de máquinas elevadoras y, por tanto, los trabajos en altura, que pueden provocar caídas a distinto nivel con graves consecuencias. Se hace necesaria la utilización de andamios y elevadores homologados que cumplan con la normativa vigente en cada país, además de la utilización de arneses y de redes.

1.3. Protecciones individuales

Como su nombre indica, son las prendas y los objetos que cada trabajador puede y debe tener para la protección de su persona. Estas protecciones tienen que ser efectivas, pero no deben entorpecer los movimientos ni la visión del trabajador. A veces, es tan malo ir sin protección como ir sobreprotegido.

En los trabajos que nos ocupan, o sea, en los trabajos de soldadura con electrodo revestido y oxiacetilénica, las protecciones que deben usarse son:

- **Ropa de trabajo.** Actualmente, todas las empresas exigen que sus trabajadores utilicen una indumentaria adecuada a su trabajo, ya ninguna admite eso de ir a trabajar con ropa usada. Uno de los motivos de esta tendencia es la imagen cada vez más cuidada de las empresas. Otro motivo importante es la adecuación de la ropa a cada faena y la mejora de las condiciones de trabajo. En el caso de la soldadura, suele usarse ropa que nos permita la libertad de movimientos que esta profesión necesita, puede ser mono (buzo) y conjunto de pantalón y chaquetilla. El color más utilizado es el azul por ser un color que refleja poco las radiaciones de la soldadura.

Figura 1.10. Soldador con el equipo de trabajo.

- **Pantallas con cristales inactínicos.** Se utilizan para la protección contra las radiaciones y cubren la cara entera para evitar quemaduras. Pueden ser de mano o tipo yelmo, que se sujeta en la cabeza y deja las dos manos libres.
  - **Pantallas de mano.** Son muy ligeras y cuentan con un agarre o empuñadura que se sujeta con la mano frente al rostro para evitar el daño en los ojos y la cara.
  - **Pantallas de cabeza o yelmo.** Tienen una sujeción para ajustarlas a la cabeza, con lo que las dos manos quedan libres para realizar el trabajo. Esta sujeción se puede ajustar según la medida de la cabeza de cada persona.
  - **Pantallas fotosensibles.** Tienen múltiples ventajas con respecto a las anteriores, se ajustan perfectamente a la cabeza y no hay que estar levantando y bajando la misma para cambiar

de tarea, la principal característica de esta pantalla es que tiene un cristal que permite una visión normal del trabajo, pero cuando salta el arco de soldadura se oscurece automáticamente evitando daños oculares. También son llamadas automáticas o electrónicas.

Figura 1.11. Pantalla de mano.

Figura 1.12. Pantalla de cabeza.

Figura 1.13. Pantalla fotosensible.

- **Gafas con filtros.** Para soldadura y corte con soplete.
- **Gafas transparentes de protección ocular para picado de escoria y resanado y repaso de soldaduras con radial.** Las hay totalmente transparentes o ligeramente teñidas en amarillo para interior y más oscuras en gris para trabajos en exterior.

Figura 1.14. Gafas para soldadura y corte con soplete.

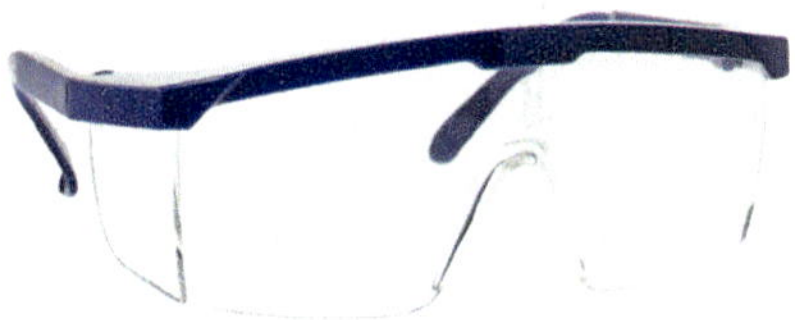

Figura 1.15. Gafas trasparentes de trabajo.

- **Guantes de soldador de cuero.**

Figura 1.16. Guantes para soldadura.

- **Mandil.** Es de cuero y sirve para proteger el tronco, los genitales y la parte alta de las piernas.

Figura 1.17. Mandiles.

- **Polainas.** Son también de cuero y sirven para proteger los tobillos y los pies de las proyecciones y salpicaduras.
- **Manguitos.** Igualmente, son de cuero y se usan para cubrir los brazos.
- **Calzado de seguridad,** con puntera reforzada para evitar golpes, cortes o aplastamiento por caída de objetos pesados o cortantes.

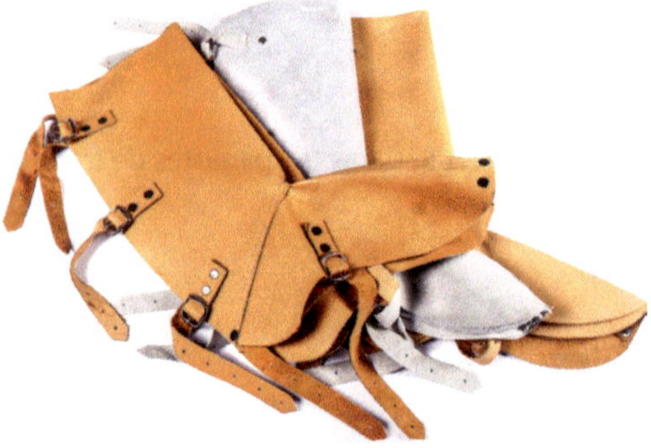

Figura 1.18. Polainas.

Figura 1.19. Botas de seguridad.

- **Casco.** Se usa mayormente en el montaje en obras, aunque, a veces, también son necesarios en el taller, y sirve para proteger la cabeza de la posible caída de objetos.
- **Protecciones auditivas.** Pueden ser de tipo casco, que cubre la oreja entera, o tipo tapones, son importantes para protegernos del alto nivel de ruido que producen este tipo de trabajos, pero hemos de tener en cuenta que nos aíslan auditivamente del exterior y, al usarlas,

tendremos que estar más alerta a nuestro entorno, pues anulamos o disminuimos uno de nuestros sentidos.

Figura 1.20. Casco.

Figura 1.21. Protector auditivo de tipo casco.

Figura 1.22. Soldadora y soldador con mandil, guantes y manguitos.

1.4. Protecciones colectivas

Son las protecciones que no solo protegen a un trabajador, sino a un grupo más o menos grande de ellos. Normalmente, se usan localizándolas en un sitio. Puede haber tantas como tipos de trabajos y lugares existan en una empresa. Para los trabajos de soldadura, las más importantes son:

- **Sistemas de ventilación.** Que, a su vez, pueden ser:
  - **Ventilación natural.** Simplemente, abriendo puertas y ventanas para que corra el aire.
  - **Ventilación forzada.** Con aparatos que impulsan el aire y provocan su renovación.

- **Extracción de humos.** Se realiza con aparatos que aspiran los gases resultantes de los procesos de soldadura. Antes, estos humos que se extraían contaminados eran expulsados al exterior. Hoy en día, gracias a una mayor conciencia ecológica, estos humos se filtran y se suelta a la atmósfera aire limpio. Los sistemas de extracción pueden ser:

  — **Extracción general.** Extrae humos de toda la instalación independientemente de donde estén los puestos de soldadura.

  — **Extracción localizada.** Son extractores más pequeños que se colocan en el lugar donde se realiza la soldadura.

Figura 1.23. Sistema de ventilación.

Figura 1.24. Sistema de extracción localizada.

- **Mamparas y cortinas divisorias.** Se utilizan para que las radiaciones luminosas no afecten a las personas que no están soldando y que, por tanto, no tienen las protecciones adecuadas. Las mamparas a veces suelen ser móviles para poder colocarlas en el sitio que haga falta en cada caso. Las cortinas tienen que ser ignífugas para evitar peligro de incendios.

- **Material contraincendios.** Este material está destinado a combatir los primeros conatos de incendio, ya que, en caso de un incendio incontrolado o de grandes proporciones, los que deben actuar son los expertos, o sea, los bomberos. Los trabajadores solo deben actuar cuando el fuego empieza a producirse y, si, en ese momento, no se consigue apagar, se debe evacuar y esperar a que lleguen los servicios de emergencia. La empresa tiene que tener previsto un plan de evacuación, así como indicaciones de itinerarios de salida, puertas de emergencia con cierre antipánico, etc. Los materiales contra incendios más comunes pueden ser:

  — **Extintores.** Los hay de muchos tipos, dependiendo de qué tipo de fuego se necesite apagar, ya que no es lo mismo apagar un cuadro eléctrico que arde que un depósito de combustible.

  — **Mangueras.** Si existen estos elementos es porque hay una red de agua contraincendios. Deben estar señalizadas y deben emplearse por personal especializado, de la empresa o de fuera de ella. Si no sabemos cómo usarlo es mejor no hacerlo.

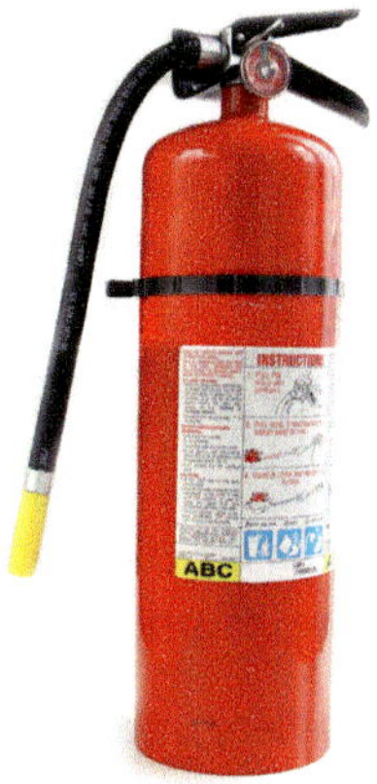

Figura 1.25. Extintor.

Figura 1.26. Mangueras contraincendios.

- **Señalización.** Es todo aquello que nos transmite algún mensaje y pueden ser de múltiples formas:

  — **Líneas pintadas en el suelo.** Suelen indicar zonas de paso, direcciones de salida, zonas de maniobra que no deben ocuparse, etc. Suelen ser de color amarillo y, a veces, se combinan con rojo o negro para darle mayor vistosidad.

  — **Señales impresas.** Se ponen pegadas en las paredes, puertas, cuadros eléctricos, etc., e indican peligros, riesgos o precauciones que debemos tomar. También nos dan información sobre lugares o productos que estamos manipulando. En la Figura 1.5, se pone un ejemplo de algunas de estas señales.

Figura 1.27. Cartel con normativa de seguridad.

1.5. Limpieza y orden de las instalaciones

En las obras de montaje, normalmente, llegan la mayor parte de las piezas, accesorios y consumibles embalados para protegerlos durante el transporte. Es por ello que se genera una gran cantidad de basura en forma de plásticos, papel, madera, cartón, etc. Estas materias arden con facilidad, por lo que no son compatibles con los trabajos de soldadura, donde se desprenden cantidad de chispas en forma de proyecciones, metales fundidos y partículas incandescentes.

Por todo lo anterior, es muy importante la recogida de todos estos residuos y una limpieza eficaz, con el conveniente reciclado de todos los materiales que se puedan reciclar. De esta manera, a la vez que evitamos posibles incendios, evitamos tropiezos y caídas al mismo o a distinto nivel.

De la misma manera que ocurre en el montaje en obra ocurre en los talleres, por lo que es fundamental una limpieza constante de las instalaciones para evitar peligros innecesarios.

No solo hay que esmerarse en la limpieza de las instalaciones, sino en mantener el orden correcto de los materiales, consumibles, maquinaria, herramientas y todo lo que tengamos que utilizar en un taller.

Hay que recordar siempre que el orden y la limpieza facilitan el trabajo y evitan accidentes.

Figura 1.28. Taller sin residuos y ordenado.

SEGURIDAD Y PREVENCIÓN DE RIESGOS

Identificación de riesgos en operaciones de soldeo

- Altas temperaturas
- Proyecciones
  - Incandescentes
  - Frías
- Humos y gases
  - Quemado de sustancias
  - Gases combustibles
- Radiaciones
  - Infrarrojas
  - Ultravioletas
- Gases comprimidos
  - Manipulación
  - Fugas
- Material eléctrico
  - Aislamientos
  - Conexiones
  - Tomas de tierra
- Trabajo con grandes masas y piezas de grandes dimensiones
- Trabajos en altura
  - Andamios
  - Redes
  - Arneses
- Operaciones auxiliares al soldeo
  - Desbarbado
  - Repasado
  - Saneado

Lugar de trabajo

- Trabajos en taller
  - EPI
  - Iluminación
  - Ventilación
- Trabajos en obra
  - EPI
  - Lluvia
  - Viento
  - Calor
  - Frío

Protecciones individuales

- Ropa de trabajo
- Protecciones oculares
- Protecciones auditivas
- Protección del cuerpo
- Protección de la cabeza

Protecciones colectivas

- Sistemas de ventilación
- Extracción de humos
- Mamparas y cortinas
- Material contraincendios
- Señalización

Limpieza y orden de las instalaciones

DE COMPROBACIÓN

1.1. ¿Cuál de estas respuestas no es un riesgo relacionado con la soldadura?

a) Las altas temperaturas.
b) La utilización de material eléctrico.
c) Los humos y los gases.
d) La radioactividad.

1.2. ¿Cómo protegemos nuestras manos y brazos de la elevada temperatura?

a) Con crema térmica.
b) Poniéndose lejos.
c) Con una pantalla.
d) Con guantes y manguitos.

1.3. ¿De qué material están hechos los mandiles y las polainas?

a) De acero inoxidable.
b) De lona engrasada.
c) De plástico resistente.
d) De cuero curtido.

1.4. ¿Qué son las proyecciones?

a) Películas.
b) Gotas de metal fundido.
c) Sombras sobre la pared.
d) Dibujos explicativos.

1.5. ¿Qué tipo de radiaciones produce la soldadura?

a) Radiaciones de onda corta.
b) Radiaciones amorfas.
c) Radiaciones infrarrojas y ultravioletas.
d) Radiaciones peligrosas.

1.6. ¿Por qué son peligrosas las botellas de gases?

a) Por su forma y su peso.
b) Porque tienen mucha graduación.
c) Porque están calientes.
d) Porque están frías.

1.7. ¿Qué significan las siglas EPI?

a) Equipo Para Inspecciones.
b) Equipo de Protección Individual.
c) Equipo Para Incendios.
d) Equipo Personal Intransferible.

1.8. ¿Cuál de las siguientes no es una protección colectiva?

a) Extracción de humos.
b) Material contra incendio.
c) Paso de peatones.
d) Ventilación.

1.9. ¿Qué tipo de señalización se coloca en los talleres?

a) Impresa.
b) Líneas en suelo.
c) Las dos anteriores.
d) Ninguna.

1.10. ¿Por qué se limpian las zonas de trabajo?

a) Para poder ver.
b) Para que esté bonito.
c) Porque lo dice el jefe.
d) Para evitar incendios, tropiezos y caídas.

ACTIVIDADES FINALES

DE APLICACIÓN

1.1. Haz un croquis del taller donde trabajas y coloca en él los pasillos y las salidas de emergencia.

1.2. Comprueba el material de protección del que dispones para el trabajo en taller y haz un estudio de si es el adecuado o no.

1.3. En el croquis de la Actividad 1.1, sitúa los extintores que existen en el taller.

1.4. Observa las etiquetas de los extintores y anota cuál es su composición y para qué tipo de fuego sirve.

1.5. Propón las medidas que creas que son necesarias para mejorar la seguridad en el taller.

1.6. Anota qué operación o qué máquina no son seguras y cómo se corrige el riesgo.

1.7. Nombra algunas operaciones auxiliares de soldeo.

1.8. Indica para qué sirve un mandil.

1.9. Explica qué es la extracción localizada.

1.10. ¿Cómo se realiza la ventilación forzada?

UNIDAD 2

Organización del trabajo

Objetivos

- Reconocer la importancia de la planificación de las tareas.
- Comprender el funcionamiento interno del taller.
- Conocer y planificar la utilización de los equipos.
- Ser capaz de seguir una secuencia lógica en los trabajos.
- Conocer y realizar el reciclado de materiales.
- Aprender a aprender.

Contenidos

2.1. Taller

2.2. Aula

2.3. Planificación de las tareas

2.4. Procesos de trabajo

Introducción

En esta unidad, se va a explicar cómo se realizarán los trabajos en el taller. Tenemos unos recursos muy limitados y, por tanto, deberemos esmerarnos en cumplir con todo lo que se dice a continuación para no desperdiciar materiales ni tiempo. Ten en cuenta que estas dos cosas son lo que más valor tiene en cualquier empresa, considera el taller como la empresa en la que trabajarás en un futuro más próximo de lo que te imaginas.

Ante cualquier duda en el proceso de realización de la pieza, consulta con el profesor, pues te ahorrará tiempo y esfuerzo al orientarte para conseguir un buen resultado. Este es un trabajo, la mayor parte de las veces, lento y complicado, así que échale paciencia y ten en cuenta que nadie nace sabiendo y que todos tenemos que aprender.

2.1. Taller

El taller es el sitio donde vamos a desarrollar nuestro trabajo. Un taller de soldadura para el aprendizaje suele tener cabinas hechas de obra o de tableros de madera pintadas con pintura ignífuga. Estas cabinas se cierran habitualmente con cortinas también ignífugas. Casi nunca se tiene un taller dedicado solo a la soldadura. Dentro de él, están también las máquinas para calderería, los bancos de trabajo, las máquinas auxiliares y los armarios de herramientas.

Es fundamental para que el trabajo sea efectivo que exista una buena disposición de todos los elementos que componen el taller y que se mantenga un orden en la colocación de todas las herramientas.

También es muy importante que el material —chapas, tubos, perfiles, etc.— esté bien colocado en sus atriles para evitar que se desplace o se caiga sobre nosotros. Los pasillos deben estar libres de obstáculos para permitir la circulación sin peligro.

Hay muchas posibles distribuciones en un taller y esta, además, puede ir cambiando con la adquisición de nuevas máquinas o porque se vea con el tiempo algún fallo en la utilización de los espacios.

Seguidamente se presenta un ejemplo de cómo puede distribuirse un taller de soldadura y calderería.

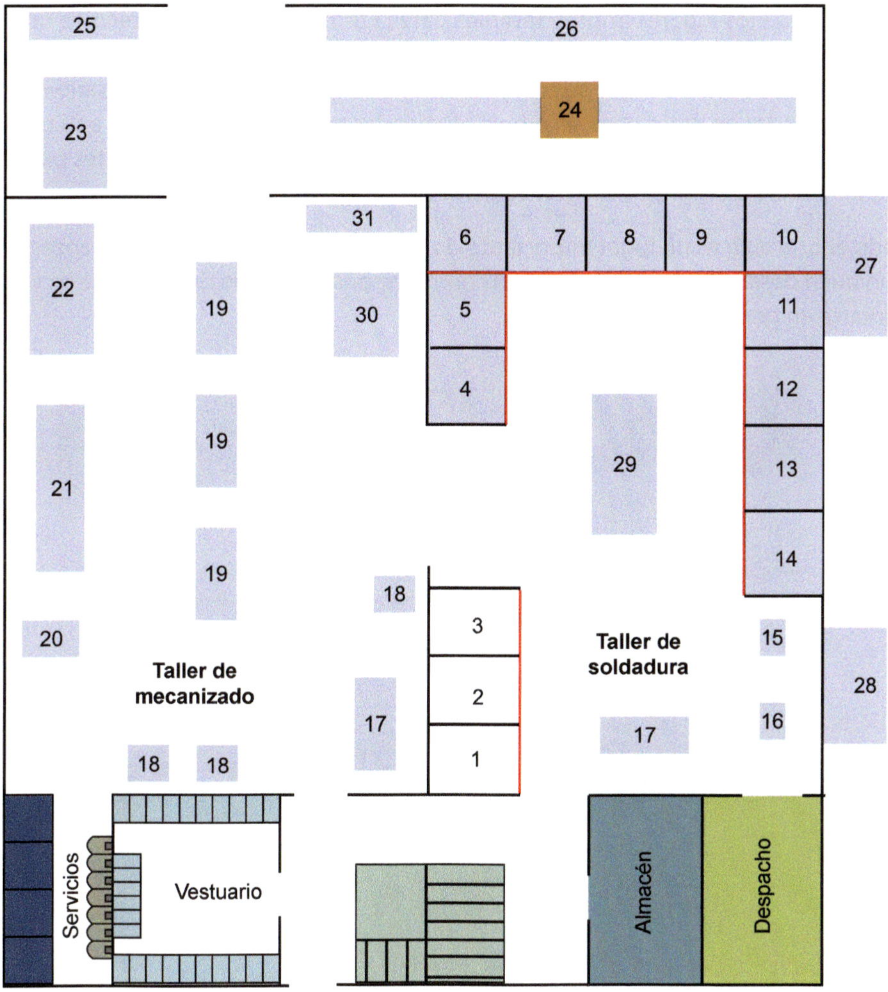

(1 - 7). Cabinas de soldadura (procedimientos: electrodo y TIG)
(8 - 14). Cabinas de soldadura (procedimientos: electrodo y MIG-MAG)
(15 y 16). Soldadura oxiacetilénica
17. Mesa del profesor
18. Taladradoras
19. Bancos de trabajo
20. Curvadora de perfiles
21. Cilindros curvadores de chapa
22. Plegadora
23. Cizalla de guillotina
24. Sierra de cinta
25. Atril para las chapas
26. Percha para tubos y perfiles
27. Extractor de humos
28. Jaula de gases
29. Mesa de montaje
30. Fresadora
31. Armario de herramientas

Figura 2.1. Distribución del taller.

2.2. Aula

El aula es otro de los lugares imprescindibles para la formación. Un buen técnico no solo tiene grandes habilidades, sino que también debe tener los conocimientos suficientes como para resolver cualquier problema que se presente en su trabajo. Por lo que es necesario unos conocimientos profundos en áreas como el dibujo técnico, las tecnologías aplicables a su profesión, los materiales, los tratamientos, etc. También se estudian materias muy importantes para cualquier trabajador como las empresas, los contratos, la salud laboral, etcétera.

Por todo ello, el aula es un lugar importante donde se recibirán muchas enseñanzas necesarias para un buen desarrollo, tanto profesional como personal. No debe despreciarse su valor y debe conservarse en perfecto estado.

Figura 2.2. Aula de teoría.

2.3. Planificación de las tareas

Planificar significa someter a un plan detallado el desarrollo de cualquier actividad. La que nos ocupa es una actividad industrial con procesos de fabricación complicados y lentos. Se necesita una muy buena planificación de las tareas y de los procesos para conseguir el resultado correcto y en el tiempo correcto.

2.3.1. Análisis del trabajo. Interpretación de la documentación técnica

Al final de este libro, hay dos documentos importantes para la realización de los ejercicios:

1. Los planos de las piezas.
2. Los procesos de trabajo.

Esta es la documentación técnica que recibes para hacer la práctica. Lo primero que debes hacer es consultar y analizar minuciosamente el plano, como verás, la pieza está representada por sus vistas y se encuentra perfectamente definida y acotada.

Debes imaginarte la pieza en perspectiva para comprender qué vas a hacer y cómo afrontar el trabajo. Verás que, además de los planos, en cada lámina, suele haber instrucciones, anotaciones o aclaraciones que ayudarán a entender mejor la pieza y su proceso de fabricación.

Figura 2.3. Planificando el trabajo.

Cuando se empieza a trabajar un ejercicio, debes seguir el siguiente orden:

1. Estudia bien los planos y las instrucciones y planea el trabajo de la manera más racional. En qué orden realizar los cordones, qué útiles necesitas, qué herramientas, qué instrumentos de medida son los mejores para el trabajo, cómo hacer el trazado, etcétera.
2. Calcula el trozo de material en bruto que contiene la pieza y estudia la forma de cortarlo para aprovechar mejor la plancha de chapa, el perfil o el tubo.
3. Traza la pieza con el máximo cuidado, de esta operación dependerá la buena realización del ejercicio.
4. Elimina las rebabas tal como se produzcan, será más seguro y trabajarás mejor.
5. Para las chapas finas no uses la radial ni las amoladoras porque es peligroso y poco efectivo, mejor usa limas.
6. Remata bien la pieza, el acabado es muy importante en los trabajos. Elimina rebabas, bollos, aristas cortantes, limpia la pieza, etcétera.
7. Cumplimenta el proceso de trabajo. Este documento se suele entregar con los planos en las empresas, vosotros los haréis después porque es más fácil aprender a hacerlo de esta manera, ya que todavía no conocéis bien las operaciones y los procedimientos de trabajo.

2.3.2. Calidad, normativas y catálogos. Precisión de las dimensiones, calidad superficial y controles de fabricación

La calidad de una pieza puede entenderse como el grado de cumplimiento de las especificaciones técnicas, dimensionales y superficiales. Tan importante es eso que todas las empresas tienen un departamento específico de control de calidad.

En el taller, el primer nivel de control de calidad lo realizáis vosotros mismos al comprobar que la pieza terminada cumple con las especificaciones del plano.

El segundo nivel de control lo tiene el profesor cuando corrige el ejercicio, que evaluará:

- **Precisión dimensional.** Es muy importante que los ejercicios tengan las dimensiones que se especifican en el plano de fabricación, sobre todo cuando son varias piezas que tienen que encajar unas con otras. Por eso, se le da más valor a esta parte.
- **Calidad superficial y acabado.** Es también importante que la pieza tenga un buen aspecto, libre de deformaciones, defectos superficiales, óxidos, rebabas, etcétera.

Figura 2.4. Control de las dimensiones.

Figura 2.5. Piezas terminadas.

- **Elaboración del proceso de trabajo.** Cumplimentar este documento implica que se han aprendido los procedimientos y las técnicas empleadas en la fabricación de la pieza. Debe realizarse de forma correcta, debe ser limpio, ordenado y legible, con el croquis centrado y que cumpla todas las normas de dibujo y acotaciones. Se elaborará en las fichas que están al final de este libro.

2.3.3. Medidas de prevención colectiva e individual

Se utilizarán siempre los EPI, lo mínimo necesario para nuestro trabajo es:

- Ropa de trabajo.
- Gafas de protección.
- Pantalla para soldadura.
- Guantes de cuero.
- Botas de seguridad.

Figura 2.6. Pantalla de tipo yelmo.

Tanto las medidas de protección individual como las colectivas se han estudiado en la unidad anterior, solo nos queda pedirte que te conciencies de su utilización. En el almacén, tenemos muchos repuestos, pero no tenemos ojos, ni dedos ni pies.

2.3.4. Tratamiento de residuos

En el taller, producimos básicamente tres tipos de residuos:

1. **Papeles.** Para los papeles, tememos un contenedor que debemos utilizar. Guardamos todos los folios usados y los depositamos en el contenedor para papeles.

2. **Residuos metálicos.** Separamos los metales, que después recogerá el chatarrero, para su reciclaje. La viruta también se separa, aunque sean del mismo metal. Tenemos bidones para este menester repartidos por todo el taller. Los metales no férricos no se depositan en los mismos bidones.

Figura 2.7. Virutas producidas por taladro.

3. **Basura.** Son los restos que recogemos del suelo cuando barremos después de terminar la jornada. Para esto, también existen en el taller unos cubos de basura que tienen puesta una bolsa para facilitar su recogida.

2.3.5. Relación del proceso con los medios y las máquinas

En el taller, no tenemos tantas máquinas y herramientas como para que todos podamos hacer el mismo trabajo a la vez. Por este motivo, se repartirán los ejercicios para que todos podamos trabajar, aunque en distintos ejercicios, y, una vez terminados, cambiaremos los trabajos para que todos hagamos lo mismo y en el mismo tiempo, aunque no al mismo tiempo.

2.3.6. Valoración del orden y de la limpieza durante las fases del proceso

El orden y la limpieza en el taller nos darán seguridad y nos facilitarán el trabajo. Si no colocamos las herramientas siempre en su sitio, nos pasaremos gran parte del tiempo buscándolas.

Nota

Ten en cuenta que un taller sucio y desordenado provoca accidentes.

En nuestro taller, observaremos las siguientes medidas con respecto al orden y la limpieza:

- Cuando recortamos chapas, recogemos los restos inmediatamente para no pisarlos.
- Al terminar la jornada en el taller, recogemos todas las herramientas y las colocamos en su sitio.
- Limpiamos las mesas.
- Apagamos las máquinas y cerramos los gases.
- Recogemos los cables de las máquinas.
- Barremos el suelo.

Recuerda que...

El taller lo compartimos con otros grupos y todos queremos encontrarlo limpio y ordenado.

Figura 2.8. Construcción naval. A pesar de la complejidad del trabajo, obsérvese la limpieza y el orden en las instalaciones.

2.4. Procesos de trabajo

Un proceso de trabajo es una guía que se nos da para la realización de un trabajo. Dentro de las funciones de vuestra formación está la elaboración de documentación técnica y, más concretamente, la de procesos de trabajo.

2.4.1. Elaboración de la hoja de procesos

Una vez terminada la pieza, se realizará la hoja de procesos de la siguiente forma:

- Cumplimentar la cabecera con tus datos y los del ejercicio.
- El croquis se realizará a mano alzada, debidamente acotado y cumpliendo toda la normativa aplicable a dibujo industrial, limpio, centrado y proporcionado al espacio que tiene reservado.
- En diseño de junta y secuencia de soldeo, también habrá que hacer un croquis para aclarar todo lo necesario.
- En la columna número 1, se pondrán todos los datos que se nos piden para el primer cordón.
- En la columna número 2, se pondrán todos los datos que se nos piden para el segundo cordón, y así sucesivamente todos los cordones que hagamos.
- Puedes poner lo que quieras en el apartado de observaciones, por ejemplo, que la máquina asignada está averiada, que los electrodos estaban húmedos, etcétera.
- La línea que está debajo de las observaciones es para saber cuál de los ejercicios presenta mayor dificultad. Nos ayuda a la hora de programar los distintos ejercicios.
- La última parte la rellena el profesor con la fecha y la calificación del ejercicio.
- Esfuérzate en hacer una letra que pueda leerse bien.

En la Figura 2.9, se representa un proceso de soldadura cumplimentado. Lo que está en azul lo escribiría el alumno y lo que está en rojo, el profesor.

Sabías que...

Existe una especialidad de ingeniería que se llama Organización Industrial. Su misión es encontrar la mejor manera de hacer las cosas para que los procedimientos sean eficaces y se consigan con ellos unos resultados buenos, con trabajos de calidad y en tiempos lo más reducidos posible. Lo que se busca con todo esto es una buena rentabilidad en las empresas que las haga viables y productivas. En el sector del metal, la organización es un trabajo arduo y complicado debido a la dificultad que presentan la mayoría de los procesos de fabricación.

Dpto. de fabricación mecánica	**Soldadura en Atmósfera Natural**	Ciclo de grado medio de Soldadura y Calderería

ALUMNO: Nombre, Apellido, Apellido	N.º:	EJERCICIO N.º 2	
Material: pletina de 30X10	Tipo de soldadura: A tope	Posición: Horizontal	
Movimiento de avance: a derechas	Movimiento de trabajo: en zig-zag	Nº de pasadas: 2	
Proceso de soldeo: Soldadura con electrodo revestido (SMAW)	Posición (AWS/EN) (1G / PA)		

CROQUIS

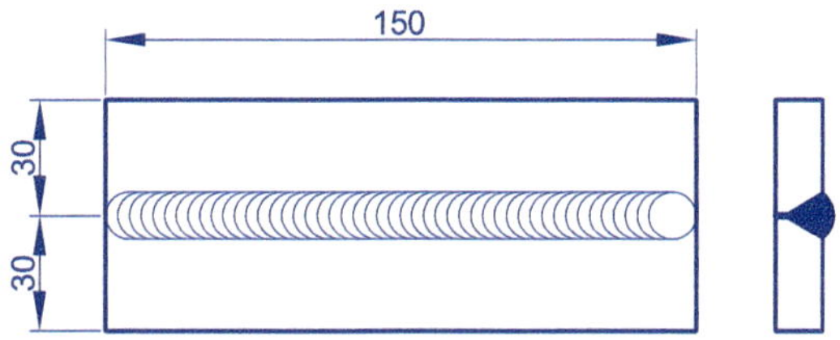

Escala 1:2

Diseño de junta

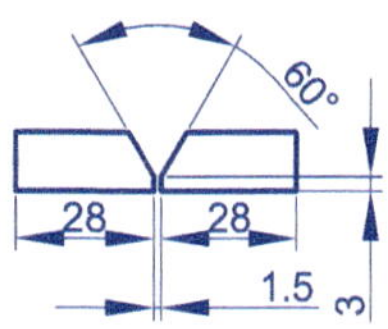

Secuencia de soldeo

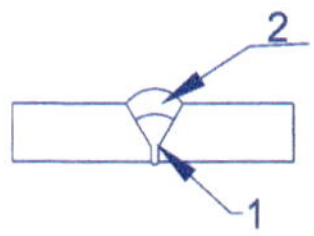

A RELLENAR POR EL ALUMNO (cada columna para un cordón)

Pasada	1	2	3	4	5	6
Ø del electrodo (mm)	2,5	3,25				
Clasificación AWS (electrodo)	E 6013	E 6013				
Tipo de corriente	cc	cc				
Polaridad	directa	directa				
Intensidad (A)	75	70				
Voltaje (V)	32	32				
Ángulo de avance	80	80				
Ángulo de trabajo	90	90				
Movimiento de avance	recto	zigzag				

OBSERVACIONES

Dificultad encontrada (de 1 a 5): 2	Tiempo invertido: 3 horas	N.º de piezas realizadas: 5

A RELLENAR POR EL PROFESOR

OBSERVACIONES		
	Fecha de entrega	12 de nov.
	Calificación del ejercicio	8
	Vº Bº profesor	

Figura 2.9. Hoja de procesos rellena.

WPS nº	ESPECIFICACIÓN DEL PROCEDIMIENTO DE SOLDEO *WELDING PROCEDURE SPECIFICATION* UNE-EN ISO 15609-1:2005	NOMBRE EMPRESA

4.2 DATOS DEL FABRICANTE / *MANUFACTURER DATA*

Empresa: *Company:* ______________________ **Lugar:** *Location:* ______________________

Realizado por: *Made by:* ______________________ **Departamento:** *Department:* ______________________

Revision Nº: *Revision Nº:* ____________ **Fecha:** *Date:* ____________

Referencia WPQR nº: *Reference WPQR nº:* ______________________ **Fecha:** *Date:* ____________

4.3. MATERIAL BASE / *BASE MATERIAL*

4.3.1 Rango de grupo (ISO/TR 15608) / *Group range (ISO/TR 15608)* *

Del grupo y subgrupo nº: *From group and subgroup:* ______________________ **Al grupo y subgrupo nº:** *To group and subgroup:* ______________________

De la designación: *From designation:* ______________________ **A la designación:** *To designation:* ______________________

4.3.2 Rango de espesores (EN ISO 15614-1) y 4.4.1 Proceso de soldadura / *Thickness range (EN ISO 15614-1) and 4.4.2 Welding process* *

Proceso (EN ISO 4063) *Process (EN ISO 4063)*	**Espesor del metal de soldadura (mm) (1)** *Thickness of weld metal (mm) (1)*	**Rango de espesores del material base (mm)** *Base material thickness range (mm)*	**Rango de garganta (mm)** *Throat thickness (mm)*	**Rango de diámetro exterior de tubo (mm)** *Pipe outer diameter range (mm)*

(1): Indicar el espesor de material aportado para cada proceso en soldeo multipasada con diferentes procesos
(1) : Indicate thickness of filler metal for each process on multipass welding with different processes

4.4.2 UNIÓN / *JOINT* *

DISEÑO DE LA UNIÓN *JOINT DESIGN*	**SECUENCIA DE SOLDEO** *WELDING SEQUENCE*

4.4.3 POSICIÓN DE SOLDEO (EN ISO 6947) / *WELDING POSITION (EN ISO 6947)* * : ____________

4.4.4 PREPARACIÓN DE LA UNIÓN / *JOINT PREPARATION*

Limpieza inicial y entre pasadas: *Initial and interpass cleaning:* ______________________

Plantillas, sujeciones y pre-punteo: *Jigs, fixing and pre-plucking:* ______________________

* **Variable esencial** / *Essential variable* **1 de 3**

Figura 2.10. Formato WPS para las especificaciones del procedimiento de soldadura según norma UNE-EN ISO 15609-1.

WPS nº	ESPECIFICACIÓN DEL PROCEDIMIENTO DE SOLDEO *WELDING PROCEDURE SPECIFICATION*	NOMBRE EMPRESA
	UNE-EN ISO 15609-1:2005	

4.4.5 TÉCNICA DE SOLDEO / *WELDING TECHNIQUE:*

Nº de cordón (4.4.2) *Bead Nº (4.4.2)*	Ángulo de antorcha, electrodo o hilo *Torch, electrode or wire angle*	Manual, Mecanizado o Automático *Manual, Mechanized or Automatic*	Parámetros de oscilación (si procede) *Oscillation parameters (If applicable)*			
			Manual *Manual*	Automático *Automatic*		
			Ancho máx. de pasada (mm) *Pass max. width (mm)*	Oscilación max. (mm) *Max. oscillation (mm)*	Frecuencia *Frequency*	Tiempo de parada entre pasadas *Interbeads stop time*

4.4.6 RESANADO POR EL REVERSO / *BACK GOUGING*

Método:
Method: ______________________________

Profundidad y forma:
Depth and shape: ______________________________

4.4.7 MATERIAL RESPALDO (Si no se usa respaldo se puede soldar con respaldo)
BACKING MATERIAL (If no backing is used welding with back gouging can be done)*

Método y tipo de respaldo: *Method and kind of backing:* ______________ **Material:** *Material:* ______________ **Dimensiones:** *Dimentions:* ______________

4.4.7 GAS RESPALDO / *BACKING GAS*

Designación (EN ISO 14175): *Designation (EN ISO 14175):* ______________ **Caudal de gas (L/min):** *Gas flow (L/min):* ______________

4.4.8 CONSUMIBLES DE SOLDEO / *FILLER METAL* *

Nº cordón *Bead Nº*	Proceso *Process*	Designación *Designation*	Marca comercial *Trade mark*	Fabricante *Manufacturer*	Diámetro (mm) *Diameter (mm)*	Manipulación *Handling*

4.4.9 PARÁMETROS ELÉCTRICOS / *ELECTRICAL PARAMETERS* **4.4.17 APORTE TÉRMICO** / *HEAT INPUT* *

Nº cordón (4.4.2) *Bead Nº (4.4.2)*	Proceso *Process*	Rango de Intensidad (A) *Intensity range (A)*	Rango de voltaje (V) *Voltage range (V)*	Polaridad y tipo de corriente *Polarity and current type*	Rango velocidad alimentación hilo (m/min) *Range wire fed speed (m/min)*	Rango velocidad de avance (mm/s) *Range feed speed (mm/s)*	Rango aporte térmico (kJ/mm) *Range heat input (kJ/mm)*	Ajustes soldeo pulsado *Pulsed welding settings*	Nº de programa soldeo pulsado *Pulsed welding program nº*

Nota: **En caso de no disponer el equipo de amperimetro y de rango de velocidad de alimentación del alambre, se indicarán las posiciones de los controles respectivos y el alcance de la WPS, será únicamente para ese tipo particular de equipos (ver página anexa)**

Note: *In case that the welding machine does not have amperimeter and range of wire feeding speed, the positions of respective controls will be indicated, and the range of this WPS will be only applicable for these kind of machines (See annex sheet)*

* ***Variable esencial*** / *Essential variable* **2 de 3**

Figura 2.10. (*Continuación*) Formato WPS para las especificaciones del procedimiento de soldadura según norma UNE-EN ISO 15609-1.

WPS nº	ESPECIFICACIÓN DEL PROCEDIMIENTO DE SOLDEO *WELDING PROCEDURE SPECIFICATION* UNE-EN ISO 15609-1:2005	NOMBRE EMPRESA

4.4.11 PRECALENTAMIENTO (EN ISO 13916) / *PREHEATING (EN ISO 13916)*

Temperatura antes y durante el soldeo:
Temperature before start and during welding: _____ ºC

Si no es requerido, temperatura mínima antes del soldeo:
If not required, minimum temperature before start welding: _____ ºC

4.4.12 TEMPERATURA ENTRE PASADAS (EN ISO 13916) / *INTERPASS TEMPERATURE (EN ISO 13916)*

Mínima: *Minimum* : _____ ºC **Máxima:** *Maximum:* _____ ºC

4.4.13 MANTENIMIENTO TEMPERATURA PRECALENTAMIENTO (EN ISO 13916):
PREHEATING TEMPERATURE HOLDING (EN ISO 13916): _____ ºC

4.4.14 POST CALENTAMIENTO PARA LA ELIMINACIÓN DE HIDRÓGENO / *POST HEATING TO REMOVE HIDROGEN*

Rango de temperatura: *Temperature range:* _____ ºC **Tiempo mínimo:** *Minimum time:* _____ min

4.4.15 TRATAMIENTO TÉRMICO POST SOLDEO / *POST WELDING HEAT TREATMENT*

Rango de temperatura (ºC) *Temperature range (ºC)*	Tiempo mínimo (min) *Minimum time (min)*

Comentarios:
Remarks: _____

_____

4.4.16 GAS DE PROTECCIÓN (Para procesos 13, 14 y 15) / *SHIELDING GAS (For processes 13,14 and 15)* *

Proceso *Process*	Designación (EN ISO 14175) *Designation (EN ISO 14175)*	Marca comercial *Trade mark*	Fabricante *Manufacturer*	Composición *Composition*	Caudal (l/min) *Flow rate (l/min)*	Diámetro tobera (mm) *Nozzle diameter (mm)*

4.5 PARÁMETROS ESPECÍFICOS PARA CADA GRUPO DE PROCESOS / *SPECIFIC PARAMETERS FOR EACH GROUP OF PROCESSES*

Todos los procesos: *All processes:*
Distancia del tubo de contacto a la unión: *Distance from contact pipe to joint:* _____ mm
Material de aporte adicional: *Additional filler material:* _____

4.5.2 Proceso 12 (SAW) / *Process 12 (SAW)*

Nº de electrodos: *Nº of electrodes:* _____ **Configuración de electrodos y polaridad:** *Electrodes setting and polarity:* _____

Fundente (designación): *Flux (designation):* _____ **Marca comercial:** *Trade mark:* _____ **Fabricante:** *Manufacturer:* _____

4.5.3 Proceso 13 (MIG/MAG) / *Process 13 (MIG/MAG)*

Nº de cordón (4.4.2) *Bead Nº (4.4.2)*						
Modo de transferencia de material *Mode of metal transfer*						

4.5.4 Proceso 14 (TIG) / *Process 14 (TIG)*

Designación del electrodo de wolframio (EN ISO 6848): *Tungsten electrode designation (EN ISO 6848):* _____ **Diámetro:** *Diameter:* _____ mm

4.5.5 Proceso 15 (Arco plasma) / *Process 15 (Plasma Arc)*

Tipo de pistola: *Type of gun:* _____

Firma Fabricante / *Manufacturer sign*

* ***Variable esencial*** / *Essential variable* **3 de 3**

Figura 2.10. (*Continuación*) Formato WPS para las especificaciones del procedimiento de soldadura según norma UNE-EN ISO 15609-1.

WPS nº	**ESPECIFICACIÓN DEL PROCEDIMIENTO DE SOLDEO** *WELDING PROCEDURE SPECIFICATION* **ANEXO** *ANNEX*	**NOMBRE EMPRESA**

POSICIONES DE CONTROL DEL EQUIPO
DEVICE CONTROL POSITIONS

Identificación del equipo:
Device identification: ____________________

Procesos 111 y 141 / *Processes 111 and 141*

POSICIÓN DE CONTROL DE INTENSIDAD
INTESITY CONTROL POSITION

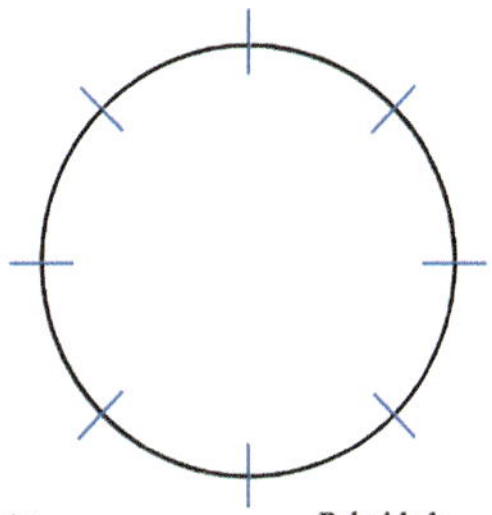

Tipo de corriente:
Current type: _____

Polaridad:
Polarity: _____

Procesos 131, 135, 136 y 137 / *Processes 131,135, 136 and 137*

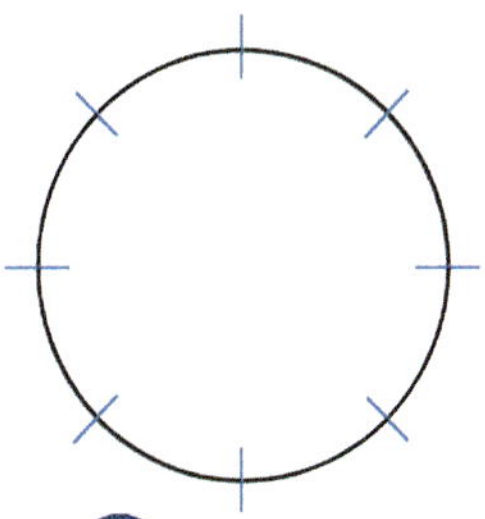

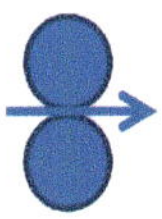

Intensidad
Intensity

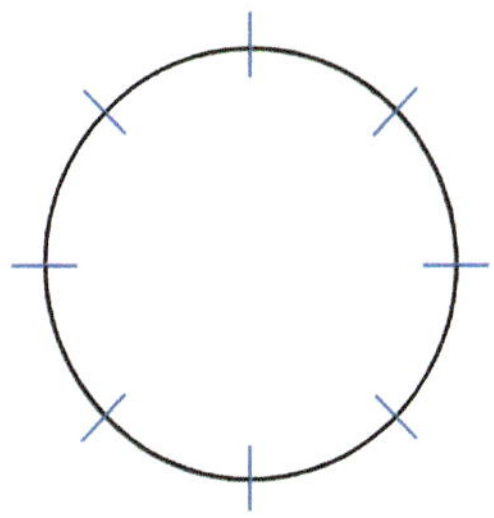

Voltage
Voltage

1 de 1

Figura 2.10. (*Continuación*) Formato WPS para las especificaciones del procedimiento de soldadura según norma UNE-EN ISO 15609-1.

ORGANIZACIÓN DEL TRABAJO

- **Lugar de trabajo**
  - Taller
  - Aula
- **Planificación de las tareas**
  - Análisis del trabajo
  - Interpretación de la documentación técnica
  - Calidad, normativas y catálogos
    - Precisión de las dimensiones
    - Calidad superficial
    - Controles de fabricación
  - Medidas de prevención
    - Colectivas
    - Individuales
  - Tratamiento de residuos
- **Procesos de trabajo**
  - Elaboración de hoja de procesos
  - Relación del proceso con los medios y las máquinas

DE COMPROBACIÓN

2.1. ¿Cuál es una buena distribución de taller?

a) Aquella en la que hay que andar poco.
b) Una bien iluminada.
c) Una barata.
d) Una en la que el proceso de elaboración tenga una secuencia lógica.

2.2. ¿Dónde se colocan los materiales?

a) Al principio.
b) Al final.
c) En medio.
d) En los atriles.

2.3. ¿Qué quiere decir ignífuga?

a) Que no arde.
b) Que no desprende humo.
c) De origen desconocido.
d) Que es desconocida.

2.4. ¿Cuál de los siguientes elementos se conoce como una EPI?

a) Pantalla inalámbrica.
b) Una caja de cerillas.
c) Una linterna.
d) Guantes de cuero.

2.5. ¿Se separan los metales para su reciclado?

a) Unos, sí y otros, no.
b) Sí.
c) No.
d) A veces.

2.6. ¿Para qué es importante la limpieza del taller?

a) No lo es.
b) Para evitar tropiezos y caídas.
c) Por estética.
d) Porque es más agradable.

2.7. ¿Qué es un proceso de trabajo?

a) Un papel para rellenar.
b) Una ficha con las características de la pieza.
c) Un documento donde se dice cómo se hace una pieza.
d) Un presupuesto de materiales.

2.8. ¿Quién tiene el primer nivel de control de calidad sobre las piezas terminadas?

a) El profesorado.
b) El alumnado que la realiza.
c) El jefe de taller.
d) El grupo de control de calidad.

2.9. ¿La extracción de humos es una protección colectiva?

a) No.
b) Sí.
c) A veces.
d) Depende.

2.10. ¿Quién realiza el mantenimiento de primer nivel de herramientas y máquinas?

a) El profesorado.
b) El alumnado.
c) El jefe de taller.
d) El grupo de mantenimiento.

DE APLICACIÓN

2.1. Haz un croquis del taller y señala en él las distintas zonas de trabajo.

2.2. Explica cómo recicláis en tu taller.

2.3. Enumera los EPI que hay que tener como mínimo para realizar trabajos de soldadura.

2.4. Indica quién tiene el primer nivel de control de calidad en el taller.

2.5. Describe qué se valora en las piezas entregadas.

2.6. Indica cuál es el planteamiento para iniciar el trabajo de una pieza.

2.7. Propón una buena distribución de un taller.

2.8. Define qué es un proceso de trabajo.

2.9. Explica cómo se cumplimenta un proceso de trabajo.

2.10. Indica en qué consiste la precisión dimensional.

UNIDAD 3

Principios de la soldadura

Objetivos

- Conocer la importancia de la soldadura.
- Comprender y explicar qué es la soldadura.
- Saber cuáles son los distintos procesos de soldeo.
- Identificar los tipos de soldadura y las posiciones de soldeo.
- Conocer los cambios estructurales en materiales soldados.
- Saber cómo calcular los costes de una unión soldada.

Contenidos

Introducción

La unión de los metales para fabricar piezas o estructuras ha sido siempre un importante reto para la técnica. Los herreros, ya desde la antigüedad, unían piezas por medio de engarces, engatillado, perforados, remachados y otros procedimientos. Incluso lograron realizar algo muy parecido a la soldadura calentando el acero y golpeándolo hasta que quedara unido.

Hoy en día, las tecnologías han hecho posible unir dos trozos de metal con tan buen resultado que no se puede distinguir discontinuidad alguna. Los métodos o procedimientos de soldadura en la actualidad son muy variados y, en esta unidad, estudiaremos algunos conceptos básicos para poder entender bien la soldadura.

3.1. Un poco de historia

En la antigüedad, los herreros soldaban metales calentándolos, superponiéndolos y golpeándolos en los yunques, este método se ha llamado *soldadura de fragua* y ha sido el único utilizado desde la Edad del Bronce hasta el siglo xx.

En 1800 se descubre el arco eléctrico, hecho que dará pie a importantes avances en el tema de la soldadura como el electrodo de carbón o el electrodo desnudo, pero sin buenos resultados todavía.

En 1900 se inventa el electrodo recubierto, con el que se consiguen mejores resultados y una soldadura mucho más estable. En ese mismo año, también se diseña el soplete para un nuevo sistema de soldadura, en el que se aportaba calor quemando acetileno mezclado con oxígeno, que se convierte en un procedimiento muy utilizado durante bastante tiempo.

En 1917 empieza a aplicarse la corriente alterna en procesos de soldadura.

Las dos guerras mundiales dieron el impulso definitivo a los procedimientos de soldadura por la necesidad de reparaciones rápidas y fiables. Como el resultado en reparaciones fue muy bueno, se desarrollaron métodos de fabricación basados en la soldadura. Los británicos fueron los primeros que construyeron un barco totalmente soldado y los estadounidenses usaban la soldadura para reparar rápidamente los daños en sus navíos.

A partir de 1920, se empiezan a desarrollar nuevas técnicas con la utilización de gases como medio de protección del metal fundido y nuevos procedimientos automáticos y semiautomáticos.

El desarrollo de los métodos de soldadura en los últimos cincuenta años ha sido espectacular, como en otras muchas disciplinas de la técnica y de la industria. Algunos procedimientos, como la soldadura con soplete, han caído en desuso, pero otros, como el TIG, han logrado un enorme avance gracias a la electrónica aplicada a los equipos, pues aumenta sus posibilidades y reduce su tamaño y su peso.

El último escalón que nos queda por superar es la automatización total de la soldadura con la aplicación de la robótica y hacer asequibles los nuevos procedimientos, como la soldadura por plasma, por láser o por haz de electrones.

3.2. Definición de soldadura

La definición más simple de soldadura es la unión íntima de dos piezas, se emplea la palabra *íntima* para indicar que no hay terceros elementos en la unión, como tornillos, remaches o pegamentos, solo las dos piezas. Para conseguir esto, necesariamente, tenemos que aportar calor, pero no siempre tenemos que fundir las dos piezas. Así que podemos hacer una primera clasificación de las soldaduras:

- Atendiendo a los metales que vamos a soldar:
  - **Soldaduras homogéneas.** El material base y el de aporte son de iguales características.
  - **Soldaduras heterogéneas.** El punto de fusión del metal base es superior al metal de aporte.
  - **Soldadura autógena.** No se aporta material, solo se funden los bordes del metal base para lograr la soldadura.
- Atendiendo a la temperatura a la que se realiza la soldadura:
  - **Soldadura blanda.** Uno de los metales que intervienen funde a una temperatura inferior a 450 °C y el otro no se funde.
  - **Soldadura fuerte.** Uno de los metales que intervienen funde a una temperatura superior a 450 °C y el otro no se funde.
- Atendiendo a la fuente de calor utilizada:
  - Soldadura por quemado de gases:
    - ✓ Lamparilla de butano.
    - ✓ Oxipropano.
    - ✓ Oxiacetilénica.

— Soldadura por arco eléctrico:

  ✓ Soldadura con electrodo revestido.
  ✓ MIG-MAG.
  ✓ TIG.

— Soldadura por resistencia:

  ✓ Por puntos.
  ✓ Por roldana.
  ✓ A tope.

— Otras fuentes de calor para soldadura:

  ✓ Soldadura por láser.
  ✓ Soldadura por plasma.
  ✓ Soldadura por haz de electrones.

3.3. Clasificación de los procedimientos de soldadura

Como en cualquier actividad industrial, en soldadura también hay unas normas que regulan todo. El nombre que reciben los procesos de soldeo también está sujeto a la norma. Existe una norma europea para tal fin, pero, como los Estados Unidos son los que más han desarrollado los distintos procedimientos, al final, ha sido su norma la que se ha impuesto. Esta norma americana la publica la AWS (*American Welding Society*), o sea, la Sociedad Americana de la Soldadura. Según esta sociedad, los distintos procesos de soldadura se denominan según la Tabla 3.1.

Tabla 3.1. Clasificación de los procesos de soldeo según AWS y su equivalencia UNE-EN ISO

AWS	UNE-EN ISO	Descripción	
OFW	31	Oxi-Fuel Welding	Soldadura por oxigás
OAW	311	Oxy-Acetilene Welding	Soldadura oxiacetilénica
SMAW	111	Shielded Metal-Arc Welding	Soldadura por arco con electrodo revestido
GTAW	141	Gas Tungsten-Arc Welding	Soldadura TIG
GMAW (MIG)	131	Gas Metal-Arc Welding (Metal Inert Gas)	Soldeo por arco con gas inerte
GMAW (MAG)	135	Gas Metal-Arc Welding (Metal Active Gas)	Soldeo por arco con gas activo
SAW	12	Submerged-Arc Welding	Soldadura por arco sumergido
RW	2	Resistance Welding	Soldadura por resistencia

3.4. Tipos de soldadura

Los distintos tipos de soldadura hacen referencia a la posición que tienen las piezas, una respecto a la otra, cuando van a ser soldadas. Estas pueden ser muy variadas, pero pueden resumirse en las siguientes:

- **A tope.** En este tipo de soldadura, las piezas se colocan canto contra canto, tal como se ve en la Figura 3.1.

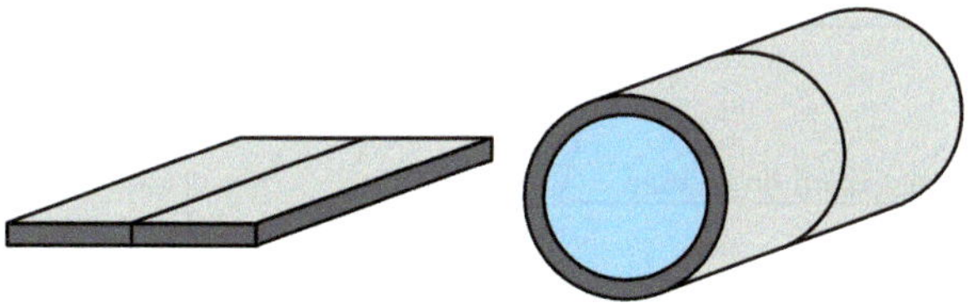

Figura 3.1. Soldadura a tope.

- **A solape.** Se colocan las piezas una sobre otra parcialmente, como se indica en la Figura 3.2.

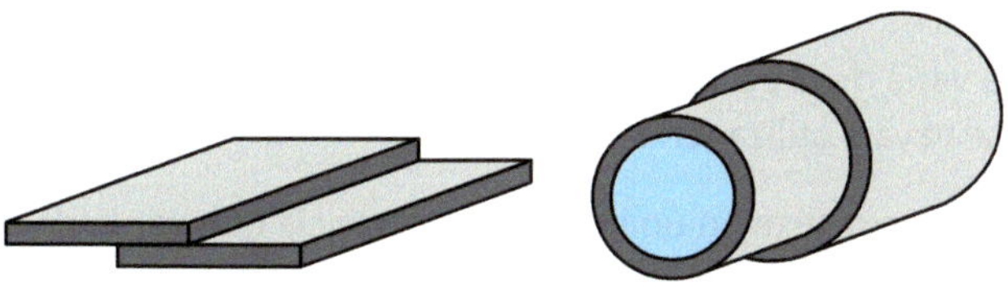

Figura 3.2. Soldadura a solape.

- **En ángulo.** Las piezas se disponen formando un determinado ángulo, como se observa en la Figura 3.3.

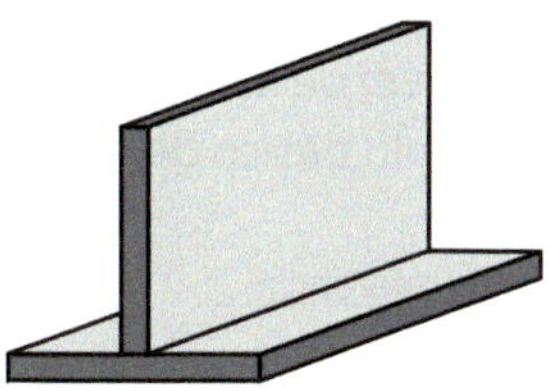

Figura 3.3. Soldadura en ángulo.

3.4.1. Simbología de soldadura

La simbología de soldadura es muy amplia e incluye letras, números y símbolos para explicar cómo tiene que ser una soldadura.

El símbolo de soldadura puede ser muy complicado, depende de la información que contenga, en la Figura 3.4 se muestra un ejemplo de lo que puede contener un símbolo según AWS.

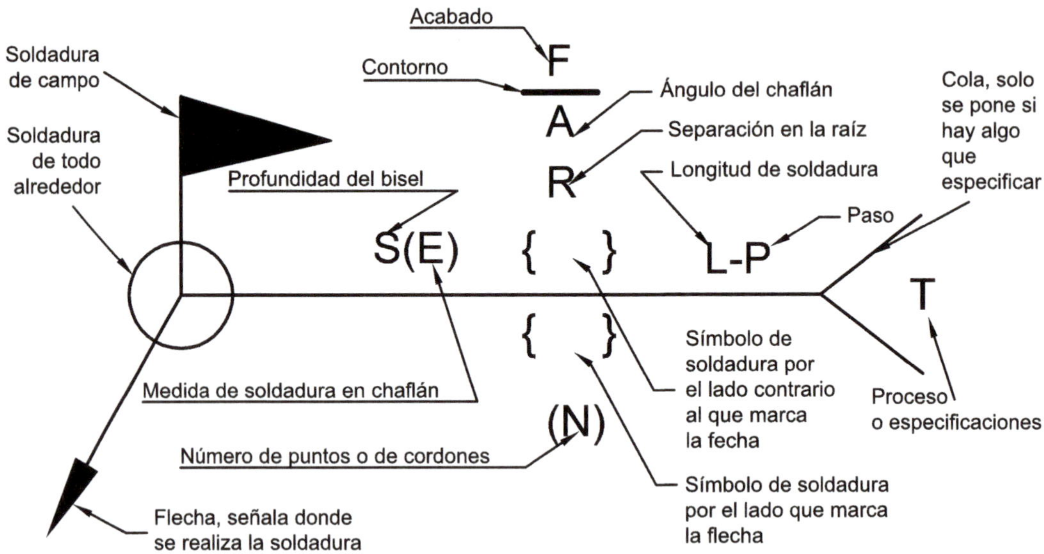

Figura 3.4. Esquema resumen de simbología de soldadura.

La norma americana varía de la europea en muchas cosas, por eso es recomendable que se consulte la norma que se vaya a utilizar en cada caso.

El símbolo de soldadura consiste en una línea de referencia que va unida a una línea de flecha, sobre la que se pueden incluir los símbolos elementales, suplementarios, dimensiones, acabados etc., así como el tipo de soldadura y características.

- **La línea de flecha:** indica dónde se hará la soldadura.
- **La línea de referencia:** se dibujará paralela a la base del dibujo (horizontalmente).
- **La cola:** es un elemento opcional que se añade al final de la línea de referencia, cuando hay que añadir información adicional (nivel de calidad, precisión, posición de soldeo, etc.). Con estos tres elementos se tiene el símbolo básico de soldeo.

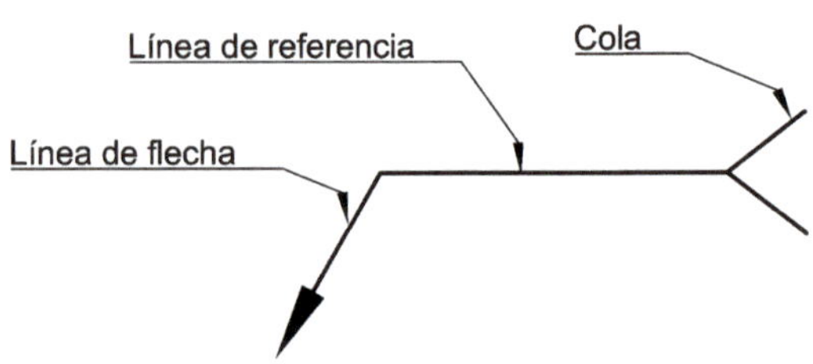

Figura 3.5. Simbología de soldadura.

- **Símbolos elementales:** a la línea de referencia más la línea de flecha se le pueden añadir símbolos elementales que indican el tipo de soldadura a realizar y se colocan sobre la línea de referencia.

Tabla 3.2. Símbolos elementales

Soldadura	Símbolo	AWS	EN
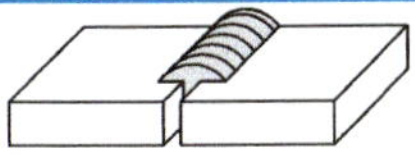		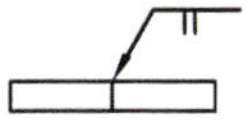	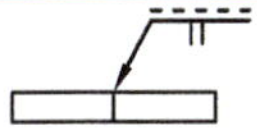
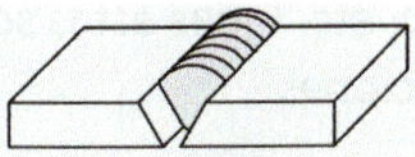		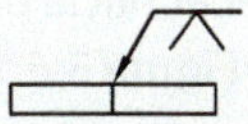	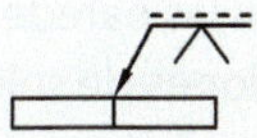
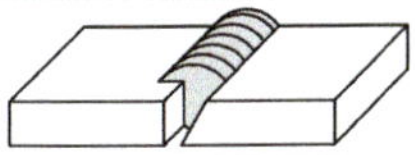		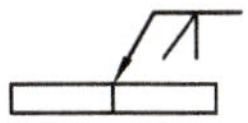	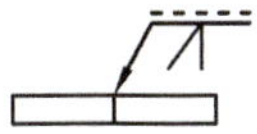
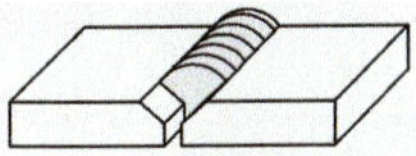		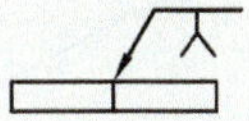	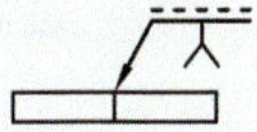
			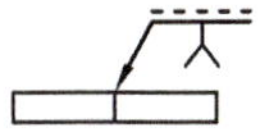
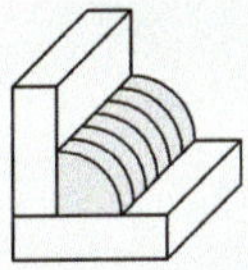	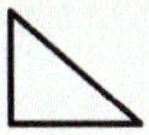	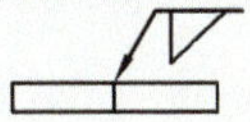	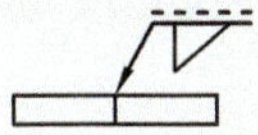

Estos símbolos pueden ser completados mediante símbolos suplementarios, dimensiones, etcétera.

- **Símbolos suplementarios:** sirven para proporcionar información adicional generalmente relacionada con el tipo de cordón de soldadura o con la forma de realización de la soldadura, así como si la soldadura hay que realizarla totalmente alrededor o hay que soldarla en campo, (fuera del taller, en el lugar en el que se va a montar).

Tabla 3.3. Símbolos auxiliares

Soldadura	Símbolo	AWS	EN
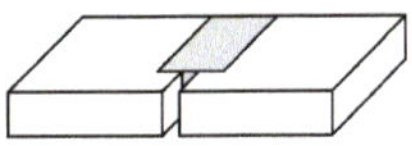		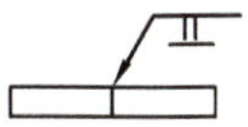	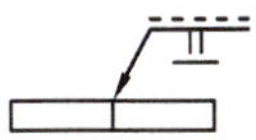
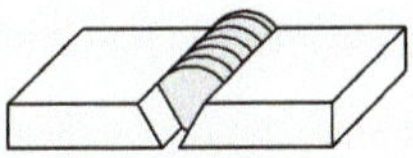		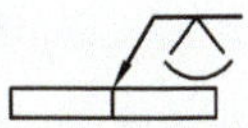	
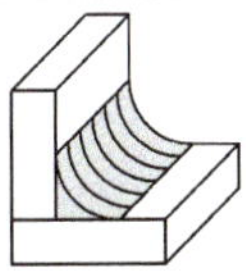		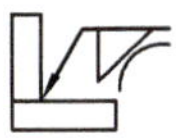	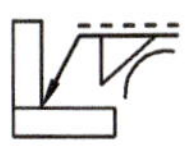
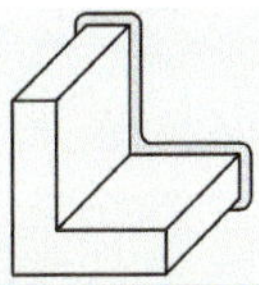	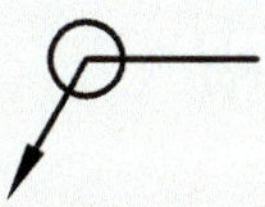	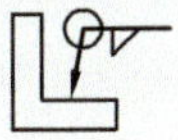	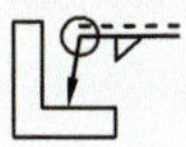

3.5. Posiciones de soldeo

Las posiciones de soldeo se van a denominar según el movimiento que tenga que realizar el soldador sobre los distintos planos del espacio. Si imaginamos una habitación que, evidentemente, no se mueve, se podrá soldar en el techo, en el suelo o en las paredes. Y, si se suelda, por ejemplo, en las paredes, se podrá hacer hacia un lado, hacia arriba, hacia abajo, etc. Todas estas son las posiciones de soldadura. En la Figura 3.6, podemos ver las distintas posiciones.

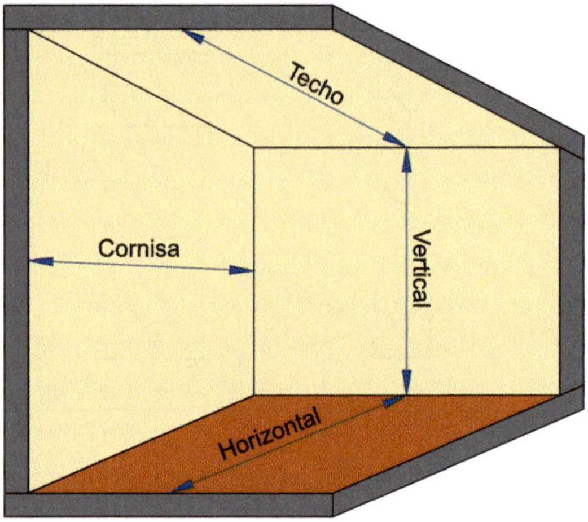

Figura 3.6. Posiciones de soldeo.

La designación normalizada de las posiciones de soldadura también se hace de forma diferente en Europa y en América.

La Norma Europea (EN) designa las posiciones según la Figura 3.7.

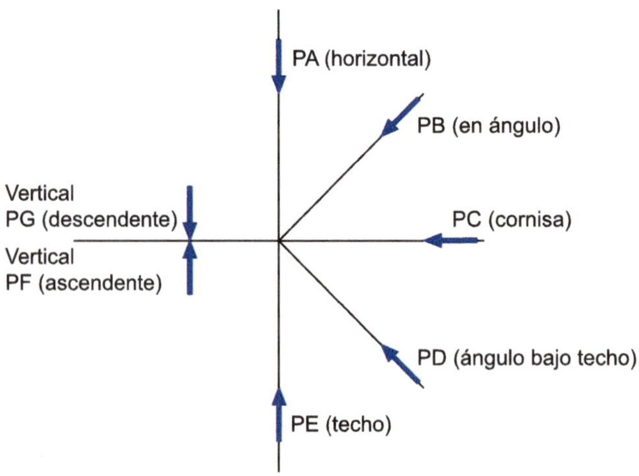

Figura 3.7. Posiciones según EN.

La normativa que regula las posiciones de soldadura en América es la ASME. Para la designación, se nombra por *F* todas las soldaduras que se hacen sobre piezas dispuestas en ángulo y se nombran por *G* todas las soldaduras que se hacen a tope. Delante de estas letras, se pone un número que nos indica si la soldadura es en horizontal, en cornisa, en vertical, en techo o en otras posiciones. Las Figuras 3.8 y 3.9 muestran unos ejemplos de las dos denominaciones.

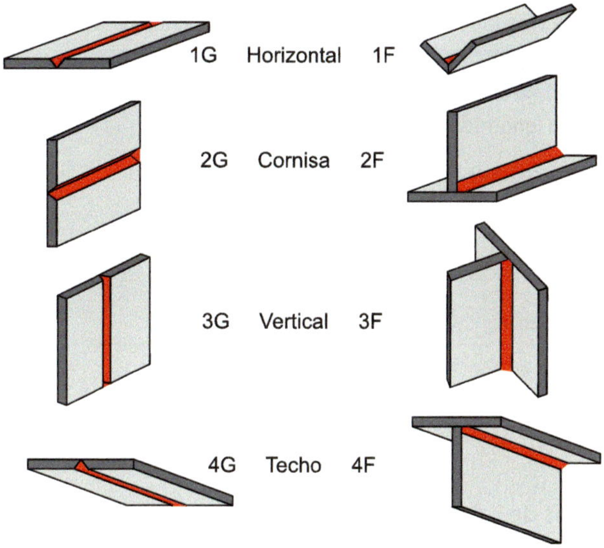

Figura 3.8. Posiciones según ASME en piezas planas.

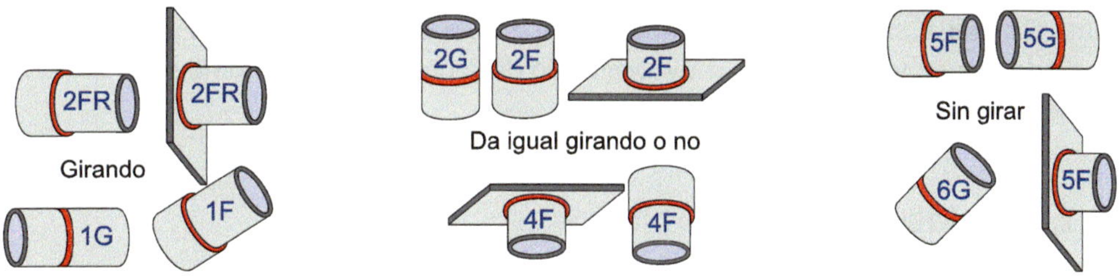

Figura 3.9. Posiciones según ASME en tuberías.

En 2011 se publicó la última edición de la Norma EN ISO 6947, en la cual se adopta finalmente el término **posición de soldeo** tanto para las *posiciones de ensayo* como para las *posiciones de producción* (trabajo). Sin embargo, a diferencia de las posiciones de ensayo, que son discretas y se indican por las posiciones de soldeo principales (con rangos de pendiente y rotación más estrictos), las posiciones de producción son contiguas y se han definido con una nueva nomenclatura y nuevos rangos de pendiente y rotación.

La nueva edición de la Norma EN ISO 6947 incluye numerosos anexos gráficos que facilitan la interpretación de todos estos conceptos y además recogen la equivalencia con las designaciones norteamericanas (AWS A3.0 y ASME BPVC Sec. IX).

En cuanto a las designaciones para las posiciones de soldeo principales cabe destacar la creación de tres nuevas designaciones (PH, PJ y PK) correspondientes a la posición de soldeo de la unión circunferencial de tubos fijos (estas designaciones ya se utilizaban en la anterior edición, pero están reservadas únicamente para las posiciones inclinadas). En la Tabla 3.4, se pueden ver los cambios correspondientes solo a este último párrafo comentado.

Tabla 3.4. Cambio de la norma ISO 6947 de 1993 hecho para la misma norma ISO 6947 de 2011

Posición principal en tubo fijo NO inclinada	ISO 6947:1993	EN ISO 6947:2011
Vertical ascendente (unión longitudinal)	PF	PF
Ascendente (unión circunferencial)		PH
Vertical descendente (unión longitudinal)	PG	PG
Descendente (unión circunferencial)		PJ
Orbital (unión circunferencial)	—	PK

3.6. Metalurgia de la soldadura

Si observamos las curvas de calentamiento-enfriamiento de cualquier metal, podemos ver una gran cantidad de cambios estructurales que dan lugar a la aparición de componentes con propiedades muy diferentes. Esto puede hacer que el material se nos vuelva frágil o que modifique su comportamiento respecto a los esfuerzos que se le solicitan. Bien, pues la soldadura no solo calienta el material, sino que lo lleva a una temperatura superior a la de fusión y esto, en un corto período de tiempo y en un punto muy localizado de la pieza, provoca, como se ha dicho antes, cambios importantes en su estructura interna.

3.6.1. Soldabilidad

Un material se considera soldable cuando por un procedimiento determinado, técnica adecuada y para una unión específica se consigue una soldadura sin defectos, con calidad metalúrgica, cumpliendo las especificaciones explícitas en los planos del proyecto de construcción.

Para ello es necesario conocer las características de los materiales a soldar, de los materiales de aporte y de las máquinas a utilizar.

Mediante el diagrama hierro-carbono podemos conocer las transformaciones que experimenta la ZAT (zona afectada térmicamente) por las elevadas temperaturas que en ella se producen y los constituyentes a que dan lugar según sean los enfriamientos.

En una soldadura aparentemente bien hecha pueden aparecer defectos *a posteriori*, por elegir mal el aporte de calor en el proceso u otros factores.

Sabías que...

Constituyentes del acero:

Austenita. La austenita es una forma de ordenamiento de los átomos de hierro y carbono. En este caso, los átomos de hierro están formando un cristal cúbico centrado en las caras y el carbono como impureza intersticial, o sea, de forma irregular entre los átomos de hierro.

Ferrita. Es el acero cuando forma cristales cúbicos centrados en el cuerpo. No contiene átomos de carbono, por eso se le llama hierro alfa.

Cementita. Es un constituyente del acero de cristal ortorrómbico con gran cantidad de átomos de carbono que forman el compuesto Fe_3C (carburo de hierro), muy duro.

Existen otros muchos constituyentes del acero que le dan características mecánicas muy diferentes.

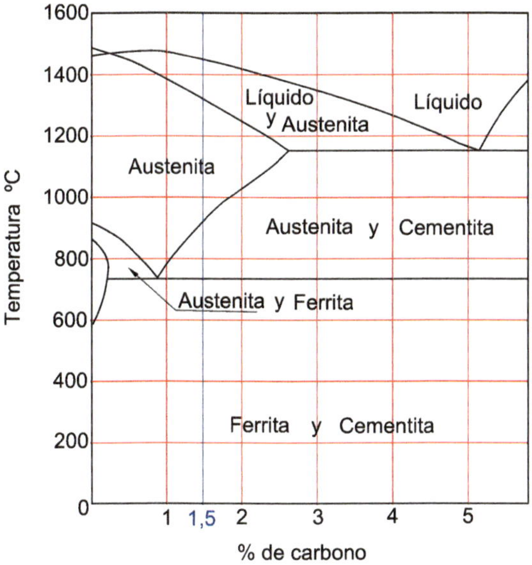

Figura 3.10. Diagrama hierro-carbono.

Si tomamos como ejemplo un acero con 1,5 % de carbono, podemos observar en el diagrama su comportamiento según la temperatura a la que se encuentre. Podemos ver que, por encima de los 1500 °C, está en estado líquido; entre los 1500 °C y los 1300 °C aproximadamente, está en parte líquido y en parte formando un componente del acero llamado austenita. Entre los 1300 °C y los 900 °C, ya es todo sólido y, además, todo es austenita. Por debajo de los 900 °C, este acero está compuesto por una mezcla de austenita y cementita y, por debajo de los 750 °C, por una mezcla de ferrita y cementita. Esto que se ha descrito es solo para este acero, otro acero se comportería de forma distinta, pero queda claro que la temperatura afecta a su estructura atómica y a su composición y, por tanto, a sus características.

Es, pues, muy importante hallar el proceso de soldeo que afecte menos a los materiales, o sea, que cambie menos su estructura interna. Llegamos de esta manera al concepto de soldabilidad que es bastante complejo y que podemos definir de la siguiente manera.

La soldabilidad de un metal es la propiedad que tiene este de ser soldado por un determinado proceso de soldeo para obtener una unión de calidad.

Es también muy importante el estudio de las zonas adyacentes al cordón de soldadura, ya que, aunque no lleguen al punto de fusión, sí adquieren temperatura suficiente como para provocar cambios estructurales importantes. Estas zonas se muestran en la Figura 3.11 y se denominan ZAT (zona afectada térmicamente) y, en el caso del acero, es claramente visible por el cambio de color que tiene lugar en la pieza soldada.

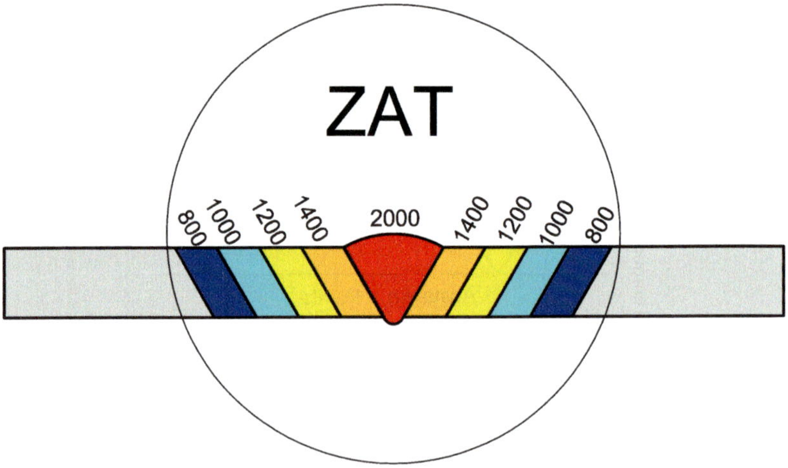

Figura 3.11. Zona afectada térmicamente.

Para intentar que no aparezcan estos cambios en las propiedades mecánicas de las piezas soldadas, habitualmente, se recurre a un precalentamiento, soldando las piezas en caliente y, posteriormente, sometiéndolas a un enfriamiento lento. Otras veces, se le puede dar un tratamiento térmico después del soldeo para aliviar tensiones.

Como precauciones mínimas, para que no aparezcan los temidos cambios, grietas u otros defectos, debemos tener en cuenta un enfriamiento lento o, por lo menos, no forzado de las piezas soldadas.

3.7. Tensiones y deformaciones

Las piezas cuando se calientan al realizar las soldaduras se dilatan y cuando se enfrían se contraen.

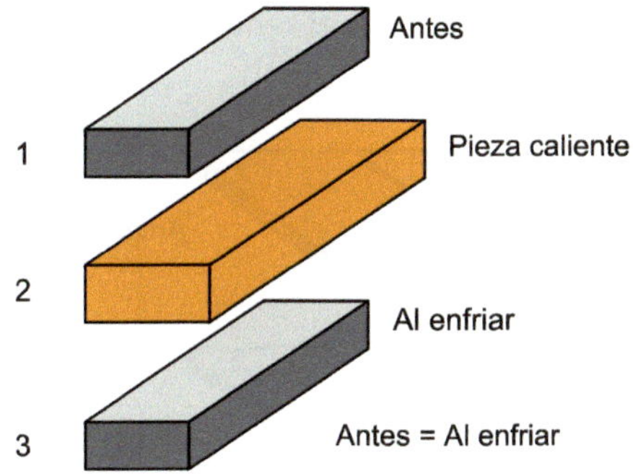

Figura 3.12. Dilatación por calentamiento uniforme.

Las dilataciones producidas en las juntas de soldadura se encuentran con la resistencia a su dilatación de las zonas próximas a la soldadura, y al enfriarse sufren una fuerte contracción. En las zonas próximas no se contraen de la misma forma, y se generan en la unión soldada tensiones y deformaciones que pueden invalidar la pieza soldada si no se toman las medidas convenientes.

Los efectos del calor pueden producir:

- Dilatación.
- Contracción.
- Deformaciones.
- Tensiones internas.
- Tensiones residuales.

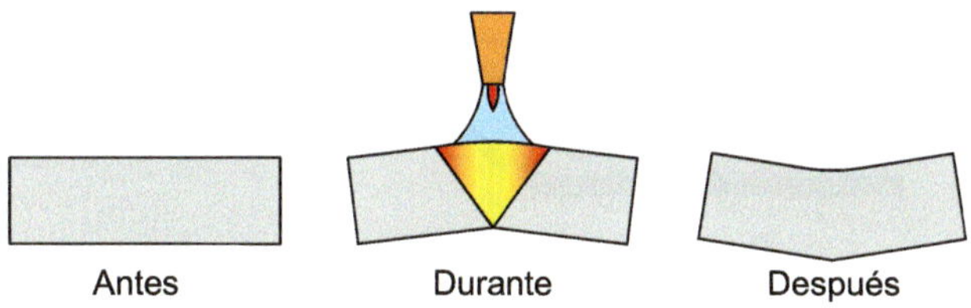

Figura 3.13. Tensiones y deformaciones.

3.7.1. Dilatación

Se produce por aportación de calor de manera uniforme, aumentan sus dimensiones en todas las direcciones, al enfriarse vuelve a las dimensiones primitivas.

Si calentamos la pieza embridada no se dilatará libremente, se originarán esfuerzos de compresión que aumentarán con el incremento de temperatura y producirá deformación por tensiones internas, la pieza se acortará, lo que se mantendrá al enfriarse.

3.7.2. Contracción

Las contracciones pueden ser longitudinales, transversales y angulares.

- **Contracción longitudinal:** se produce en el sentido del eje longitudinal de la junta soldada. Produce deformaciones.

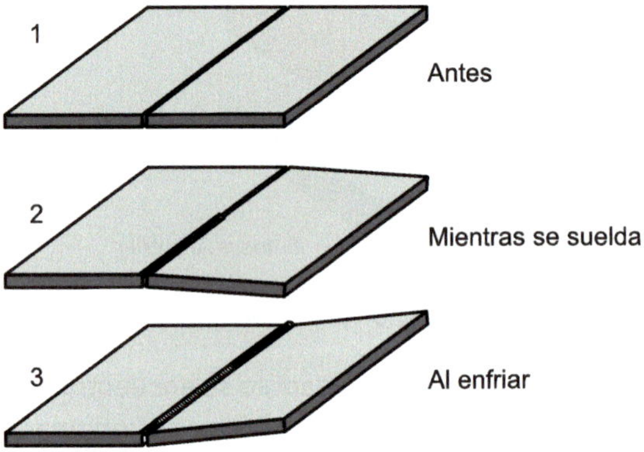

Figura 3.14. Deformación longitudinal.

- **Contracción transversal:** se produce en sentido contrario a la longitudinal.

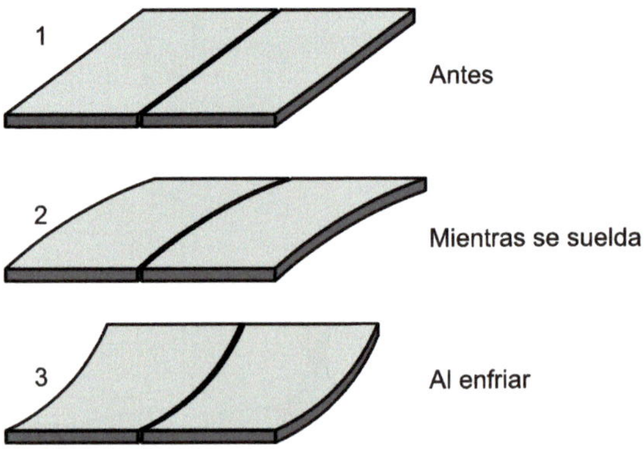

Figura 3.15. Deformación transversal.

- **Contracción angular:** se produce influenciada por la transversal y tiende a cerrar el ángulo.

Figura 3.16. Deformación angular.

Las contracciones dependen del aporte calórico, del orden de la realización de la soldadura, el método operatorio y la secuencia de soldeo.

3.7.3. Deformaciones

Deformación es el cambio de la forma de una pieza ocasionado por los efectos de la soldadura. La soldadura aporta calor a la pieza y varía su estructura, originando dilataciones que modifican la forma primitiva de la pieza. Originan tensiones que afectan a la construcción soldada.

Hay que eliminar en lo posible las deformaciones con métodos adecuados, puesto que de ello dependerá que exista mayor o menor grado de tensión.

3.7.4. Tensiones internas

Por los efectos del calor, la pieza está sometida a unas fuerzas, por lo que pueden variar sus propiedades mecánicas.

Cuando el calentamiento no es uniforme, si se impide la contracción y la dilatación, la pieza se deforma.

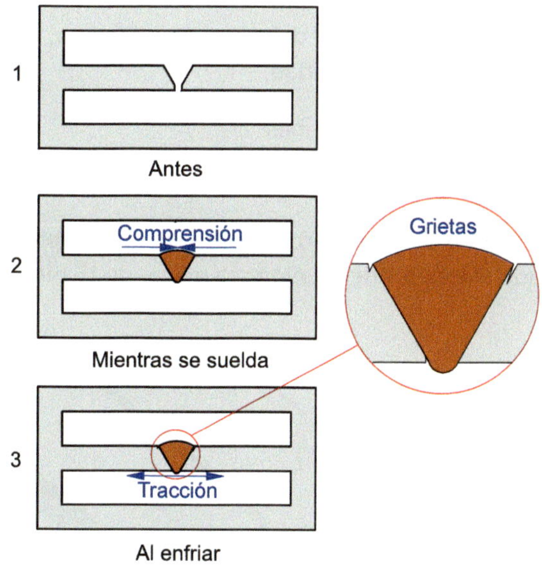

Figura 3.17. Tensiones internas producidas por la soldadura.

3.7.5. Tensiones residuales

Son las tensiones internas que permanecen una vez terminada la soldadura.

Existen dos tipos de tensiones residuales: las macroscópicas y las microscópicas. Las primeras se originan por procesos mecánicos y de soldadura, mientras que las segundas se producen por deformación del material, como consecuencia de los cambios en su estructura por el incremento de temperatura.

3.8. Métodos para prevenir deformaciones y tensiones

Existen varias formas para prevenir las tensiones y deformaciones producidas como consecuencia de la soldadura. Unas pueden ser antes de la soldadura y otras durante la realización de la soldadura.

Las más importantes son:

- Diseño de la junta.
- Montaje de las piezas.
- Procedimientos de soldadura.
- Secuencia de soldeo.

3.8.1. Diseño de la junta a soldar

Las deformaciones durante la soldadura serán menores si se aporta menor cantidad de metal.

- Uniones a tope: para reducir la cantidad del metal de soldadura, la separación de la raíz será la mínima posible y con buena accesibilidad.
- El ángulo del chaflán será el mínimo posible.
- Se utilizarán preparaciones en U en lugar de V cuando los espesores sean elevados.
- Se recomiendan diseños en U doble o en V doble. Este tipo de preparación es más caro, por ello se utilizará cuando el espesor de la unión sea mayor de 15 mm.

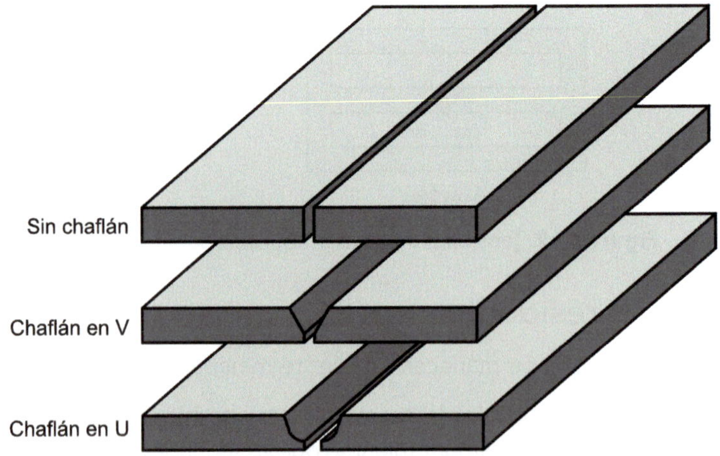

Figura 3.18. Algunas de las preparaciones de bordes más habituales para soldadura.

3.8.2. Montaje de las piezas

Si se reducen las contracciones también se reducen las deformaciones, y para ello se establecen tres métodos:

- Embridar las chapas de forma que disminuya la deformación.

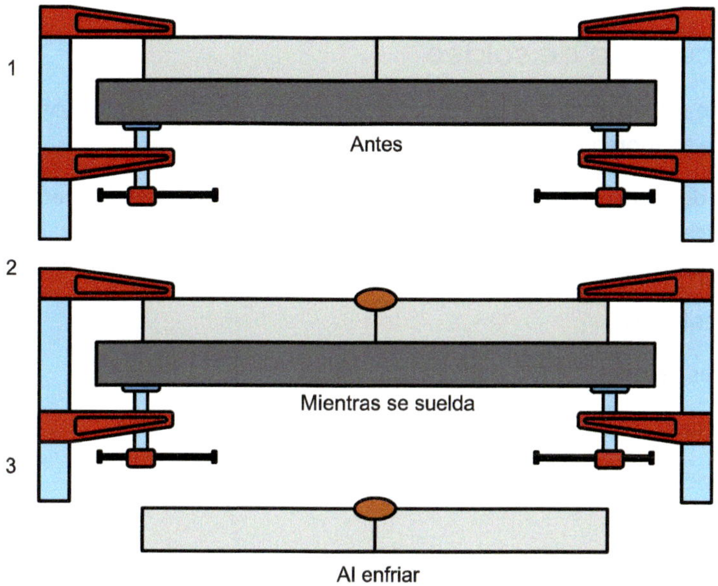

Figura 3.19. Deformaciones, arriostramiento.

- Se puede deformar la pieza en sentido contrario a lo previsto.

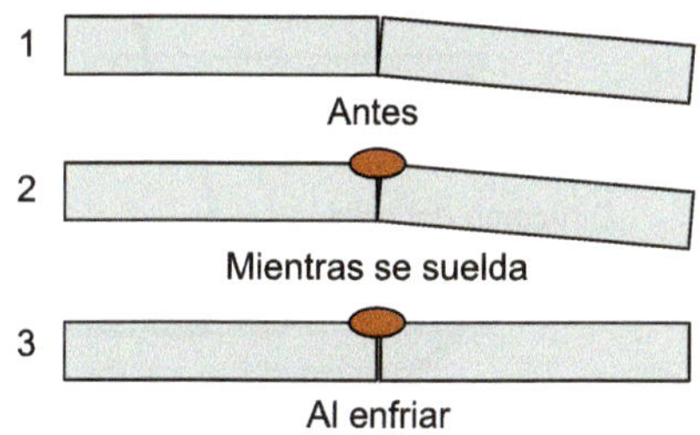

Figura 3.20. Predeformación para soldar.

3.8.3. Procedimientos de soldadura

El procedimiento de soldeo tiene una gran influencia en la correcta ejecución de la soldadura:

- Realizar la soldadura con las menos pasadas posible y el diámetro del electrodo o varilla el máximo posible.

- Ejecutar el soldeo de forma rápida para reducir el aporte calórico.
- Empezar soldando las uniones que provoquen más contracción.
- Precalentar las piezas, sobre todo cuando tienen gran espesor.
- Soldar por las dos caras para contrarrestar las deformaciones.

3.8.4. Secuencia de soldeo

La secuencia de soldeo es determinar el orden en que se van a realizar los cordones. Se utilizarán secuencias que aminoren la deformación.

- **Secuencia de paso de peregrino:** es un método para reducir la deformación en el soldeo. Se evita el cierre de las chapas que tenderían a reducir la separación en la raíz. Consiste en realizar cada pasada en sentido contrario al avance del soldeo. Generalmente se emplea en:
  - — Uniones largas.
  - — Primeras pasadas.
  - — Cruces de soldadura.
  - — Zonas de grandes esfuerzos.

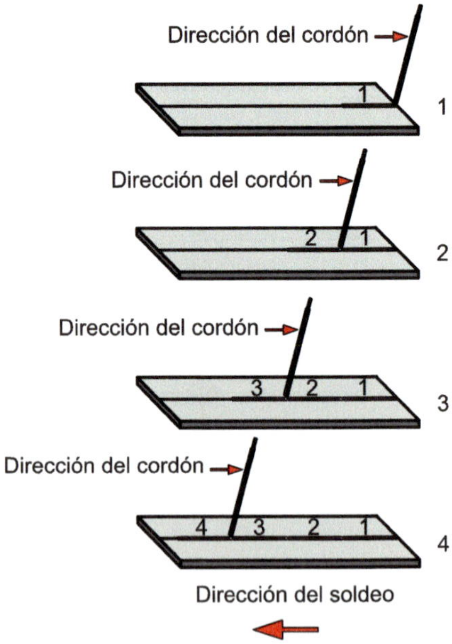

Figura 3.21. Paso de peregrino.

3.9. Métodos para corregir las deformaciones

Cuando no se pueden controlar totalmente las deformaciones y tensiones en las piezas soldadas, se emplean métodos para corregirlas en lo posible, como los tratamientos térmicos postsoldeo, o el enderezado en frío o enderezado térmico.

3.9.1. Tratamientos térmicos postsoldeo

Se emplean para reducir las tensiones internas y corregir las deformaciones.

Se utilizan por calentamiento uniforme de las piezas y enfriamiento lento. El tiempo y la temperatura dependerá del material base.

El tratamiento térmico puede ser un normalizado.

A veces es necesario precalentar a una cierta temperatura las piezas que se van a soldar. Solo se realiza cuando es imprescindible, si el material presenta problemas de soldabilidad.

Los objetivos del precalentamiento son:

- Reducir la velocidad de enfriamiento.
- Disminuir las pérdidas calóricas.

Con el precalentamiento también se elimina la humedad.

Figura 3.22. Horno eléctrico para tratamientos térmicos.

3.9.2. Enderezado en frío

Se realiza aplicando presión sobre las piezas hasta desplazar el material a la posición correcta:

- **Martilleado:** se realiza en chapas finas o pequeños perfiles. Puede realizarse a mano o con medios mecánicos.
- **Prensas hidráulicas:** se utilizan en perfiles, aplicando presión y soltando a continuación.

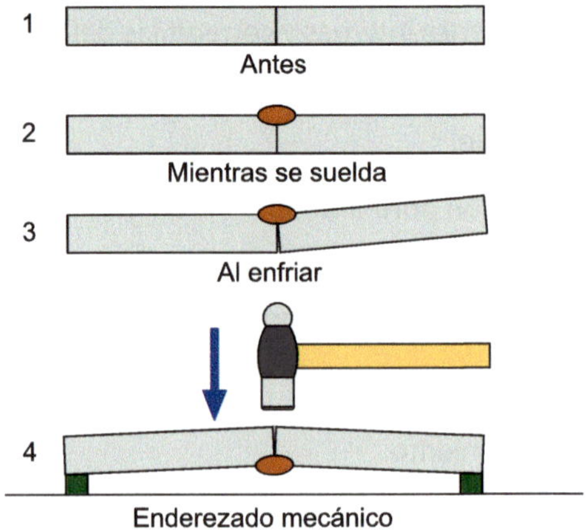

Figura 3.23. Enderezado en frío.

3.9.3. Enderezado térmico

Se basa en las deformaciones por calentamiento localizado. Este método se puede utilizar para deformar las piezas en la cara contraria para compensar las deformaciones.

El aporte calórico se puede hacer por puntos, con soplete oxigás, de una boquilla o de varias boquillas.

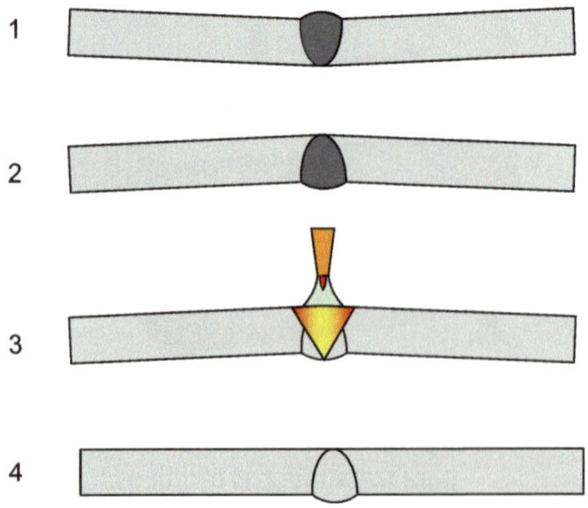

Figura 3.24. Enderezado por calor.

3.10. Economía de la soldadura

Entre los métodos de unión utilizados hoy en la industria, no cabe duda de que uno de los más usados es la soldadura, por su rapidez de ejecución y por su eficacia. Sin embargo, no es un proceso barato, ya que requiere de equipos, frecuentemente de gases y de una mano de obra muy especializada y cualificada, que no es fácil de encontrar.

Por otra parte, hay que realizar un estudio concienzudo para establecer el procedimiento y el proceso de soldadura más conveniente en cada caso. Para ello, una de las cosas más importantes es el cálculo del coste de la soldadura.

En un cálculo de costes para un trabajo de soldadura, deben ser considerados los siguientes factores, ya que influyen en el coste total del trabajo:

- **Diseño.** El diseño o la geometría original determinan la cantidad de material de aporte a depositar y la facilidad de aplicación de este.
- **Posición.** La mayor tasa de depósito se alcanza en la posición plana y en la horizontal, por lo que habrá que intentar hacer el mayor número de soldaduras en estas posiciones.
- **Proceso.** El proceso de soldadura y los parámetros (procedimiento) seleccionados regirán los tiempos requeridos por las tasas de depósito, la eficiencia y el factor de operación.
- **Otros costes.** Costes adicionales asociados al trabajo, como transporte, mecanizado, tratamiento térmico e inspección.

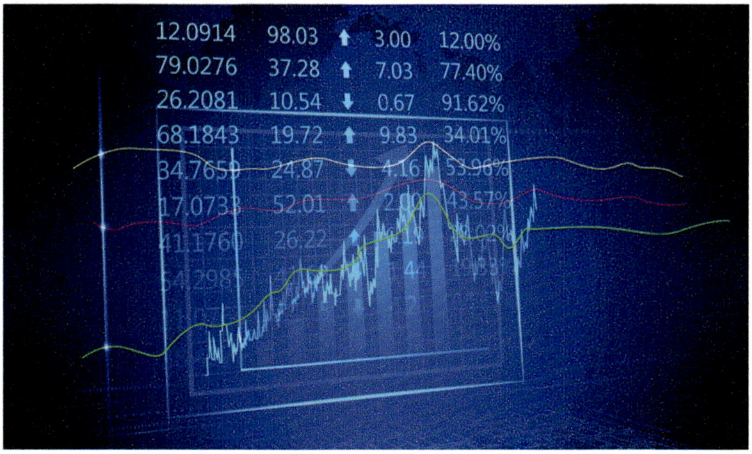

Figura 3.25. Antes de establecer un procedimiento de soldadura, hay que calcular su rentabilidad.

A continuación, se exponen varias tablas relacionando los parámetros anteriormente mencionados.

Una comparación de tasas de depósito, o sea, del material aportado, se encuentra expresada en kg/h a diferentes niveles de corriente en la Tabla 3.5.

Tabla 3.5. Tasas de depósito (kg/h)

Corriente (A)	Arco manual	Semiautomático	Arco sumergido
110	0,8	—	—
125	0,9	—	1,4
150	1,2	—	1,8
175	1,4	2,7	1,8
200	1,7	3,6	2,7
225	1,9	4,5	3,6
275	3,2	5,4	4,5
325	4,1	6,3	5,4
375	—	7,2	6,3
425	—	8,1	7,7
475	—	—	9,0
525	—	—	11

La eficiencia del depósito se expresa como porcentaje y se determina dividiendo el peso del metal depositado entre el peso de los consumibles. Las eficiencias varían según se muestra en la Tabla 3.6.

El factor de marcha del proceso se expresa como porcentaje y es la cantidad de horas de depósito efectivas divididas entre el total de horas de trabajo. Se utilizan estudios de tiempo para monitorear y determinar los factores de marcha de cada operación, algunos de los más típicos se muestran en la Tabla 3.7.

Tabla 3.6. Eficiencia de depósito de procesos (%)

Proceso	% eficiencia de depósito
Arco manual	60-70
TIG	60-70
MIG	85-90
Arco sumergido	90-95

Tabla 3.7. Factor de marcha del proceso (%)

Proceso	% factor de marcha
Arco manual	30
TIG	30
MIG	60
Arco sumergido	65

Por último, las actividades que influyen en el factor de operación incluyen:

- Preparación.
- Ajuste.
- Limpieza.
- Precalentamiento.
- Habilidad del operador.
- Grado de automatización.

PRINCIPIOS DE LA SOLDADURA

- Historia
- Clasificación de los procedimientos de soldadura
  - AWS
  - UNE-EN ISO
- Tipos de soldadura
  - A tope
  - A solape
  - En ángulo
- Posiciones de soldeo
  - Horizontal
  - Vertical
  - Cornisa
  - Techo
  - Designación normalizada
    - UNE-EN ISO
    - AWS
- Metalurgia de la soldadura
  - Zona afectada térmicamente
  - Cambios estructurales
- Efectos de la soldadura sobre las piezas soldadas
  - Tensiones
  - Deformaciones
- Economía de la soldadura
- Definición de soldadura
  - Atendiendo a los metales a soldar
    - Soldadura autógena
    - Soldadura heterogénea
    - Soldadura homogénea
  - Atendiendo a la temperatura a la que se realiza
    - Soldadura fuerte
    - Soldadura blanda
  - Atendiendo a la fuente de calor
    - Soldadura por quemado de gases
      - Lamparilla de butano
      - Oxipropano
      - Oxiacetilénica
    - Soldadura por arco eléctrico
      - Soldadura con electrodo revestido
      - MIG-MAG
      - TIG
    - Soldadura por resistencia
      - Por puntos
      - Por roldana
      - A tope
    - Otras fuentes de calor para soldadura
      - Soldadura por láser
      - Soldadura por plasma
      - Soldadura por haz de electrones

DE COMPROBACIÓN

3.1. ¿Cómo se llama la soldadura en la que el material base y el de aporte son distintos?

a) Autógena.
b) Eléctrica.
c) Heterogénea.
d) Homogénea.

3.2. ¿Cuál de estos procesos tiene como fuente de energía el arco eléctrico?

a) TIG.
b) MIG.
c) MAG.
d) Los tres anteriores.

3.3. ¿Qué gases combustibles se usan en la soldadura por oxigás?

a) Butano, propano y acetileno.
b) Oxígeno, neón y xenón.
c) Argón, helio y aire.
d) Ninguno de los anteriores.

3.4. ¿Cuáles son los tipos de soldadura que se pueden dar?

a) A tope, a solape y en ángulo.
b) De rodillas, sentado y de pie.
c) Directa, inversa y al revés.
d) Sencilla, doble y triple.

3.5. ¿Cuáles son las posiciones más habituales de soldadura?

a) De rodillas, sentado y de pie.
b) Hacia delante y hacia atrás.
c) A derecha y a izquierda.
d) Horizontal, vertical, cornisa y bajo techo.

3.6. ¿Cuáles son las posiciones G según la AWS?

a) Uniones en ángulo.
b) Las verticales.
c) Las uniones a tope.
d) Cualquier posición.

3.7. ¿Por qué letra se nombran las soldaduras en ángulo según la AWS?

a) A.
b) L.
c) U.
d) F.

3.8. ¿Qué significan las siglas ZAT?

a) Zona altamente tecnificada.
b) Zona afectada térmicamente.
c) Zona afectada técnicamente.
d) Zona afectada tecnológicamente.

3.9. ¿Qué provocan los calentamientos en las zonas soldadas?

a) Deformaciones y cambios estructurales.
b) Deformaciones.
c) Cambios estructurales.
d) Nada.

3.10. ¿La habilidad del soldador influye en el coste de la soldadura?

a) Solo si se equivoca.
b) Sí, además de la limpieza, el ajuste, la preparación de las piezas, etcétera.
c) No, nada.
d) Depende del tipo de soldadura.

DE APLICACIÓN

3.1. Define la soldadura autógena.

3.2. Explica si se puede soldar con un material de aporte distinto del metal base.

3.3. Haz una clasificación de la soldadura atendiendo a la fuente de calor utilizada.

3.4. Enumera los tipos de soldadura que hay.

3.5. Describe las posiciones de soldadura.

3.6. Dibuja las posiciones 1G, 2G, 3G, 4G.

3.7. Indica cuáles son los constituyentes del acero.

3.8. Comenta por qué cambian las características de los aceros.

3.9. Cita qué significan las siglas ZAT.

3.10. Menciona qué efecto visible se produce en los aceros después de soldarlos.

3.11. Señala cuáles son los factores a tener en cuenta para el cálculo del coste de la soldadura.

UNIDAD 4

Soldadura eléctrica por arco con electrodo revestido

Objetivos

- Saber cuáles son los principios básicos de la electricidad.
- Comprender la formación del arco eléctrico.
- Conocer y utilizar este procedimiento de soldadura.
- Conocer y planificar la utilización de los equipos.
- Ser capaz de preparar el material base.
- Ser capaz de seguir una secuencia lógica en los trabajos.
- Realizar con soltura soldaduras en todas las posiciones de soldeo.
- Ejecutar un primer nivel de control de calidad de las uniones soldadas.
- Realizar el primer nivel de mantenimiento de instalaciones y de equipos.

Contenidos

Introducción

Este procedimiento de soldadura ha sido durante años la forma de trabajar de la gran mayoría de las empresas del sector del metal por ser barato, móvil y asequible. Solo ha sido superado por otros procedimientos en trabajos de serie y automatizaciones.

Es muy buen sistema para trabajos donde los equipos requieran de un desplazamiento continuo, como en el montaje de estructuras y en el mantenimiento de instalaciones.

Lo más aconsejable para dominar bien el sistema es comprender por qué ocurren las cosas, por eso, en esta unidad didáctica empezamos por los conocimientos básicos de la electricidad y del arco eléctrico.

4.1. Conceptos básicos de electricidad

La electricidad mueve el mundo, pero, ¿qué es la electricidad? ¿De dónde sale? ¿Es algo físico? A continuación, vamos a ver si somos capaces de dar una explicación a esta manifestación de la energía. Así podremos comprender mejor otros fenómenos relacionados con ella.

4.1.1. La materia

Como ya sabemos, toda la materia está compuesta por unos elementos muy pequeños que son los átomos y estos, a su vez, están constituidos por la unión de otras partículas más pequeñas aún, que son los electrones, los protones y los neutrones.

Los protones tienen carga positiva, los electrones tienen carga negativa y los neutrones no tienen carga. Para que un átomo esté en equilibrio, tiene que tener el mismo número de electrones que de protones, si pierde o gana electrones, no estará en equilibrio y se convertirá en un ion. El átomo más simple es el del hidrógeno que está compuesto solo por un protón y un electrón.

Estos tres elementos son los mismos siempre y siempre se disponen de la misma manera: los protones y los neutrones están juntos en el centro, formando lo que llamamos el núcleo del átomo, mientras que los electrones giran a su alrededor cada uno en una órbita, como si fueran pequeños planetas, aunque, hoy en día, se considera que los electrones no están en órbita, sino formando una nube alrededor del núcleo.

Nos preguntaremos por qué hay distintas sustancias y tan diferentes si estos elementos son los mismos para toda la materia. Es el número de protones el que define las distintas sustancias que llamamos elementos y que están todos recogidos en la tabla periódica.

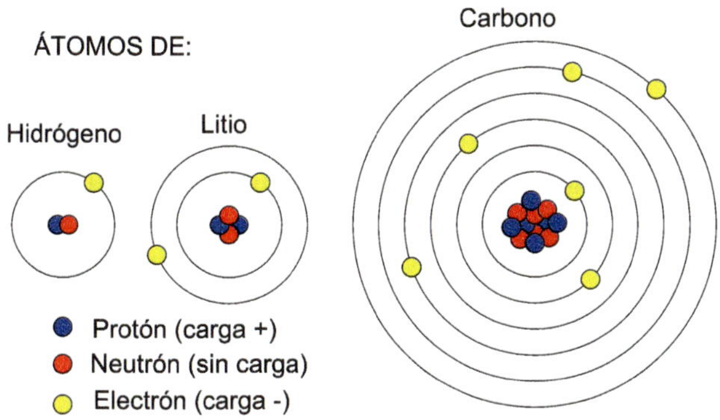

Figura 4.1. Átomos.

A veces, puede ocurrir que un átomo pierda o gane uno o varios electrones sin que cambie como sustancia, pero se quedaría en un estado de desequilibrio; por decirlo de otra manera, estaría buscando lo que le falta o querría quitarse de encima lo que le sobra. Esto es lo que hace posible que los elementos se combinen formando sustancias nuevas que ya no son elementales, por ejemplo, el agua está compuesta por hidrógeno y oxígeno.

También existen electrones libres que buscan átomos donde colocarse y son los responsables de que se produzca la electricidad.

4.1.2. ¿Qué es la electricidad?

Hemos visto en el apartado anterior de qué está formada la materia. Para nosotros, una de las partículas más interesantes son los electrones libres, que están cargados con carga negativa como todos los electrones. Estos electrones son capaces de moverse a través de los átomos de algunas materias para buscar un sitio donde alojarse y quedarse en equilibrio. Si no lo consiguen, siguen moviéndose y a este movimiento de electrones lo llamamos *electricidad*. La electricidad libera una gran cantidad de energía que nosotros aprovechamos.

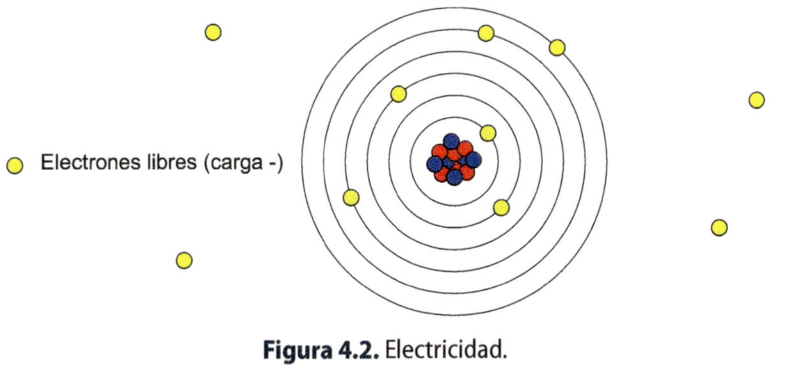

Figura 4.2. Electricidad.

En definitiva, la electricidad es el flujo o movimiento de electrones a través de una materia que se lo permita, que se llama *conductor*. Las materias que no permiten este flujo se denominan *aislantes*.

4.1.3. Circuito eléctrico

Cuando una materia está en equilibrio, no se produce el movimiento de electrones que da lugar a la electricidad, así que, para crearla, tendremos que alterar de alguna manera esa estabilidad. Eso se hace creando una diferencia de potencial, es decir, originamos ese desequilibrio de electrones que necesitamos. Esto lo hacemos con unos aparatos llamados *generadores*, que utilizan fuerzas magnéticas para funcionar. Una vez creado el movimiento de electrones libres, o sea, la electricidad, le damos alguna utilidad, es decir, la energía conseguida la transformamos en otra energía: calor, movimiento, etcétera.

Esto que hemos descrito es un circuito eléctrico (Figura 4.3).

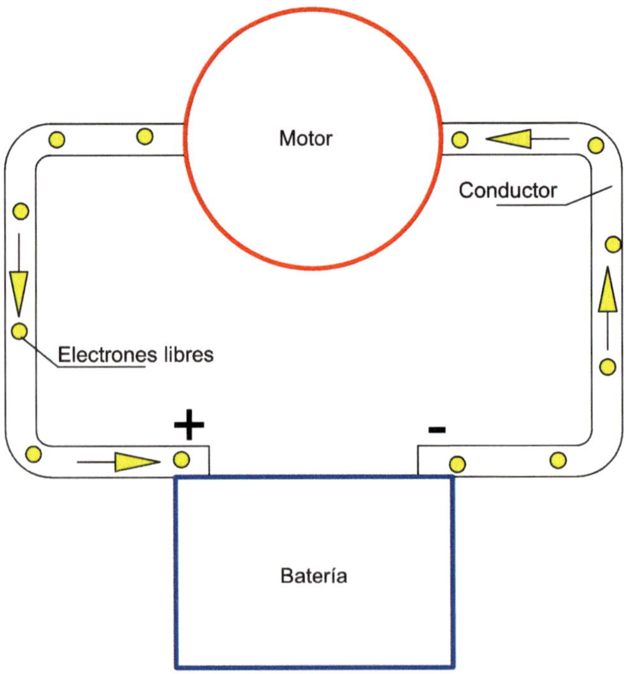

Figura 4.3. Circuito eléctrico.

Para entenderlo, pensemos en algo que podemos visualizar mejor, por ejemplo, en un circuito hidráulico (Figura 4.4). En él se ve que hemos creado una diferencia de potencial elevando el agua hasta una determinada altura. Desde ahí, el agua cae por el canal y mueve el molino. El agua embalsada en altura sería el generador o la batería, el canal que lleva el agua sería el cable que conduce la electricidad y el molino sería el motor.

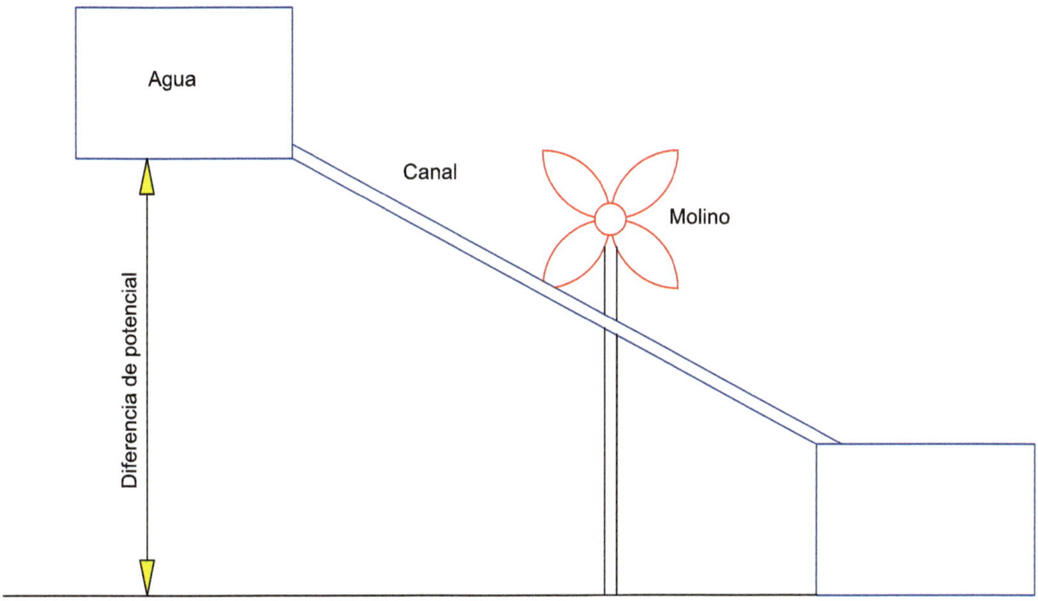

Figura 4.4. Circuito hidráulico.

En un circuito eléctrico como el que hemos visto, la electricidad circulará de negativo a positivo, siempre en el mismo sentido, esto es lo que se llama *corriente continua* (CC). Muchas veces, se confunde con electricidad constante, pero no tiene por qué ser así; por ejemplo, la batería de un coche es corriente continua, pero, conforme se va usando, va disminuyendo su tensión hasta el punto de agotarse. Es continua porque no ha variado su polaridad, es decir, la corriente ha circulado siempre en el mismo sentido.

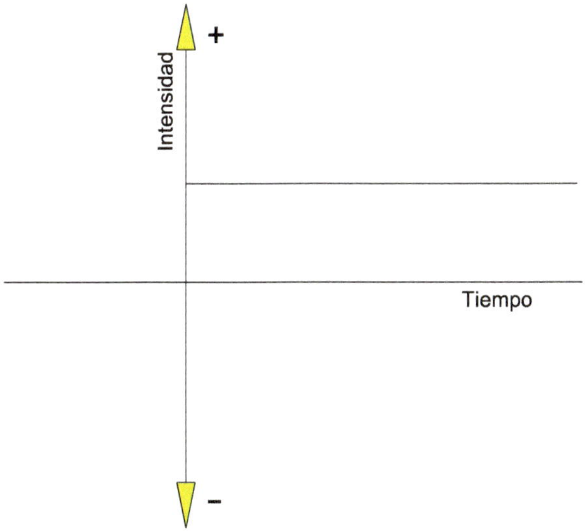

Figura 4.5. Corriente continua.

La corriente continua tiene el inconveniente de que es más difícil de transformar, así que se ha ideado un tipo de corriente que va cambiando de polaridad cíclicamente, o sea, en períodos concretos de tiempo. Un extremo del generador pasa de positivo a negativo cada cierto período de tiempo. A este tipo de corriente se la llama *corriente alterna* (CA) y es la que tenemos en la red eléctrica y con la que funciona la inmensa mayoría de los aparatos eléctricos, digamos que es un tipo de corriente más *manejable*.

El cambio de polaridad se puede hacer de una manera brusca, como en la Figura 4.6, o se puede hacer de una manera suave, como en la Figura 4.7. Hay otras formas de hacer este cambio de polaridad, pero el más empleado es este último, en el que se produce el cambio según una curva sinusoidal, o sea, en función del seno de un ángulo.

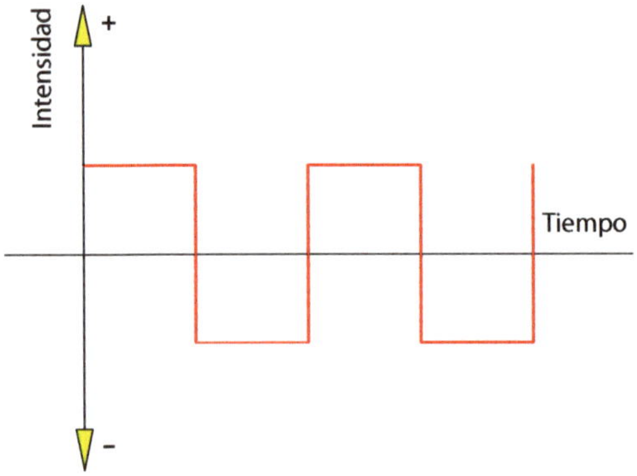

Figura 4.6. Corriente alterna de honda cuadrada.

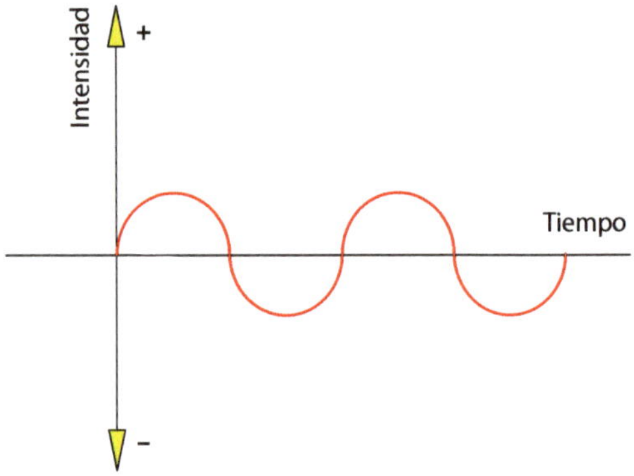

Figura 4.7. Corriente alterna sinusoidal.

El tipo de corriente empleado en soldadura modifica de forma importante las uniones y las técnicas operatorias en los trabajos, incluso, para algunos trabajos, se requiere un tipo de corriente determinado y no vale otro. Por ejemplo, el aluminio hay que soldarlo con corriente alterna y ciertos electrodos solo van bien con corriente continua.

4.1.4. Magnitudes eléctricas

En los apartados anteriores, hemos hablado de cosas como intensidad de corriente alta o baja, diferencia de potencial, paso de la electricidad a través de los cuerpos, conductores, etcétera.

Todas esas cosas son propiedades que definen a la electricidad o a la materia que atraviesa. Vamos a definirlas a continuación:

- **Corriente o intensidad eléctrica.** Es la cantidad de carga (o de electrones) que circula por un cuerpo en un tiempo determinado.
- **Tensión o voltaje.** Es la presión que se ejerce en el extremo de un conductor para que haya flujo de electrones. También se llama *diferencia de potencial*, ya que tiene que haber un desnivel para que haya corriente eléctrica.

- **Resistencia eléctrica.** Es la dificultad que ofrece una materia para ser atravesada por una corriente eléctrica. Si un material no opone mucha resistencia se llama *conductor* y si no deja pasar la electricidad se llama *aislante*.
- **Potencia.** Es la cantidad de trabajo que se realiza en un determinado tiempo. En los equipos de soldadura lo que se indica en sus características es la **potencia aparente** que es la cantidad total de potencia que consume un sistema, su nombre es aparente porque no toda se puede utilizar para realizar el trabajo de soldeo. Su unidad de media es KvA (se la conoce en el argot como *cavea*) y en realidad es kilovoltio por amperio (KvA).

En la siguiente tabla, vamos a ver las magnitudes que más se utilizan en soldadura, sus unidades y sus símbolos:

Tabla 4.1. Unidades eléctricas

Unidades eléctricas		Símbolo
Intensidad de corriente	Amperio	A
Voltaje o tensión	Voltio	V
Resistencia	Ohmio	Ω
Potencia	Vatio Caballos	W hp

4.2. Arco eléctrico

El arco eléctrico es el paso de la corriente eléctrica a través de un gas. Este paso se hace visible a través de un gran desprendimiento de luz. Los rayos de las tormentas, por ejemplo, son arcos eléctricos.

Figura 4.8. Un rayo es un arco eléctrico.

Pero los gases son muy malos conductores de la electricidad porque sus átonos son muy estables, para que se vuelvan conductores tendremos que ionizarlos, o sea, tendremos que hacer que sus átomos pierdan algún electrón.

Si aportamos una considerable energía, podemos ionizar una parte del gas para que nos sirva de conductor y, de esta manera, la electricidad saltará de un conductor a otro a través del gas y esto es el arco eléctrico. Este fenómeno de ionización es reversible: en cuanto el aporte de energía cesa, los átomos recuperan los electrones que han perdido y se vuelven estables. Ese gas ionizado que se forma entre los dos conductores al aportar energía es un estado distinto de la materia que se llama plasma. Concretamente el arco eléctrico en soldadura está formado por la llamada columna de plasma que hace conductor al aire. Por otra parte, no todos los gases tienen el mismo poder de ionización y, por tanto, las propiedades del arco eléctrico van a depender en gran medida de esta particularidad.

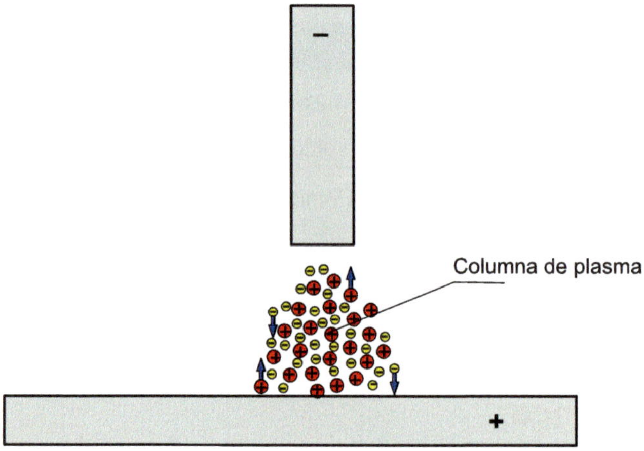

Figura 4.9. Columna de plasma.

4.3. Definición del proceso de soldadura eléctrica por arco con electrodo revestido

Soldar es unir íntimamente dos materiales, entendiéndose por íntimamente la unión a nivel atómico, de manera que las dos partes soldadas se conviertan en una sola. Para conseguir esto, es necesario fundir los bordes de las piezas que se quieren unir y para lograr esta fusión de bordes hay que aportar una gran cantidad de energía, ya que materiales muy usuales en todo tipo de construcciones, como el acero, tienen un punto de fusión muy elevado, superior, en la mayoría de los casos, a los 1500 °C. Para aportar esta energía, los dos métodos más utilizados son el quemado de gases y el arco eléctrico.

Si hacemos saltar un arco eléctrico entre las dos partes a soldar, la gran cantidad de energía liberada será suficiente para fundir los bordes. Pero, de esta manera, sería una fusión un poco incontrolable, así que lo que hacemos es concentrarla en un punto utilizando un electrodo. Con un electrodo desnudo, o sea, con una simple varilla metálica, tampoco conseguiremos un buen dominio del arco.

La solución será utilizar electrodos recubiertos de alguna sustancia que nos sirva para mantener el arco estable, nos ayude a ionizar el aire y nos proteja la zona fundida.

Visto todo esto, podemos decir que:

> **La soldadura eléctrica por arco con electrodo revestido es el procedimiento por el cual se unen materiales por fusión de los bordes al hacer saltar un arco eléctrico entre el metal base y un electrodo recubierto de una sustancia que estabiliza y protege el baño de fusión y el metal caliente.**

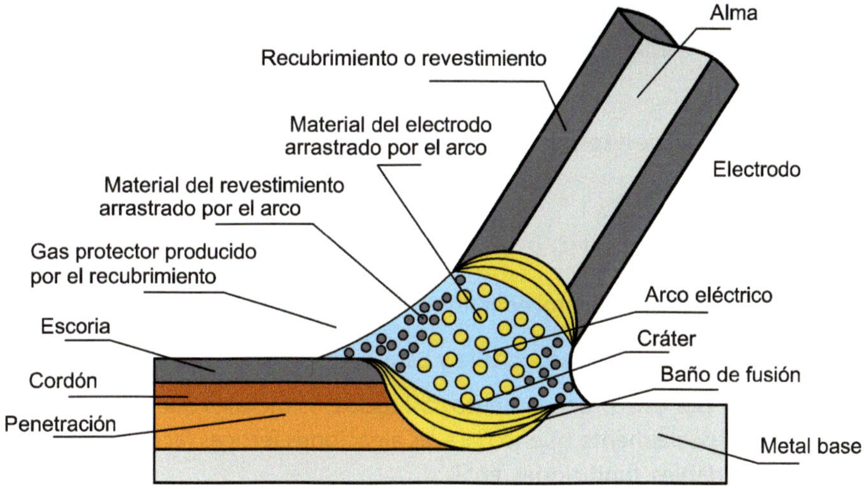

Figura 4.10. Soldadura eléctrica por arco.

La designación normalizada de este procedimiento según las normas UNE-EN ISO es 111 y según la norma americana de la ANSI/AWS es SMAW.

4.4. Aplicaciones

Este es uno de los procesos de mayor utilización en la industria, sobre todo en producciones unitarias o de pequeñas series, también es muy utilizado en trabajos de mantenimiento o de reparaciones de instalaciones.

Las industrias en las que más suele usarse directamente como medio de producción son la naval, las estructuras metálicas, la carpintería metálica, las tuberías y las conducciones y las de calderería y de depósitos.

Para trabajos de mantenimiento, se utiliza prácticamente en todo tipo de industrias para soldadura de piezas rotas, tuberías, instalaciones y reparaciones de emergencia.

Figura 4.11. Montaje de estructuras, una de las muchas aplicaciones de la soldadura.

4.5. Ventajas e inconvenientes

Entre las principales **ventajas** del procedimiento, están:

- Equipo de soldeo pequeño, transportable y barato.
- Se pueden soldar por este procedimiento casi todos los metales que se utilizan en la industria, aunque es especialmente bueno para las aleaciones férricas (acero, acero de baja aleación, aceros inoxidables, fundiciones, etc.).
- Se puede soldar una gran variedad de espesores, desde 2 mm hasta 40 mm.
- Es poco sensible al viento, se puede soldar tanto en exterior como en interior.
- No necesita aporte de material, pues es el mismo electrodo el que se funde y aporta.
- Se puede utilizar en todo tipo de soldadura y en cualquier posición.

Como **inconvenientes,** cabe destacar:

- No es bueno para espesores inferiores a 2 mm o superiores a 40 mm.
- Requiere gran habilidad y preparación por parte del soldador.
- Tiene una tasa de deposición inferior a otros procedimientos, ya que hay que cambiar el electrodo gastado por uno nuevo con mucha frecuencia al fundirse este y aportarse a la soldadura.
- No se pueden soldar metales con bajo punto de fusión porque el calor del arco es excesivo.
- Requiere retirada de escoria y limpieza después de cada cordón.

4.6. Fuentes de energía para la soldadura

La corriente eléctrica que circula por la red, tanto si es una red doméstica (monofásica 220 V) o industrial (trifásica 220 V o 380 V), no es una corriente adecuada para crear un arco estable apropiado para la soldadura.

Para conseguir una fuente de energía que nos sirva para la soldadura, utilizamos varios tipos de aparatos que, de una u otra forma, cambian la corriente de la red y le dan unas características adecuadas para la soldadura.

En general, la corriente de la red se transforma a tensiones alrededor de los 50 V e intensidades de entre 10 A y 200 A en equipos estándar, aunque estos valores pueden variar bastante en equipos de gran rendimiento.

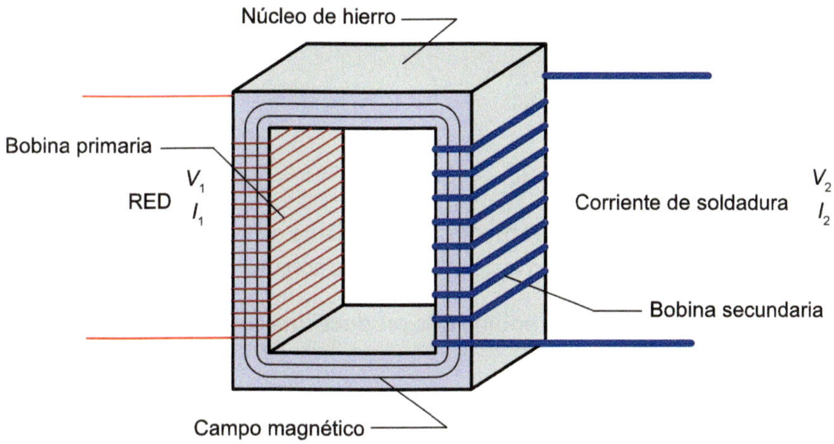

Figura 4.12. Transformación de la corriente.

El sistema de transformación que se utiliza es el de bobinas, aunque cada vez se incorporan a estas máquinas más componentes electrónicos, que aligeran su peso, reducen su consumo y mejoran sus prestaciones.

La regulación de los equipos se hace por desplazamiento del núcleo de la bobina o por conexionado de distintas bobinas, aunque, actualmente, la regulación se hace electrónicamente.

Como norma general, ese cambio consiste en disminuir el voltaje y aumentar la intensidad. Los equipos, que así es como se llama a estas máquinas, tienen todos en común una serie de elementos:

- Conexión a la red.
- Órganos de transformación de la corriente.
- Sistema de refrigeración.
- Sistema de protección.
- Mecanismos de regulación de la corriente de salida.

- Conexiones de salida.
  - Masa.
  - Pinza portaelectrodos.

Los tipos de máquinas que se utilizan en este procedimiento los vemos a continuación.

Figura 4.13. Equipo de soldadura.

4.6.1. Transformadores

Los transformadores son máquinas que modifican la corriente de la red, que es alterna de baja intensidad y una tensión alta, en una corriente de salida alterna con una intensidad alta y un voltaje bajo.

La transformación se realiza por una bobina que produce una corriente inducida sobre otra a través de un núcleo de hierro.

La regulación puede ser por el desplazamiento del núcleo de hierro o por distintos conexionados de la bobina para reducir el número de espiras.

Por el desplazamiento del núcleo, la regulación es mucho más precisa, pero, al tener más mecanismos, es más sensible a las averías. Por conexionado de bobinas, es menos preciso, puesto que la regulación es a saltos, pero no hay mecanismos que se puedan averiar.

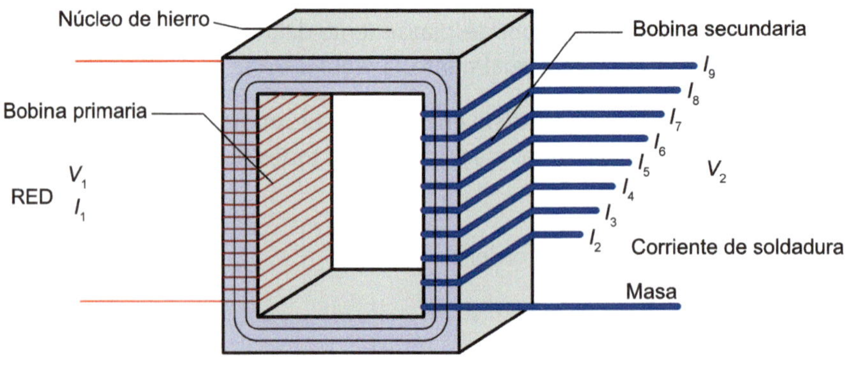

Figuras 4.14. Regulación de la corriente por número de espiras.

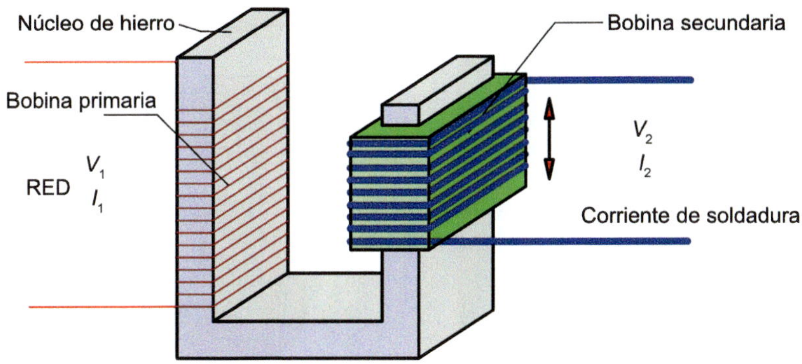

Figuras 4.15. Regulación de la corriente por el desplazamiento del núcleo.

4.6.2. Rectificadores

Un rectificador es un transformador, como el que hemos visto anteriormente, al que se le ha acoplado un elemento que solo deja pasar la corriente en un solo sentido, con lo que la convertimos en una corriente muy parecida a la continua, ya que la polaridad no cambia.

El elemento que consigue esto es el diodo o diodo rectificador, que es uno de los componentes de este tipo más sencillos, solo deja pasar el ciclo positivo de la corriente alterna, pero impide, al polarizarse, que pase el ciclo negativo, con lo que la corriente alterna la convierte en continua.

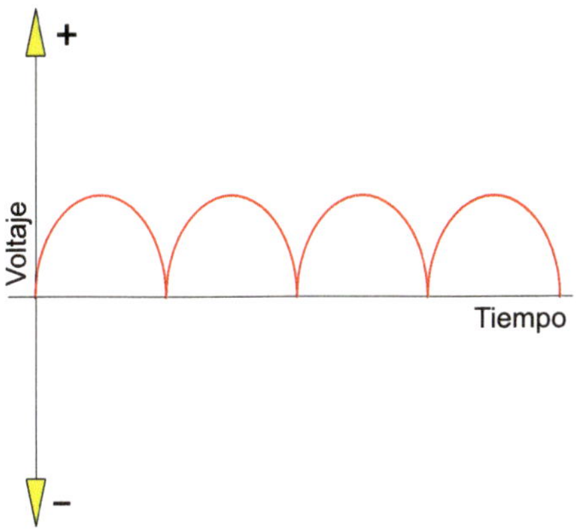

Figura 4.16. Rectificación de la corriente.

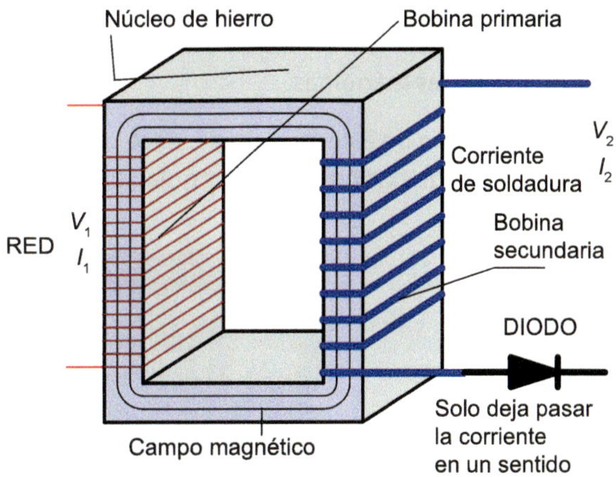

Figuras 4.17. Rectificador.

4.6.3. Convertidores

Ese motor puede ser eléctrico o de explosión. El que más se utiliza es el motor de explosión (gasolina o diésel), ya que, al no necesitar estar conectado a la red, es ideal para trabajos de campo donde no llega la red eléctrica. Estos aparatos se llaman también *grupos electrógenos*.

Figura 4.18. Convertidor-generador.

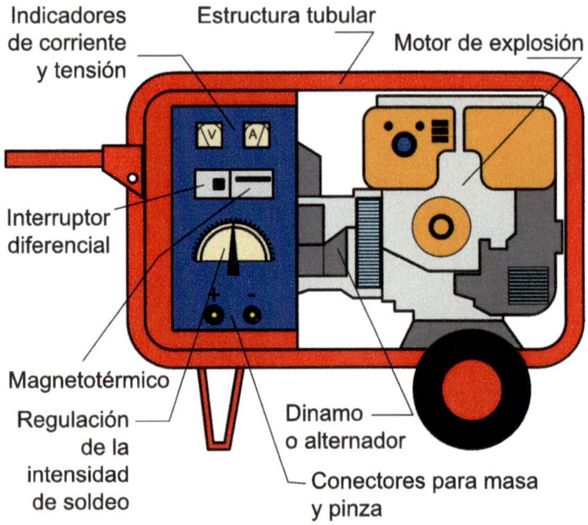

Figura 4.19. Esquema de un convertidor.

4.6.4. Tecnología inverter en los grupos de soldadura

Debido a la necesidad creciente de reducir costes, los técnicos han conseguido aplicar a las máquinas de soldadura, especialmente a las de soldadura por arco con electrodo revestido, las tecnologías que ya se aplicaban en otros campos como la de los aires acondicionados.

Para ello se utiliza la tecnología inverter, que aplica las leyes de la electrónica para realizar todos los procesos que antes se hacían eléctricamente, por ejemplo, la transformación de corriente o regulación de las máquinas.

Con la aplicación de esta tecnología, nace un nuevo tipo de máquina que sustituye casi por completo a las antiguas máquinas de regulación por desplazamiento del núcleo.

Figura 4.20. Grupo inverter.

Estas máquinas, conocidas en el mundo laboral como la tecnología que dio lugar a las mismas (inverter), han conseguido las siguientes ventajas:

- Se ha reducido el consumo de energía en un 50 %.
- Se ha reducido el peso a 1/3.
- La corriente de soldeo es mucho más estable, tanto en continua como en alterna.
- Se ha facilitado el arranque del arco al incluir alta frecuencia.
- Se consigue un excelente control de la corriente de soldeo.
- Se pueden modificar más parámetros que con las máquinas convencionales.
- Se mejora su manejabilidad al reducir su peso.

Todo lo expuesto anteriormente hace que, hoy en día, sea la máquina de soldadura utilizada en la industria, sobre todo en los trabajos de montajes en obra.

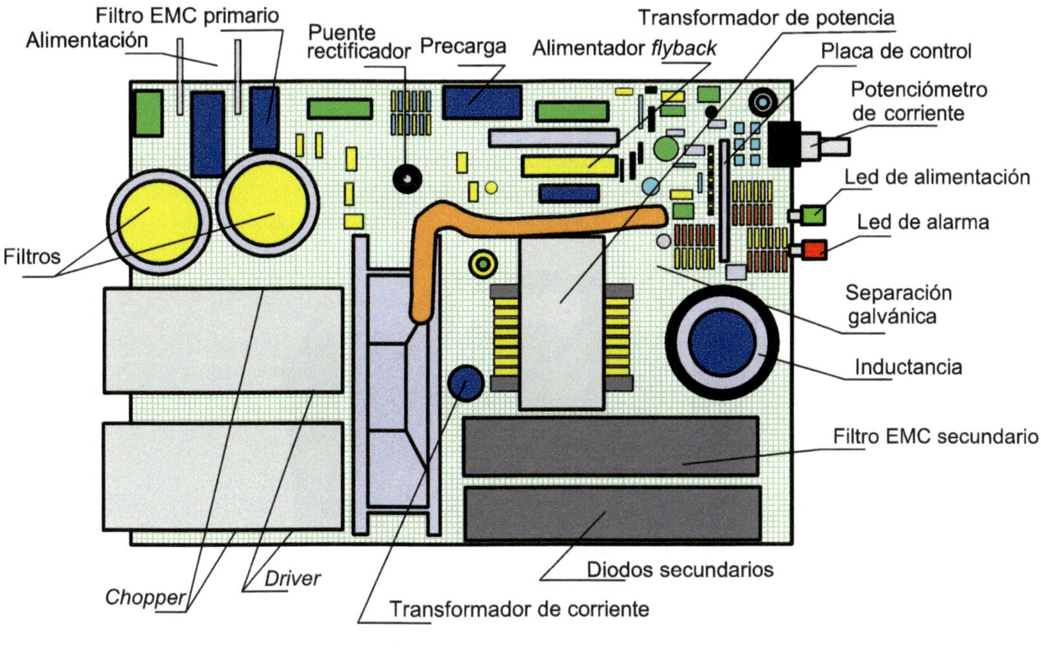

Figura 4.21. Esquema de la placa de un grupo inverter.

Figura 4.22. Placa base de un equipo inverter.

Algunas de las funciones que suelen tener los equipos inverter más modernos se exponen a continuación:

- ***Stand by:*** es una función que permite un considerable ahorro del consumo de energía ya que la máquina detecta cuándo está realmente soldando y cuándo no, si por más de 30 segundos seguidos no hay operación de soldadura se apaga y entra en posición de *Stand by*, se reactiva cuando el electrodo entra en contacto con la pieza a soldar.
- ***Hot star:*** cuando el electrodo entra en contacto con la pieza a soldar, un impulso activa en milésimas de segundo un precalentamiento del electrodo que junto al incremento de corriente, ligeramente superior al valor predeterminado, permite una activación más fácil.
- ***Arc force:*** esta función permite microrregulaciones de la corriente, que en función de la distancia entre el electrodo y la pieza, ayudan a mantener el arco estable y sin interrupciones.
- ***Antistick:*** el control *antistick* registra los parámetros de soldadura y puede reconocer cuándo el electrodo se está pegando y activa una corriente ligeramente inferior a la predeterminada facilitando el desprendimiento.
- ***Arc sense:*** mediante esta función se estabiliza el arco de soldadura, sobre todo cuando se trabaja a bajas intensidades y en procesos de soldadura críticos.

Figura 4.23. Interior de un equipo inverter.

4.6.5. Máquinas de soldadura sinérgicas

Sinergia es la mejor manera de combinar distintos parámetros para que ofrezcan el mejor de los resultados.

El otro gran reto para los fabricantes de máquinas de soldadura ha sido implantar en ellas la otra tecnología desarrollada más recientemente: la informática.

Hay que tener en cuenta que, en las operaciones de soldeo, se ponen en juego gran cantidad de factores, como la intensidad, el voltaje, la longitud del arco, el tipo y las dimensiones del aporte, el metal base, la posición de soldadura, las condiciones ambientales, el procedimiento de soldeo, etc. Una buena soldadura será el resultado de la feliz combinación de todos ellos.

Una muy buena solución para buscar esa feliz combinación es la utilización de microprocesadores en las máquinas, de esta manera, será la máquina quien se autorregule partiendo de datos simples que nosotros introduciremos, como el tipo de material y su espesor.

Incluso se diseñan máquinas que son capaces de ir variando su regulación en función de los cambios sufridos en las condiciones de soldadura, lo que facilita en gran medida las operaciones de soldeo.

La soldadura ya no dependerá tanto de la experiencia del soldador y será más productiva. Estos equipos además suelen ser multiproceso, es decir que con la misma máquina podemos soldar con electrodo, como si fuera un TIG o una MIG-MAG.

Hoy en día, hay marcas punteras en el sector que solo fabrican máquinas de soldadura sinérgicas.

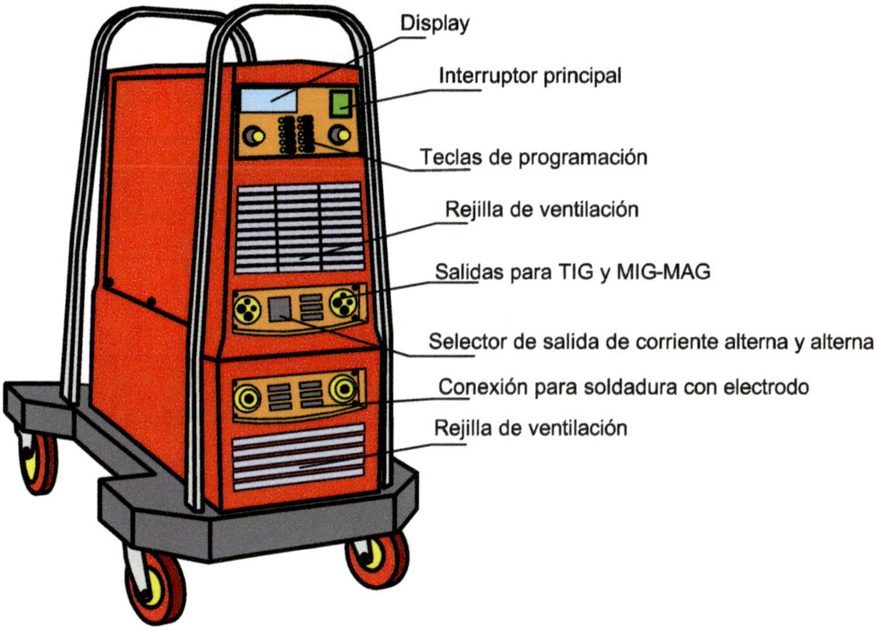

Figuras 4.24. Grupo sinérgico.

4.6.6. Placa de características de los grupos de soldadura

Todas las máquinas y todos los productos fabricados en la Unión Europea deben tener una etiqueta que los defina y los describa, deben aparecer todos los datos de importancia del producto. En el caso de los grupos de soldadura, esta etiqueta se llama *placa de características* y está adosada a la carcasa que, normalmente, recubre todos sus componentes y suele ser muy parecida a la de la Figura 4.18, donde se especifica el significado de cada cosa.

De especial importancia a la hora de elegir un grupo de soldadura es el **factor de marcha,** que es la relación entre el tiempo de soldadura y el tiempo de trabajo, pero referido a intervalos de

10 min. Es decir, si una máquina con 170 A tiene un factor de marcha del 60 %, la máquina será capaz de suministrar 170 A durante 6 min consecutivos si, a continuación, se le permite un descanso de 4 min.

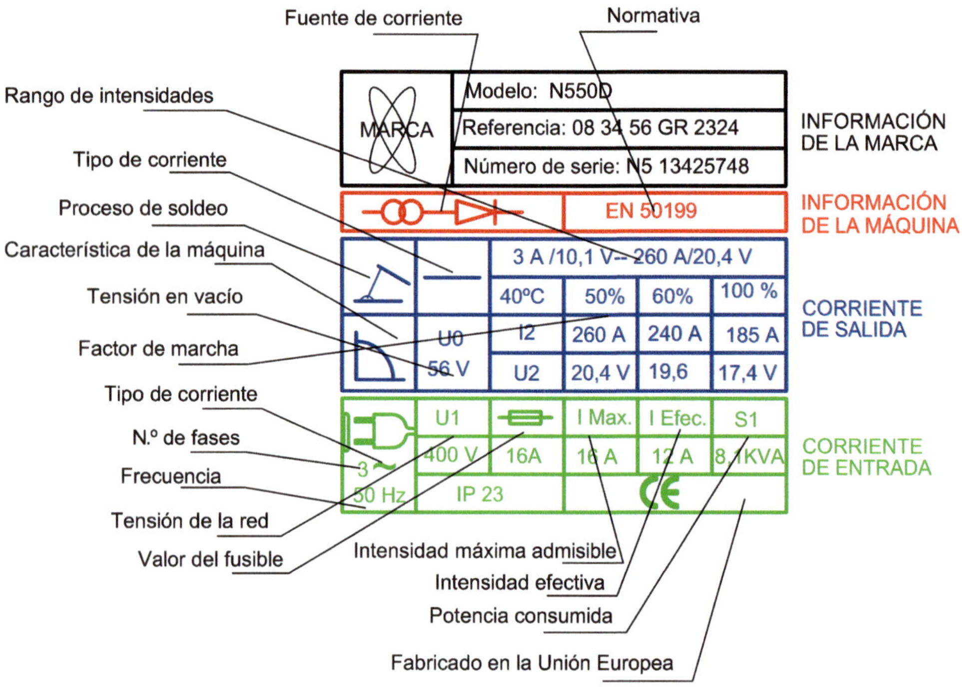

Figuras 4.25. Placa de características del grupo de soldadura.

4.7. Electrodos

El electrodo es una varilla metálica y revestida de un recubrimiento sólido a través de la cual se cierra el circuito eléctrico por medio del arco.

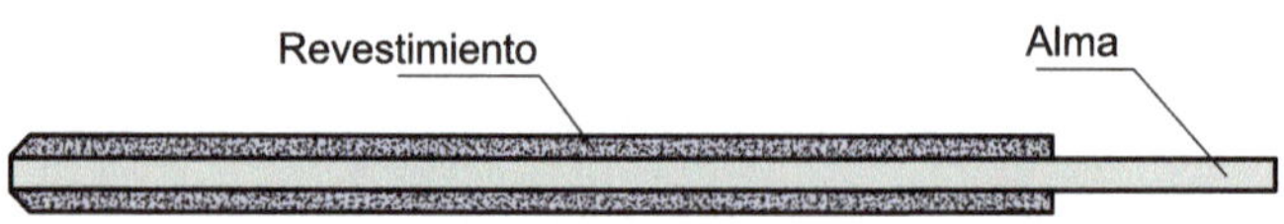

Figuras 4.26. Electrodo.

Cuando soldamos, el arco saltará entre el electrodo y el metal base fundiéndose con él, también se fundirá el recubrimiento, proporcionando los gases protectores del baño de fusión, guiando el arco y solidificando encima del cordón caliente para evitar su oxidación.

Así que las funciones del electrodo son:

- Conducir la electricidad para cerrar el arco.
- Servir de aporte a la unión soldada.
- Crear la atmósfera protectora del baño de fusión.
- Guiar el arco para que se dirija a la zona soldada.
- Solidificarse encima del cordón caliente para evitar que se oxide.

Prácticamente es el único consumible en este tipo de soldadura, pero tenemos disponible una cantidad enorme de posibilidades en cuanto a su elección. Veamos a continuación las dos clasificaciones más importantes.

4.7.1. Por sus dimensiones

Las dimensiones de un electrodo para soldadura eléctrica, básicamente, son tres: el diámetro, la longitud y el espesor del recubrimiento.

Desarrollamos a continuación estos parámetros:

- **Diámetro.** En los electrodos, se toma siempre la medida del alma (varilla metálica interior). Los diámetro que se fabrican son: 1,5 / 2 / 2,5 / 3,25 / 4 / 5 / 6 / 6,3 / 8 / 10 / 12,5 mm. A pesar de la variedad, la gran mayoría de los trabajos se hacen con electrodos de 2,5 / 3,25 y de 4 mm.
- **Longitud.** Las longitudes normalizadas son 150, 200, 250, 300, 350 y 450 mm. Lo normal es que estas longitudes estén en relación con el diámetro. En uno de los extremos del electrodo, hay entre 20 mm y 30 mm sin recubrimiento para poder colocar el electrodo en la pinza y que haya un buen contacto.
- **Espesor del revestimiento.** El revestimiento puede ser delgado (1,2 *d*), medio (entre 1,2 *d* y 1,5 *d*) y grueso (mayor de 1,5 *d*) siendo *d* el diámetro del alma.

Figura 4.27. Electrodos revestidos para soldadura por arco.

4.7.2. Por la composición del revestimiento

Atendiendo a la composición del revestimiento, los electrodos pueden ser:

- **Ácidos.** Compuestos por óxidos de hierro y manganeso. Se emplean en la soldadura de metales de buena soldabilidad.
- **Básicos.** Están compuestos de carbonato cálcico y otros carbonatos básicos. Se emplean en soldaduras de responsabilidad, donde se pretende gran resistencia y homogeneidad. Se utilizan con corriente continua y polaridad inversa.
- **Celulósicos.** Su composición es a base de sustancias orgánicas que generan gran cantidad de gases al quemarse. Para su utilización, se emplea corriente continua y polaridad directa.
- **Rutilo.** Este revestimiento está compuesto por óxido de titanio. Es el electrodo más utilizado por su versatilidad y el que más posibilidades ofrece. Con él se puede soldar en cualquier posición y tanto en corriente alterna como continua.

4.7.3. Clasificación de los electrodos para acero al carbono

Según la AWS, los electrodos se designan por:

- La letra E, que significa «electrodo para soldadura por arco».
- Dos cifras, que indican la resistencia mínima a la tracción del material depositado en libras/pulgadas cuadradas.
- La tercera cifra indica la posición de soldadura para la que es válido (1 «todas», 2 «plana y horizontal», 3 «todas» y 4 «todas y vertical descendente»).
- La última cifra indica el tipo de corriente y la polaridad adecuados. También identifica a la vez el tipo de revestimiento, según el porcentaje de materia prima contenida en el mismo.

Ejemplos: un electrodo E6010 tiene un alto porcentaje de celulosa en el revestimiento, aproximadamente un 30 % o más, por lo que se clasifica como un electrodo celulósico.

El E6013 es uno de los electrodos más usados para trabajos que no requieran gran responsabilidad. Es un todoterreno, tiene una resistencia de 60 libras/pulgadas cuadradas, puede soldar en todas las posiciones (1) y suelda tanto en corriente alterna como continua y con cualquier polaridad. Tiene un revestimiento de rutilo (óxido de titanio).

A continuación, se adjunta una tabla donde se indica el tipo de corriente, revestimiento y posiciones de soldeo en electrodos para aceros al carbono:

Tabla 4.2. Clasificación AWS de electrodos

Clasificación AWS	Tipo de revestimiento	Posición de soldeo	Corriente eléctrica
E 6010	Alta celulosa, sodio	F, V, OH, H	CC (+)
E 6011	Alta celulosa, potasio	F, V, OH, H	CA o CC(+)
E 6012	Alto titanio, sodio	F, V, OH, H	CA, CC (-)
E 6013	Alto titanio, potasio	F. V, OH, H	CA, CC (+) o CC (–)
E 6020	Alto óxido de hierro	H-Filete	CA, CC (–)
E 6020	Alto óxido de hierro	F	CA, CC (+) o CC (–)
E 7014	Hierro en polvo, titanio	F, V, OH, H	CA, CC (+) o CC (–)
E 7015	Bajo hidrógeno, sodio	F, V, OH, H	CC (+)
E 7016	Bajo hidrógeno, potasio	F, V, OH, H	CA o CC (+)
E 7018	Bajo hidrógeno, potasio, hierro en polvo	F, V, OH, H	CA o CC (+)
E 7018M	Bajo hidrógeno, hierro en polvo	F, V, OH, H	CC (+)
E 7024	Hierro en polvo, titanio	H-Filete, F	CA, CC (+) o CC (–)
E 7027	Alto óxido de hierro, hierro en polvo	H-Filete	CA, CC (–)
E 7027	Alto óxido de hierro, hierro en polvo	F	CA, CC (+) o CC (–)
E 7028	Bajo hidrógeno, potasio	H-Filete, F	CA o CC (+)
E 7028	Hierro en polvo	—	—
E 7048	Bajo hidrógeno, potasio	F, V, OH, H	CA o CC (+)
E 7047	Hierro en polvo	F, V, OH, HV-Descendente	—

Según las normas AWS las posiciones de soldeo son:

- F: plana.
- H: horizontal.
- H-Filete: filete horizontal.
- V: vertical.
- OH: techo o sobrecabeza.

4.7.4. Clasificación de electrodos para acero inoxidable

Como ejemplos de clasificación de este tipo de electrodos es el E308-15, con la designación EXXX-YZ, donde:

- E, indica que se trata de un electrodo revestido para soldadura por arco eléctrico.
- XXX, indica la numeración que le corresponde según ANSI al acero inoxidable.
- Y, el penúltimo número indica la posición en que puede realizarse la soldadura. El ejemplo E308-15, el 1 indica que se puede soldar en todas las posiciones.
- Z, el último número, el 5, indica el tipo de revestimiento, tipo de corriente y polaridad, que en este caso sería: revestimiento alcalino, corriente continua y polaridad inversa.

En algunos casos se podrá encontrar en la denominación del electrodo un índice adicional al final con las letras ELC, que significa que tiene un bajo contenido en carbono:

- E, extra.
- L, bajo.
- C, carbono.

4.7.5. Clasificación de electrodos para metales no férricos

En el caso de clasificación de electrodos para metales no férricos se hace de manera simbólica, se indica el símbolo químico del elemento o elementos metálicos predominantes en el análisis del alma del electrodo.

Se utiliza el prefijo E, seguido de los elementos significativos.

Por ejemplo, E CU SN, los símbolos indican que el electrodo está compuesto básicamente de cobre y estaño.

4.7.6. Conservación de electrodos

Para realizar buenas soldaduras, de calidad y sin defectos, debemos prestar especial atención al cuidado y conservación de los electrodos teniendo en cuenta las recomendaciones siguientes:

- **Tiempos de almacenamiento:** según las recomendaciones de los fabricantes de electrodos. El tiempo máximo de almacenaje, si se cumplen las condiciones de empaquetado, para electrodos revestidos es de 3 años, si se sobrepasa este tiempo es necesario inspeccionar cuidadosamente los mismos antes de usarlos.
- **Condiciones de almacenamiento:** los electrodos revestidos son sensibles a la absorción de humedad. Un contenido alto de humedad en el revestimiento puede ocasionar la formación de poros o fisuración. Si las condiciones de almacenaje son correctas la velocidad de absorción de humedad será reducida.

- **Resecado:** los electrodos con revestimiento de carácter básico tienen que ser resecados antes de su uso siempre que se requiera un bajo contenido en hidrógeno y una alta calidad radiográfica del metal aportado, esto no sería necesario si el empaquetado es mediante envasado VacPac. Los electrodos para acero inoxidable pueden producir poros si su almacenamiento no se ha efectuado en las condiciones de humedad apropiadas, con el resecado se pueden recuperar.

Figura 4.28. Estufa de resecado de electrodos.

Los electrodos para acero al carbono, con revestimiento de tipo rutilo o ácido no requieren resecado normalmente excepto por mojado explícito.

- **Condiciones de resecado:** los electrodos se colocarán en las estufas sin los embalajes originales. La temperatura y los tiempos de resecado se especificarán en la etiqueta del embalaje. Se recomienda no resecar un electrodo revestido más de tres veces.

- **Equipos para el almacenamiento en seco y el resecado de electrodos:** existen una gran diversidad de estufas de resecado y almacenamiento de electrodos revestidos, con unas temperaturas que van desde los 50 °C hasta los 450 °C aproximadamente y con distintas capacidades.

- **Decoloración y daños en el revestimiento:** si el color de los electrodos experimenta cambios durante el almacenamiento, deben ser desechados, si presentan daños en el revestimiento, como que falten partes del mismo no producirán buenas soldaduras por lo que deberán desecharse.

Los electrodos revestidos en embalajes VacPac no necesitan ni estufas de mantenimiento ni estufas de taller.

El almacenamiento de los electrodos revestidos puede requerir ciertos cuidados, debido a que el contenido de humedad del aire es fácilmente absorbido por el revestimiento del electrodo. Un exceso de humedad en el revestimiento puede producir poros en la soldadura, así como el hidrógeno procedente de la humedad puede dar lugar a fisuración en frío. Una manera muy sencilla de evitar estos problemas consiste en usar el envasado al vacío VacPac.

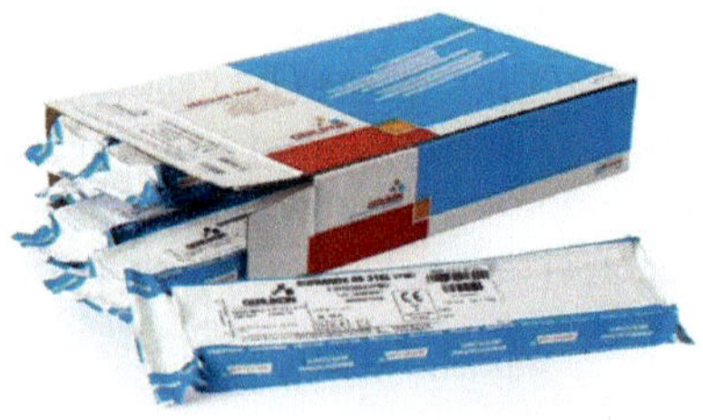

Figura 4.29. Embalaje de electrodos VacPac.

Mientras se mantenga el vacío, los electrodos estarán secos. Además, no hay limitaciones con respecto a las condiciones de almacenamiento. Tras el secado final en fábrica, los electrodos normalmente se empaquetan en cajas de cartón dentro de bolsas de plástico retráctil.

4.8. Herramientas auxiliares

La herramienta auxiliar básica en realidad es una máquina portátil: la desbarbadora radial, también llamada *radial* o *rotaflex*. Esta es imprescindible para trabajos de limpieza, preparación de bordes, saneado y repasado de cordones.

Hace un trabajo de mecanizado por abrasión, o sea, arranca pequeñas virutas de material con un disco abrasivo que se le coloca, el disco va gastándose porque los pequeños granos de los que está formado ya no cortan y se desprenden.

Si la soldadura es de responsabilidad, el trabajo con esta máquina debe hacerlo el ayudante, ya que la vibración producida afectaría al pulso del soldador.

Existen, además, algunas, aunque no muchas, herramientas que usa el soldador:

- Útiles de sujeción (mordazas, entenallas, gatos, etc.).
- Útiles de comprobación y control (reglas, escuadras, nivel, etc.).
- Alicates, tenazas y similares para manipular las piezas pequeñas.
- Martillo, cincel y buril.
- Cepillo y piqueta.

Estas son las herramientas que utiliza el soldador o su ayudante en general, pero hay que tener en cuenta que los trabajos de soldadura son muy variados y que no es lo mismo estar soldando en astillero que en una cadena de montaje y que, por tanto, las herramientas auxiliares pueden ser distintas para cada trabajo.

Figura 4.30. Herramientas auxiliares para soldadura.

4.9. Preparación del material base

Llamamos metal base al material o pieza que vamos a soldar. Es fundamental una correcta preparación de este material para una soldadura de calidad. Como norma general, deben cuidarse los siguientes aspectos:

- Limpieza profunda de la zona de soldadura.
- Eliminación de óxidos, pinturas, grasa, etcétera.
- Correcta alineación de las dos partes a soldar.
- Punteado correcto.
- Predeformación si es necesario y posible.

Podemos decir que esto es lo básico, pero habrá piezas que requieran una mayor preparación, como pueden ser:

- Tratamientos térmicos presoldeo.
- Tratamientos de relajación de tensiones postsoldeo.
- Calentamiento de la zona a soldar.

Otro aspecto a tener en cuenta es la preparación de los bordes, ya que, en la mayoría de los casos, son demasiado gruesos para conseguir la penetración deseada. Los bordes de las piezas a soldar se prepararán como indica la Figura 4.31 y se hará, siempre que sea posible, por mecanizado del canto; en caso de que no sea posible mecanizarlo, se hará con soplete de oxicorte o con desbarbadora radial.

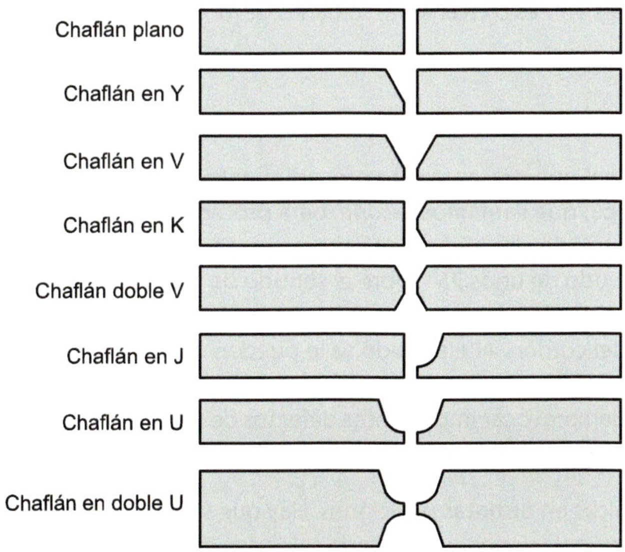

Figura 4.31. Preparación de bordes.

4.9.1. Principales tipos de juntas

Los principales tipos de juntas que se emplean son:

- **Juntas a tope:** son aquellas en que los bordes de las chapas se tocan, formando un ángulo de 180° entre sí, se utilizan en todas las posiciones y se dividen en:
  - **Juntas a tope de bordes rectos:** son juntas donde el borde de las piezas a unir no requiere de ningún tipo de preparación mecánica, este tipo de juntas se utiliza en la unión de chapas menores de 6 mm de espesor. Cuando el espesor supere los 3 mm de espesor se podrá tener en cuenta el diámetro del electrodo para la separación de las chapas.
  - **Juntas a tope en bordes achaflanados en V:** en estas juntas los bordes de las chapas a soldar necesitan preparación mecánica, de forma que al unirlos, forman una V entre sí. Se utiliza este tipo de junta cuando el espesor oscila entre 6 mm y 12 mm de espesor, ya que se logra mayor penetración de la soldadura y se puede realizar en todas las posiciones.
  - **Juntas a tope en bordes achaflanados en X:** consiste en una preparación mecánica realizada en ambos lados de la pieza a soldar, de forma que al unirlas formen una X. Este tipo de juntas es frecuente en piezas sometidas a grandes esfuerzos, sobre todo en chapas de más de 18 mm de espesor y se aplica en todas las posiciones.
- **Juntas a solape:** en este tipo de juntas, los bordes no necesitan preparación mecánica, ya que las chapas van superpuestas, el ancho de la solapa dependerá del espesor de las piezas. En chapas de 10 mm de espesor la solapa será de 40 mm a 50 mm y en espesores de 11 mm a 20 mm la solapa será de 60 mm a 70 mm. Si la pieza a soldar no va a soportar grandes esfuerzos, se soldará solo por un lado de la solapa.
- **Juntas en ángulo y en T:** son juntas que forman ángulos interiores y exteriores, en el punto a soldar, las uniones en T es conveniente soldarlas de forma alternada para evitar deformaciones.

4.10. Técnica operatoria

El problema principal que presenta este procedimiento de soldadura es que el cordón queda cubierto de una capa, que llamamos *escoria*, para protegerlo y este material se puede introducir en el baño de fusión y dar lugar a defectos de soldadura. Para evitarlo, debemos dar una inclinación al electrodo de unos 75° sobre el sentido de avance, esto se llama *soldar a derecha*. También, para que el cordón no se cargue más a un lado que a otro, tendremos que llevar el electrodo en el plano del cordón. Al electrodo se le pueden dar los movimientos que se indican en la Figura 4.32. No se debe retroceder una vez el cordón haya enfriado, ya que soldaríamos sobre la escoria y se podrían provocar importantes defectos de soldadura. Si, en alguno de estos movimientos, se retrocede algo, debe ser sobre el baño de fusión.

Veamos ahora técnicas en distintas posiciones. Hay que señalar que lo que vamos a decir a continuación son solo orientaciones, ya que cada soldador, dependiendo de sus cualidades físicas y mentales, desarrollará variantes para adaptar estas técnicas a sus características.

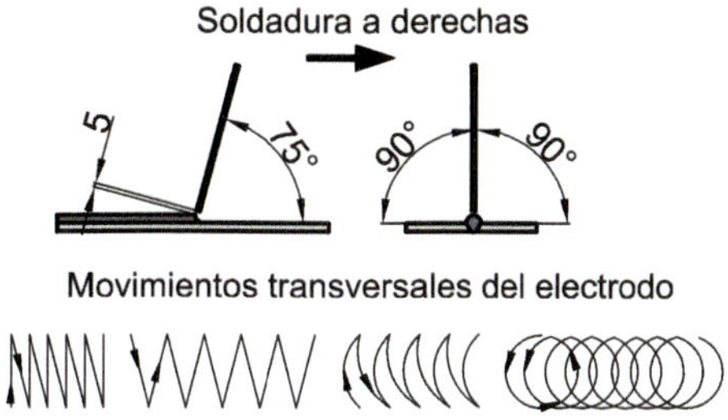

Figura 4.32. Movimientos del electrodo.

4.10.1. Establecimiento del arco

Para establecer el arco eléctrico entre el electrodo y la pieza, es necesario que el aire entre ellos se ionice y, para ello, hay que aportar una gran cantidad de energía, que se consigue con el cortocircuito al tocar el electrodo a la pieza. En las máquinas modernas, se consigue con una descarga que se llama de *alta frecuencia* (descargas instantáneas de alto voltaje y baja intensidad), por lo que no es necesario el cortocircuito.

El arco debe establecerse siempre en la línea de unión para que no se vean roces ni defectos fuera del cordón.

Al iniciar la soldadura, la pieza estará fría, lo cual puede llevar a un defecto muy común, como la falta de fusión o poca penetración. Para evitar esto, habrá que hacer un precalentamiento de la zona o proceder como si de un empalme se tratara:

- Establecer el arco un poco por delante de donde se va a empezar a soldar.
- Levantar el electrodo para conseguir un arco largo.
- Retroceder hasta donde empieza el cordón.
- Acortar el arco y empezar a realizar el cordón.

A veces, incluso se le pone un suplemento donde se empieza a soldar y luego se elimina. La longitud del arco varía según la posición, el tipo de soldadura, el peinado que queramos conseguir, etc., pero, como norma general, debe ser de unos 5 mm.

4.10.2. Punteado

El punteado es una operación fundamental en las operaciones de soldeo, tanto es así que, en las grandes empresas de calderería pesada, astilleros, etc., hay profesionales exclusivamente dedicados a esta tarea.

El punteado se realiza para dejar las piezas a soldar inmóviles, alineadas y en su posición correcta.

Para proceder al punteado de forma correcta, habrá que:

- Preparar los bordes de la unión.

- Establecer la separación necesaria entre las piezas. Normalmente, se suele dejar una separación de la mitad del espesor o del talón.
- Alinear las piezas correctamente sobre una superficie plana o con ayuda de gatos, mordazas o similar.
- Se debe aumentar alrededor de un 20 % la intensidad para conseguir una buena penetración y que el punto abulte poco.
- Se empieza a puntear desde el centro hacia los extremos, como se ve en la Figura 4.33.
- Si la unión se deforma al puntear, es necesario corregir esta deformación, aunque se rompa la puntada y haya que hacerla de nuevo.
- Si es posible, puntear por el lado contrario al de la soldadura.
- Cuando se termine de puntear, eliminar la escoria y cepillar bien.
- Si la puntada ha salido muy abultada, repasarla con radial.
- En soldaduras de responsabilidad, muchas veces hay que eliminar la puntada para realizar la soldadura.
- Una vez realizada la soldadura, no debe notarse dónde estaban los puntos.

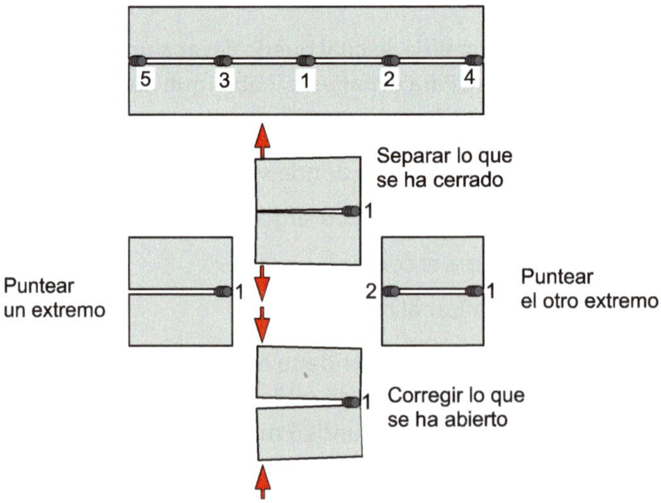

Figura 4.33. Punteado.

4.10.3. Tipos de pasadas

Las pasadas de soldadura pueden ser anchas o estrechas, según se requiera un tipo de cordón u otro y la forma de conseguirlas dependerá del tipo de movimiento que se le dé al electrodo y la velocidad de avance con que se realice la soldadura. Según la posición de soldadura, para completar el relleno total de la junta, se realizarán pasadas, un número determinado de cordones y de diferente forma, aquí vamos a contemplar las pasadas estrechas, pasadas anchas y pasadas superpuestas.

- **Pasada estrecha:** este tipo de pasada se realiza moviendo el electrodo en línea resta, o con muy poco balanceo lateral, con la velocidad e intensidad adecuada para que el cordón sea continuo. El cordón de una pasada debe realizarse con movimiento continuo, con varios milímetros de longitud de arco, con frecuentes retrocesos, para evitar perforaciones en chapas finas y en pasada de raíz en soldadura con chaflán, si la separación es considerable.

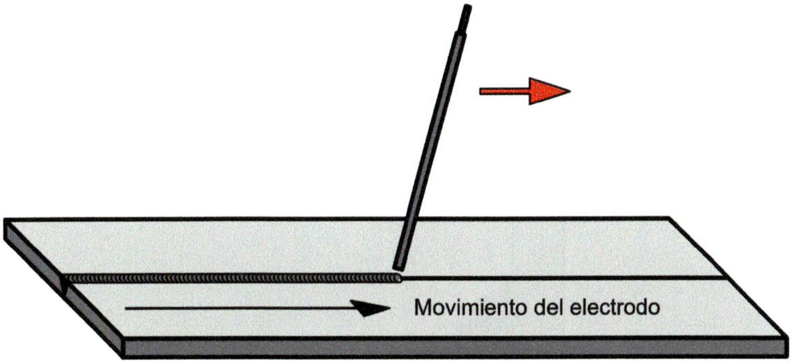

Figura 4.34. Realización de pasada estrecha.

- **Pasada ancha:** este tipo de pasada se realiza con un movimiento de balanceo transversal con una anchura que puede ser de 3 o 4 veces el diámetro del electrodo. Normalmente, el movimiento de balanceo será curvado hacia atrás. La forma del cordón, abombado o plano, será según la rapidez con que se realice la pasada o si se para en los bordes.

  Con la misma intensidad de corriente, la pasada ancha, calienta más el material con lo que se consigue más penetración. Algunas veces no es conveniente el aumento de temperatura pues podría agujerear la pieza.

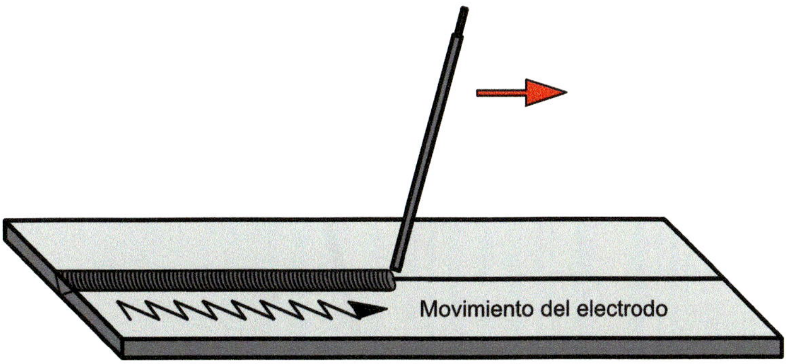

Figura 4.35. Realización de pasada ancha con balanceo de electrodo.

- **Pasadas superpuestas:** las pasadas anchas se pueden realizar, a veces, con pasadas superpuestas como en las soldaduras en cornisa con chaflán o en las soldaduras en ángulo de varias pasadas.

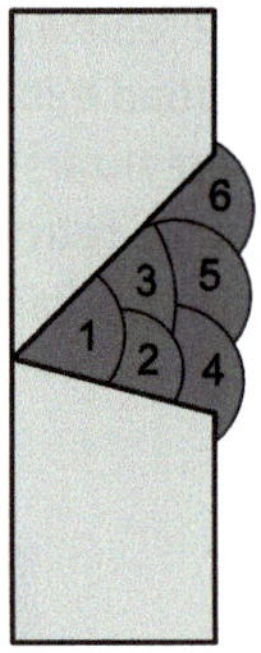

Figura 4.36. Cordones superpuestos en cornisa.

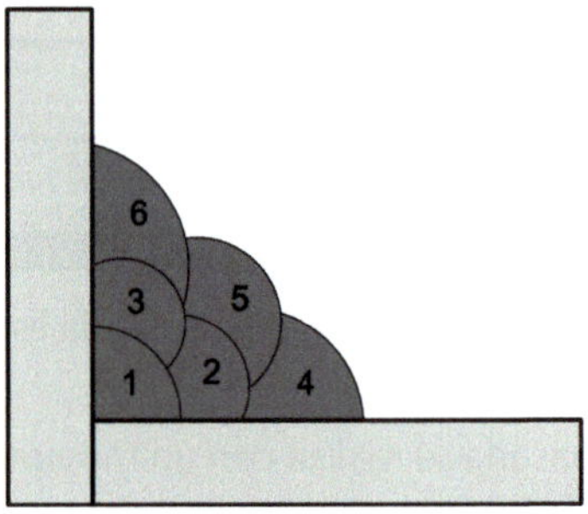

Figura 4.37. Cordones superpuestos en ángulo.

4.10.4. Soldadura horizontal a tope

Esta es la posición más natural de la soldadura ya que la gravedad nos ayuda. Siempre que se puede, hay que soldar en esta posición, aunque haya que mover la pieza.

Solo se suelda en otras posiciones cuando no puede moverse la pieza por sus dimensiones o por sus características constructivas.

Además, hay procedimientos automáticos que solo pueden soldar en esta posición.

La posición del electrodo y el movimiento de avance se muestran en la Figura 4.38.

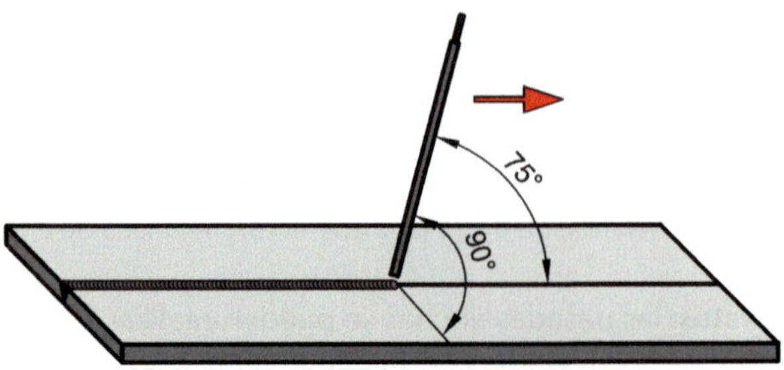

Figura 4.38. Horizontal a tope.

4.10.5. Soldadura horizontal en ángulo

Cuando hablamos de soldadura en ángulo, casi siempre nos referimos a 90°, pero no necesariamente tiene que ser así. También es soldadura en ángulo cuando se sueldan piezas formando ángulos distintos de 90°. La dificultad aumentará conforme disminuya el ángulo y disminuirá cuando aumente el ángulo que forman las piezas a unir.

El electrodo se inclinará un poco más que en la soldadura en horizontal y deberá ir en el plano de la bisectriz. Si se hiciera más de un cordón, se procedería como en la Figura 4.39.

Por último, la intensidad se aumentará en torno a un 20 % respecto a la posición en horizontal.

4.10.6. Soldadura vertical ascendente a tope

Lo más importante en esta posición es mantener un arco corto para que no descuelgue por efecto de la gravedad. Hay que reducir la intensidad respecto a la horizontal aproximadamente un 20 %.

Suele darse un movimiento en zigzag, al que se le imprimirá un movimiento de avance regular para que el cordón salga uniforme.

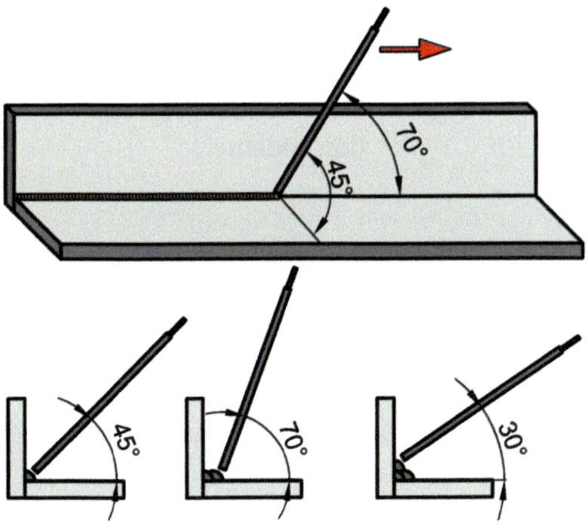

Figura 4.39. Horizontal en ángulo.

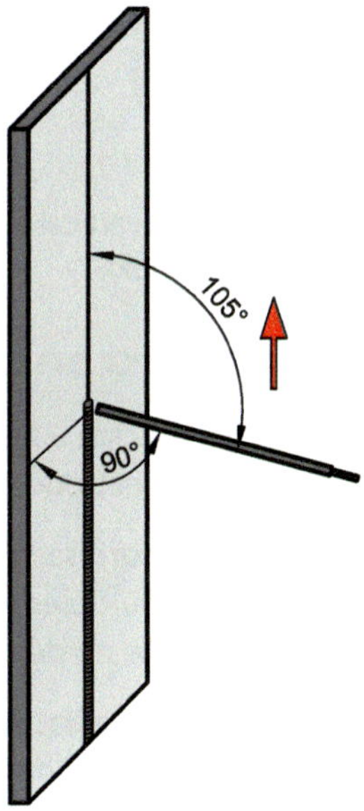

Figura 4.40. Soldadura vertical ascendente a tope.

4.10.7. Soldadura vertical ascendente en ángulo

Se procederá igual que en la posición anterior, pero el movimiento en zigzag se hará con la muñeca para conseguir que el electrodo apunte a los dos laterales para evitar mordeduras.

4.10.8. Soldadura vertical descendente

Esta no es una soldadura resistente y se hace para soldar piezas de pequeño espesor y soldaduras de poca responsabilidad.

El arco debe ser muy corto y tendrá que realizarse con una gran velocidad de avance para que la escoria no nos adelante.

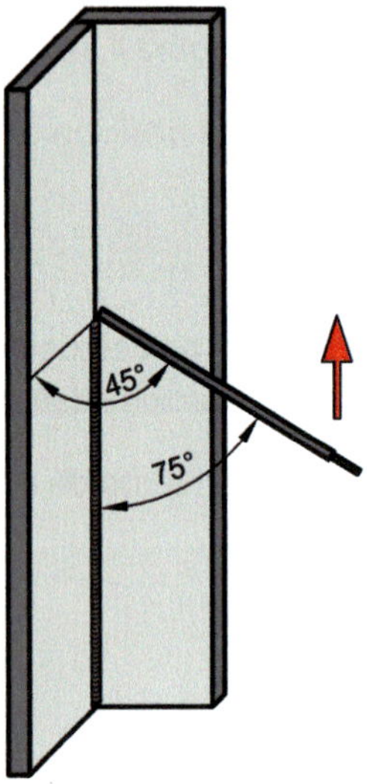

Figura 4.41. Soldadura vertical ascendente en ángulo.

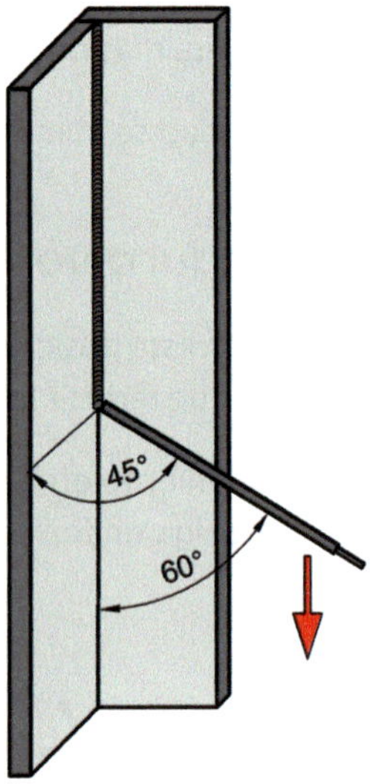

Figura 4.42. Soldadura vertical descendente.

4.10.9. Soldadura en cornisa

La técnica será muy parecida a la soldadura en horizontal, pero, para contrarrestar la caída del material, se inclinará el electrodo apuntando hacia arriba, como se muestra en la Figura 4.43.

Tanto en la posición en cornisa como en la de techo es preferible casi siempre la utilización de la técnica de cordones múltiples ya que lo que se pretende es que el baño de fusión sea lo más pequeño posible para que no descuelgue por gravedad.

En cornisa además se suele hacer desiguales los biseles dándole menos grados al de abajo y aumentando el de arriba. Los cordones se harán siempre de abajo hacia arriba para tener apoyo y el ángulo del electrodo se adaptará al corcón a realizar.

4.10.10. Soldadura en techo

Es una de las posiciones más difíciles, pues no solo es que nos afecte la gravedad, sino que la tenemos totalmente en contra y es muy difícil conseguir buenas penetraciones.

Por esta razón, hay que hacerla con bastante menos intensidad que en horizontal y con el arco muy corto.

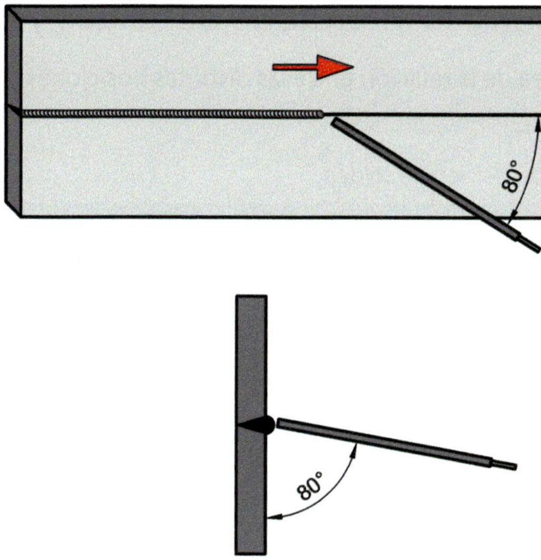

Figura 4.43. Soldadura en cornisa.

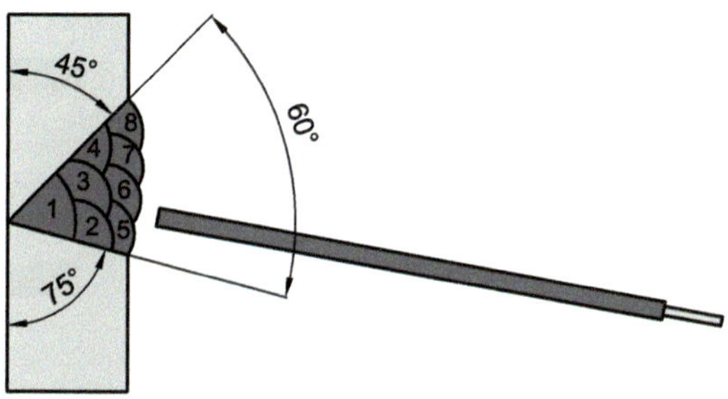

Figura 4.44. Cordones múltiples en cornisa.

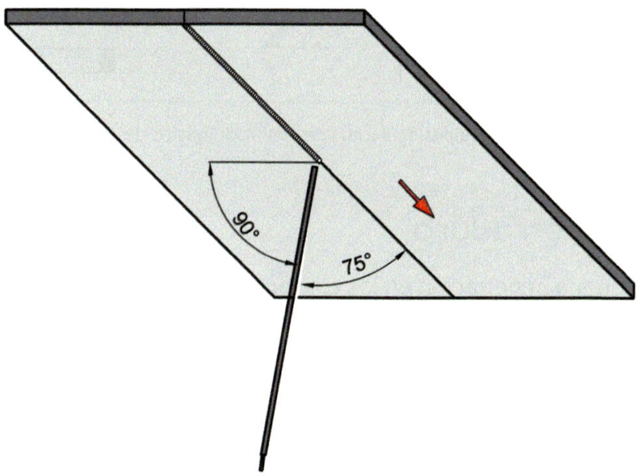

Figura 4.45. Soldadura en techo.

4.10.11. Relación entre la intensidad de soldeo y la posición

En la Tabla 4.3, se da una idea de la relación entre las distintas posiciones y las intensidades recomendadas.

Tabla 4.3. Relación intensidad-posición de soldeo

Posición de soldadura		Intensidad de trabajo
Horizontal	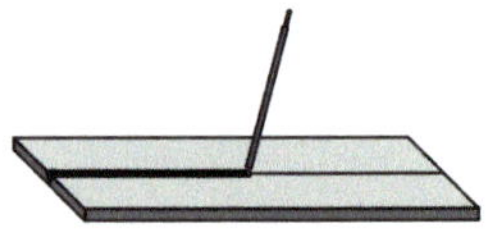	
En ángulo	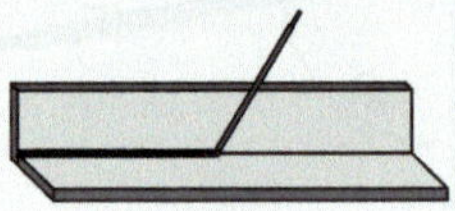	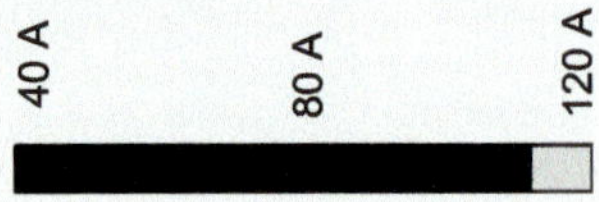
Vertical	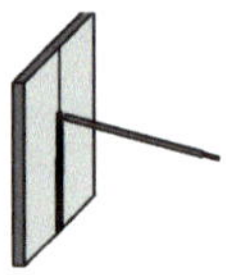	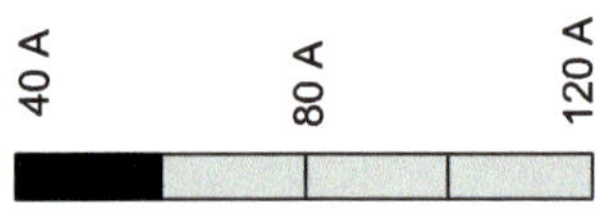
Cornisa	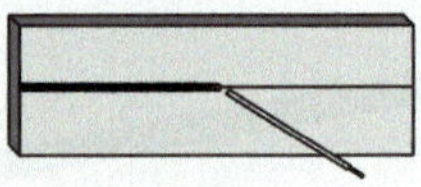	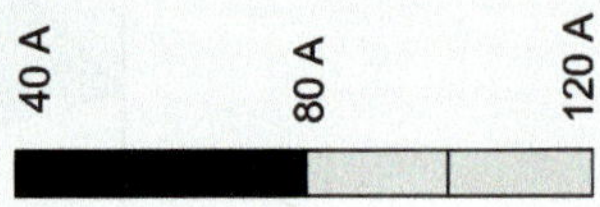
Bajo techo	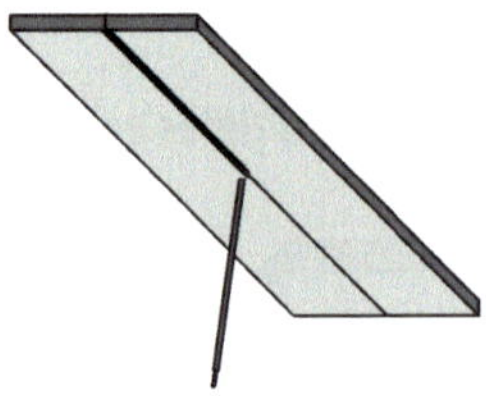	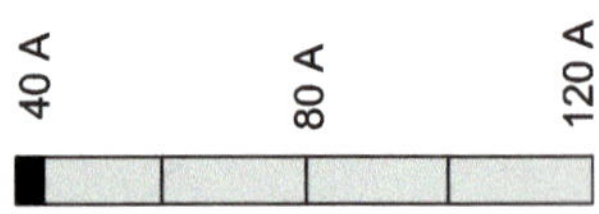

* Valores aproximados para la unión de chapas de 3 mm con electrodo básico de 2,5 mm de diámetro.

4.10.12. Ojo de cerradura

Para conseguir una buena penetración en los cordones de soldadura, es necesario, aparte de una buena preparación de bordes, fundirlos bien.

Para asegurarnos de que esta fusión se produzca, debe observarse, conforme vamos haciendo el cordón, un pequeño agujero delante de este. Esto asegura la fusión total del borde.

Este agujero y la separación de las piezas tienen una forma parecida a un ojo de cerradura, de ahí su nombre. En la Figura 4.46, puede observarse el ojo de cerradura.

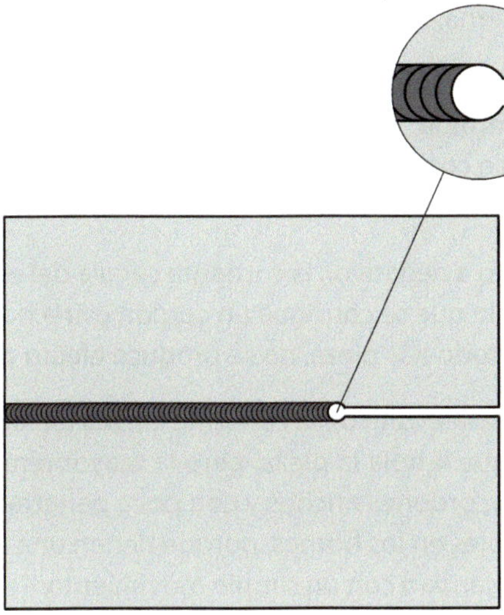

Figura 4.46. El ojo de cerradura.

4.10.13. Empalme de cordones

En el procedimiento de soldadura con electrodo revestido, hay que estar cambiando el electrodo continuamente, lo que obliga a hacer continuos empalmes. Para hacerlos, se procederá de la siguiente forma:

- Establecer el arco un poco por delante de donde se va a empezar a soldar.
- Levantar el electrodo para conseguir un arco largo.
- Retroceder hasta donde empieza el cordón.
- Acortar el arco y continuar con el cordón.

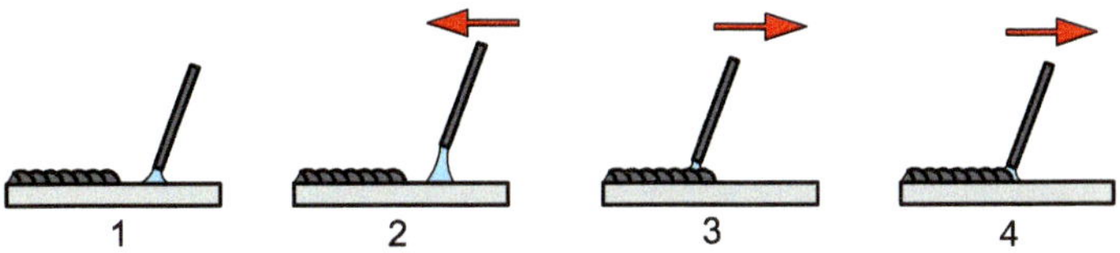

Figura 4.47. Empalme de cordones.

4.10.14. Influencia del tipo de corriente y de la polaridad en la soldadura

Es muy importante el tipo de corriente a utilizar en las soldaduras, tanto que algunas solo pueden realizarse con un determinado tipo de corriente, por ejemplo, el aluminio hay que soldarlo con corriente alterna.

Cuando se utiliza corriente alterna, no existe polaridad puesto que esta está cambiando continuamente.

Cuando se utiliza corriente continua, se puede conectar la pinza portaelectrodos tanto al polo positivo como al negativo. Si se conecta al polo negativo, lo llamaremos *polaridad directa* y, si conectamos la pinza portaelectrodos al polo positivo, lo denominaremos *polaridad inversa*.

Con polaridad directa (electrodo a negativo), la corriente circula del electrodo a la pieza y se produce más color en la pieza, por lo que se consigue un cordón estrecho y con gran penetración. Al circular los electrones del electrodo a la pieza, no se produce efecto de decapado.

Con polaridad inversa (electrodo a positivo), la corriente circula de la pieza al electrodo y se produce un efecto de decapado que limpia la pieza, pero la mayor temperatura estará en el electrodo, por lo que se consiguen cordones anchos y con poca penetración. En algunas máquinas no es necesario cambiar los cables en los bornes, porque tienen una manija o llave de conmutación que permite cambiar la polaridad con un simple movimiento.

Los componentes químicos del revestimiento del electrodo pueden hacer que cambien los efectos de la polaridad y por tanto es conveniente seguir las instrucciones del fabricante para conectar el electrodo correctamente al positivo o al negativo.

Según las últimas investigaciones e información de otros autores y marcas comerciales que fabrican electrodos, el efecto conseguido por efecto de la polaridad es el contrario al expuesto a la teoría de siempre, que es la expresada anteriormente, es decir con polaridad directa se consiguen cordones más anchos y con menos penetración y con polaridad inversa se consiguen cordones más estrechos y con más penetración. La sección del cordón según estas fuentes sería la expresada en la Figura 4.49.

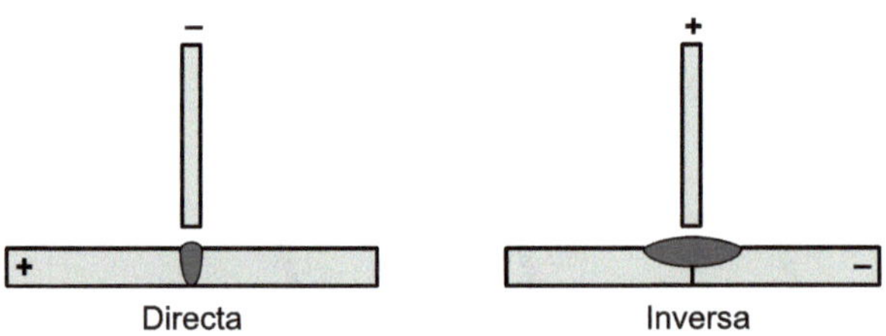

Figura 4.48. Polaridad directa y polaridad inversa.

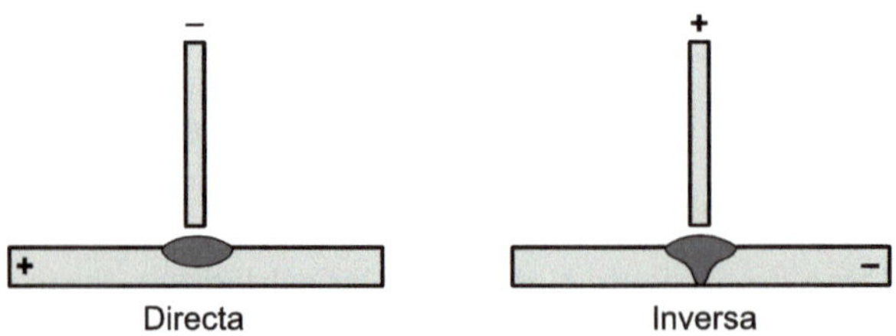

Figura 4.49. Efectos de la polaridad según otras fuentes.

4.11. Mantenimiento de equipos

Como cualquier máquina, las de soldadura necesitan un mantenimiento, esto es lo que hay que tener en cuenta para conservarlas en perfecto estado:

- Las conexiones tienen que estar bien apretadas.
- Preservarlas de la intemperie y de zonas mojadas o húmedas.
- Evitar golpes o caídas.
- Tenerlas conectadas a tierra en todo momento.
- Limpiar el sistema de refrigeración con aire comprimido.
- No forzar los mandos.
- No tirar de los cables para moverlas.
- Desconectarlas de la red cuando no estén en servicio.

Figura 4.50. La soldadura es el procedimiento de unión más utilizado.

SOLDADURA ELÉCTRICA POR ARCO CON ELECTRODO REVESTIDO

Conceptos básicos de electricidad

- La materia
- ¿Qué es la electricidad?
- Circuito eléctrico
- Magnitudes eléctricas

Técnica operatoria

- Establecimiento del arco
- Punteado
- Posiciones de soldadura
  - Soldadura horizontal
    - A tope
    - En ángulo
  - Soldadura vertical ascendente
    - A tope
    - En ángulo
  - Soldadura vertical descendente
  - Soldadura en cornisa
  - Soldadura en techo
- Otras técnicas y parámetros
  - Relación entre la intensidad y la posición
  - Ojo de cerradura
  - Empalme de cordones
  - Influencia del tipo de corriente y la polaridad

Arco eléctrico

Fuentes de energía

- Transformadores
- Rectificadores
- Convertidores
- Tecnología inverter
- Máquinas sinérgicas
- Placa de características

Herramientas auxiliares

Preparación del material base

Soldadura eléctrica por arco con electrodo revestido

- Aplicaciones
- Ventajas e inconvenientes

Electrodos

- Dimensiones
- Composición del revestimiento
- Designación normalizada

Mantenimiento de equipos

DE COMPROBACIÓN

4.1. ¿Cuál es la unidad de medida de la tensión?

a) Amperios.
b) Voltios.
c) Ohmios.
d) No tiene unidad.

4.2. ¿Qué es la electricidad?

a) Algo peligroso.
b) Átomos desordenados.
c) Electrones en movimiento.
d) Iones libres.

4.3. ¿Se puede soldar directamente con la corriente de la red?

a) No, porque tiene mucho voltaje.
b) No, porque tiene poco amperaje.
c) No, porque no tiene las características adecuadas para la soldadura.
d) Sí, pero con cuidado.

4.4. ¿Qué es el factor de marcha de una máquina de soldar?

a) La cantidad de vibración que produce al estar encendida.
b) La velocidad a la que puede desplazarse.
c) Depende del soldador.
d) Es el tiempo que puede estar funcionando a una determinada intensidad en diez minutos de trabajo, expresado en tanto por ciento.

4.5. ¿Qué es un rectificador?

a) Es un grupo de soldadura que convierte la corriente alterna de la red en otra continua y apropiada para la soldadura.
b) Es un aparato que rectifica.
c) Algo que sirve para arreglar los cordones defectuosos.
d) Un comprobador de soldaduras.

4.6. ¿Cuál es la función del revestimiento del electrodo?

a) Servir de aislante.
b) Permitir que se hagan poros.
c) Fundirse con el metal base.
d) Proteger el baño de fusión, guiar y estabilizar el arco.

4.7. ¿Qué es un electrodo?

a) Una varilla para soldar.
b) Una de las dos partes de la corriente.
c) Una varilla metálica recubierta para establecer el arco de soldadura y aportar material a la unión.
d) Una partícula elemental.

4.8. ¿Para puntear dos piezas es necesario aumentar o disminuir la intensidad?

a) Aumentar.
b) Disminuir.
c) Ninguna de las dos cosas.
d) No hay que hacer nada.

4.9. ¿Qué es el ojo de cerradura y para qué sirve?

a) El del soldador que la realiza.
b) El del inspector que controla la soldadura.
c) El agujero que se forma delante del cordón de soldadura y que asegura la penetración.
d) El cráter que se forma al terminar de soldar.

4.10. ¿Qué es una soldadura a derechas?

a) La que hace una persona diestra.
b) La que hace una persona zurda.
c) La que se mueve a la derecha.
d) La que avanza en el sentido de inclinación del electrodo.

DE APLICACIÓN

4.1. Nombra las partículas que forman el átomo.

4.2. Indica cuál es la unidad de medida de la corriente.

4.3. Diferencia entre la intensidad y la corriente.

4.4. Explica qué es la ionización de un gas.

4.5. Señala la diferencia entre corriente alterna y corriente continua.

4.6. Describe qué es el arco eléctrico.

4.7. Indica qué es soldar.

4.8. Menciona qué máquinas se utilizan para soldar.

4.9. Define los siguientes elementos: un transformador de soldadura, un convertidor, un grupo inverter, un grupo sinérgico, una desbarbadora radial, una piqueta y la placa de características de una máquina de soldadura.

4.10. Nombra las herramientas y las máquinas auxiliares para la soldadura.

4.11. Nombra tres tipos de electrodos según su recubrimiento.

4.12. Cita los diámetros más utilizados en los electrodos.

4.13. Dibuja un electrodo seccionado y nombra cada una de sus partes.

4.14. Describe qué es el rutilo.

4.15. Explica a qué llamamos escoria en soldadura con electrodo y cómo la eliminamos de la soldadura.

4.16. Indica el significado de E6013.

4.17. Dibuja los distintos tipos de preparación de bordes.

4.18. Cita la secuencia que hay que seguir para una correcta preparación de las piezas a soldar.

4.19. Dibuja y describe los posibles movimientos transversales del electrodo.

4.20. Señala cómo se realiza el empalme de cordones.

UNIDAD 5

Soldadura oxiacetilénica y oxicorte

Objetivos

- Conocer los principios básicos del procedimiento.
- Ser capaz de regular la llama.
- Conocer y utilizar este procedimiento de soldadura.
- Ser capaz de manejar con soltura y seguridad las botellas de gases.
- Conocer y planificar la utilización de los equipos.
- Ser capaz de preparar el material base.
- Ser capaz de seguir una secuencia lógica en los trabajos.
- Realizar con soltura soldaduras en las posiciones de soldeo más usuales.

Contenidos

Introducción

En 1916 ya se soldaba utilizando como fuente de energía el quemado de gases y, más concretamente, la quema de acetileno con oxígeno, con lo que se lograba una soldadura de calidad en chapas de acero y en otros metales.

El acetileno es un gas fácil de obtener y los generadores de acetileno pueden ser sencillos y baratos, esto, unido al gran poder calorífico de este gas, consiguió que este procedimiento fuese y sea muy empleado.

Además, el hecho de ser un procedimiento autónomo que no requiere de ningún tipo de instalación ni de conexión eléctrica hace que sea muy utilizado en trabajos de campo.

5.1. Definición del proceso

La soldadura oxiacetilénica es la que emplea la llama producida por el quemado de acetileno con oxígeno para fundir los bordes de la pieza a soldar (metal base) y el de aporte si lo hay.

También se llama *soldadura por oxigás* si se emplean otros gases, como el propano, el butano o el gas natural.

Recordemos que los gases que intervienen en este proceso son:

- Gas combustible (acetileno, butano, propano, gas natural, etc.).
- Gas comburente (oxígeno).

En este procedimiento de soldeo, la protección del baño de fusión lo consiguen los propios gases de la llama y la utilización del material de aporte es independiente a la aplicación del calor, por lo que el soldador tendrá que usar las dos manos. Esta es la característica más importante del proceso, pues nos permite la aplicación justa del material de aporte necesario, incluso no aportar nada de material.

La designación normalizada de este procedimiento si es oxigás, según las normas UNE-EN ISO, es 31 y, según la norma americana de la ANSI/AWS, es OFW (Oxi-Fuel Welding).

Si es oxiacetilénica, la designación normalizada, según las normas UNE-EN ISO, es 311 y, según la norma americana de la ANSI/AWS, es OAW (Oxi-Acetilene Welding).

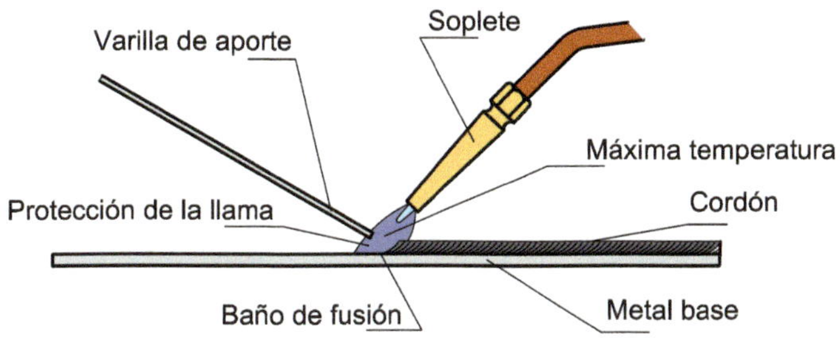

Figura 5.1. Soldadura oxiacetilénica.

5.2. Aplicaciones

Actualmente, este tipo de soldadura se usa en pequeñas producciones para soldadura de pequeños espesores en fabricaciones unitarias y para trabajos en el campo, donde no hay red eléctrica.

También es muy utilizado en taller de platería, joyería y orfebrería. En este tipo de trabajos, es indispensable el soplete, aunque no se suele utilizar el acetileno porque no es necesario generar una llama que aporte tanto calor.

Se utiliza mucho también para la reparación por soldeo de piezas de fundición con latón (soldadura fuerte).

Pero, hoy en día, está en desuso ya que lo ha sustituido el procedimiento TIG.

Figura 5.2. Soldadura oxiacetilénica.

5.3. Ventajas e inconvenientes

Entre sus principales **ventajas,** están:

- Las soldaduras son de buena calidad al no haber escoria de protección.
- El baño de fusión es limpio, pues lo protegen los gases de la llama.
- El aporte de material es independiente de la fuente de calor.
- El equipo de soldeo es barato y transportable.
- El equipo se puede convertir en otro, por ejemplo, de oxicorte, cambiando solo algunos accesorios.

Como **inconvenientes,** cabe destacar:

- Necesita una gran cualificación del soldador.
- El proceso es lento.
- Solo es rentable para pequeños espesores.
- Se necesita aportar una gran cantidad de calor, con lo que las deformaciones son grandes.
- Los gases comprimidos y combustibles son muy peligrosos.

Figura 5.3. Este procedimiento necesita gran preparación del operario.

5.4. Equipos de soldadura y oxicorte

El equipo de soldeo para soldadura oxiacetilénica y oxicorte tiene como misión poner los gases a la presión de trabajo, mezclarlos en la proporción adecuada y quemarlos sin peligro de retroceso de la llama.

5.4.1. Cilindros de gases

Los dispositivos que contienen los gases se llaman *cilindros* o *botellas* y tienen una llave de paso en su boca y un conducto de salida roscado.

Los gases están a altas presiones, que pueden llegar a las 200 kg/cm^2.

Aunque los cilindros de acetileno se suministran con una presión inferior, lo que se debe a que el acetileno es explosivo a partir de 2 kg/cm^2. Para almacenarlo en botellas, hay que disolverlo en acetona dentro de un material poroso, con ello se consigue llegar a los 20 kg/cm^2.

En la mayoría de los casos, los cilindros se hacen de un solo disco de chapa de acero por embutición y no llevan ninguna soldadura.

Un cilindro está compuesto por (Figura 5.4):

- Base.
- Cuerpo.
- Ojiva.
- Válvula.

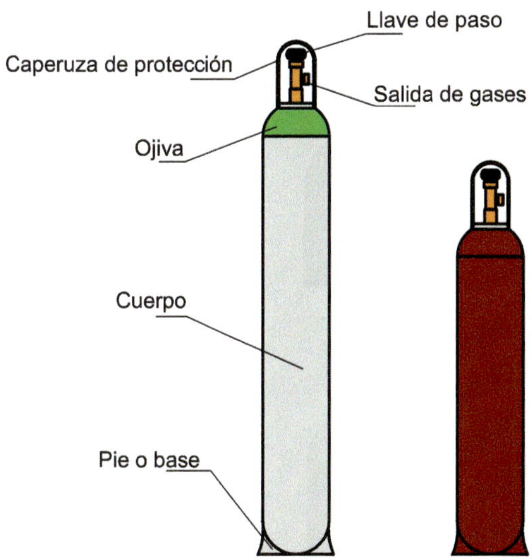

Figura 5.4. Cilindro de gases.

Para identificar los gases que contienen las botellas se ha normalizado un código de colores.

Dependiendo del color del cuerpo y del color de la ojiva, puede identificarse rápidamente el gas que contiene una botella.

Figura 5.5. Código de colores de gases.
Fuente: Praxair.

Figura 5.5. Código de colores de gases (*continuación*).
Fuente: Praxair.

5.4.2. Manorreductores

Los manorreductores son aparatos que constan de dos manómetros y una llave que regula la presión. El primer manómetro mide la presión de la botella para tener una idea de cuánto gas hay dentro y el segundo mide la presión de trabajo, que es la que llegará al soplete. Son unos dispositivos bastante delicados, por lo que hay que ser cuidadosos en su manipulación y en su mantenimiento.

Figura 5.6. Manorreductor.

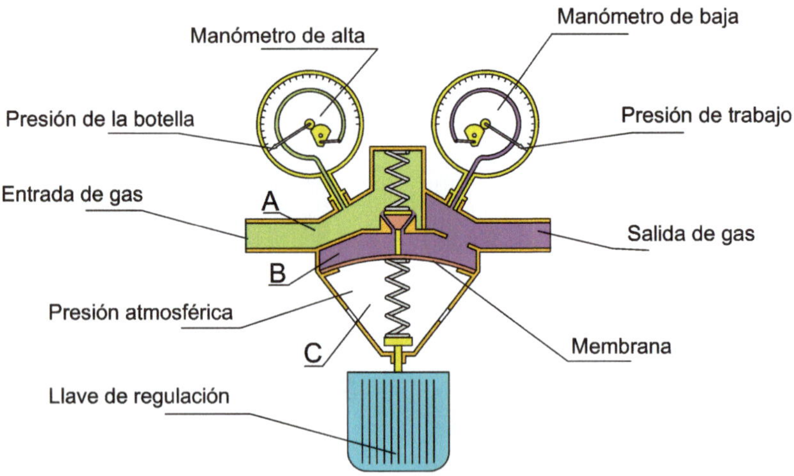

Figura 5.7. Funcionamiento del manorreductor.

El funcionamiento de un manorreductor es el siguiente: el gas entra a presión en la cámara A y pasa a la cámara B, mientras que en la cámara C, está la presión atmosférica. La presión va aumentando en la cámara B y empuja la membrana hasta que vence la presión del muelle que hemos regulado con la llave y cierra la entrada de más gas. Cuando la cámara B pierde presión, se vuelve a abrir la válvula que la comunica con la A y se vuelve a repetir el proceso.

5.4.3. Mangueras

Las mangueras son conductos flexibles de caucho sintético reforzado con un trenzado textil interior. Están preparadas para soportar presiones por encima de las que tendremos durante el trabajo y también son resistentes a los agentes atmosféricos.

Desde los manorreductores al soplete, los gases van por las mangueras.

Son de distinto color y diámetro para que no puedan intercambiarse. La de oxígeno es de color azul y la de acetileno es de color rojo.

Las mangueras hay que reemplazarlas ante el primer indicio de defectos, imperfecciones o daños. Se deben inspeccionar para verificar la ausencia de daños o fugas antes de cada uso. Si una manguera está agrietada debe sustituirse.

No dejar las mangueras en contacto con el metal caliente, metal de soldadura derretido o químicos corrosivos.

No se deben empalmar mangueras, ni utilizar las dañadas.

La manguera para oxígeno tiene una conexión con rosca a derecha y la de acetileno tiene la conexión con rosca a izquierda.

La vida útil de las mangueras dependerá de su buen uso, si se utiliza en zonas cubiertas o a la intemperie.

Estas mangueras llamadas bitubo o gemelas, por comercializarse con los tubos de oxígeno y acetileno unidos, soportan una presión de trabajo de hasta 20 bares. Soportan temperaturas de –10 °C de mínimo y hasta 85 °C de máximo. Se fabrican bajo las normas UNE-EN 559, EN-ISO-3821 e ISO-1307.

Norma 3821: esta norma específica los requisitos para las mangueras de caucho que se utilizan en el soldeo, corte y procesos afines. Esta norma especifica los requisitos para las mangueras de caucho para trabajo normal de 2 MPa (20 bares) y para trabajo ligero (limitado a las mangueras para una presión de trabajo máxima de 1 MPa (10 bares) y con un diámetro interior menor o igual a 6,3 mm). Esta norma es aplicable a las mangueras que trabajan a temperaturas de –20 °C a +60 °C y utilizadas en:

- Soldeo y corte por gas.
- Soldeo por arco bajo la protección de un gas inerte o activo.
- Procesos afines al soldeo y corte, en particular, calentamiento, soldeo fuerte y metalización.

5.4.4. Válvulas antirretroceso

Si se produce una pequeña explosión en la punta del soplete o se apaga mal, podría ocurrir que la llama retrocediese por el soplete y luego por la manguera hasta la botella de acetileno, lo que provocaría la explosión de esta.

Figura 5.8. Válvulas antirretroceso para poner en las mangueras.

Para impedir esto, existen unos dispositivos llamados *válvulas antirretroceso* o *antirretorno*. Además de para este cometido, también están pensadas para impedir que el aire o el oxígeno entre en la botella de acetileno. El apagado de la llama en retroceso lo realiza un anillo o cartucho de sinterizado poroso, según se ve en la Figura 5.9.

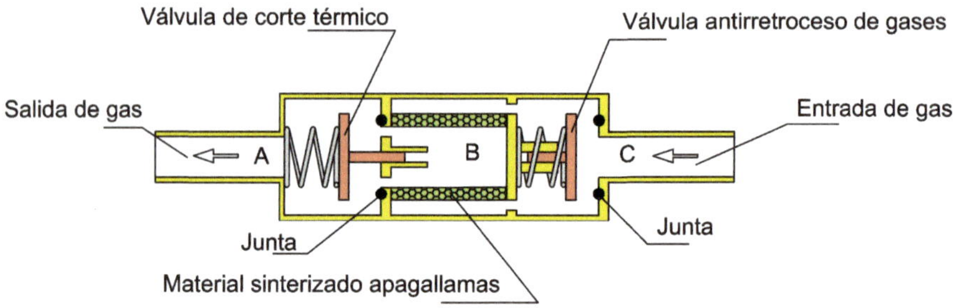

Figura 5.9. Válvula antirretroceso.

5.4.5. Soplete

El soplete es el instrumento ideado para mezclar los gases de soldadura y quemarlos.

Al soplete, llegan las dos mangueras, la azul con el oxígeno y la roja con el acetileno, y, justo a la entrada del soplete, se colocan las válvulas antirretroceso.

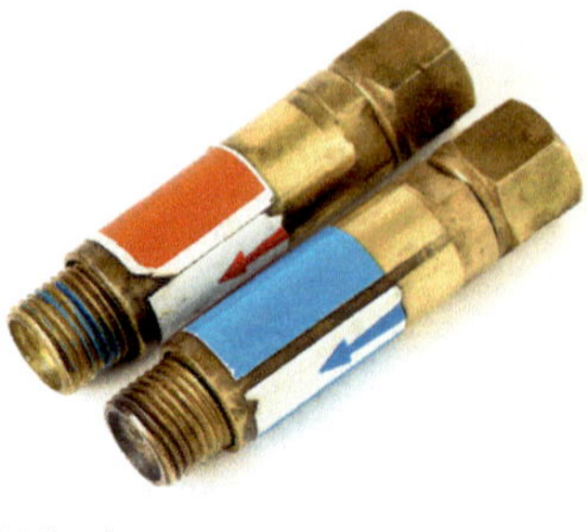

Figura 5.10. Válvulas antirretroceso para acoplar al soplete.

Dentro del soplete, continúan estos conductos por separado hasta la cámara de mezclas. A la entrada de esta, está la válvula que regula la entrada de acetileno y la que regula la entrada de oxígeno, de manera que entran en la proporción que se quiera.

Una vez mezclados, los gases pasan por un conducto largo para alejarlos de la mano, llamado *lanza.*

Al final de la lanza, está la boquilla, que se cierra más en la punta para concentrar más los gases mezclados. Aquí es donde se queman los gases y se produce la llama de soldeo.

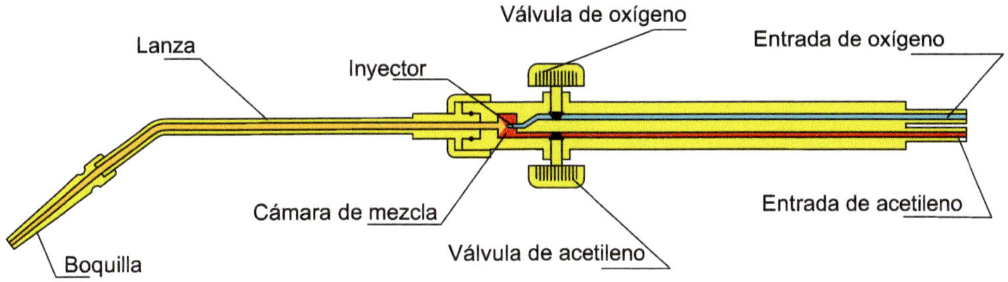

Figura 5.11. Sección del soplete.

El soplete consta de las siguientes partes (Figura 5.12):

- **Bocas de entrada.** Están roscadas con distinta rosca para no poder confundir la toma de cada gas:
  - **Entrada de oxígeno.** Está roscada a derechas.
  - **Entrada de acetileno.** Está roscada a izquierdas.
- **Mango.**
- **Válvulas de regulación.**
- **Lanza.**
- **Boquilla.**

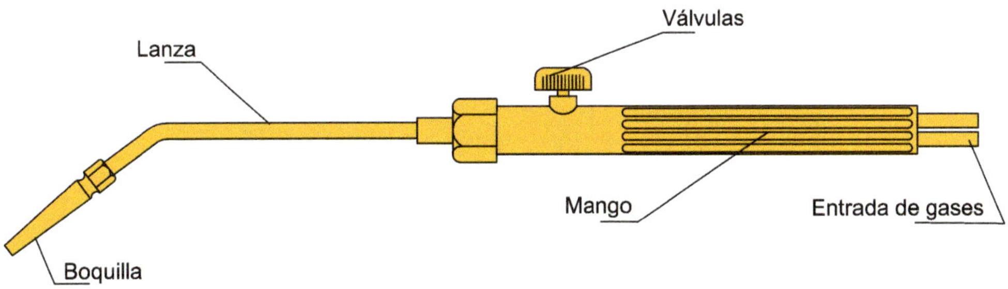

Figura 5.12. Partes del soplete.

El soplete es la parte más importante del equipo y necesita de un esmerado cuidado y mantenimiento. No debe engrasarse nunca, pues el oxígeno puede hacer que la grasa o el aceite arda.

Hay varios tipos de soplete, aunque el principio de funcionamiento de todos es el descrito anteriormente.

Suele suministrarse en cajas, que contienen varias lanzas con sus correspondientes boquillas para intercambiarlas según el espesor del material a soldar.

Las boquillas están numeradas y empiezan con el cero: 00, 0, 1, 2, 3, 4, etcétera.

Tabla 5.1. Número de boquilla según el espesor del material a soldar y las presiones de los gases

Boquilla número	Espesor piezas (mm)	Presión oxígeno (bar)	Presión acetileno (bar)
00	0,4	2	0,2
0	0,8	2	0,2
1	1,6	3	0,2
2	2,4	4	0,4
3	3,2	5	0,4
4	4,8	6	0,4
5	6,3	7	0,45
6	8	7	0,45
7	9,5	8	0,5
8	12,5	9	0,5

A una lanza se le pueden colocar varias boquillas dependiendo del fabricante. Normalmente, en los maletines que contienen el soplete y sus accesorios suele venir una tabla donde el fabricante nos indica cuáles son las lanzas y las boquillas adecuadas para la soldadura de cada espesor.

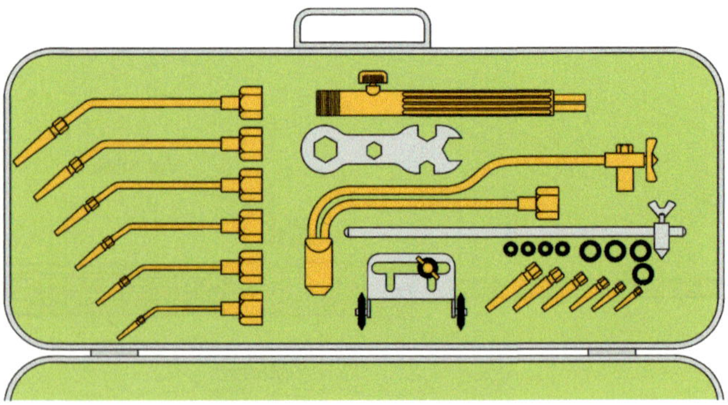

Figura 5.13. Caja de soplete.

También se le puede acoplar una lanza especial con un conducto y una válvula adicional para convertir el soplete de soldadura en uno de oxicorte.

Las boquillas del soplete de oxicorte son diferentes a las de soldadura.

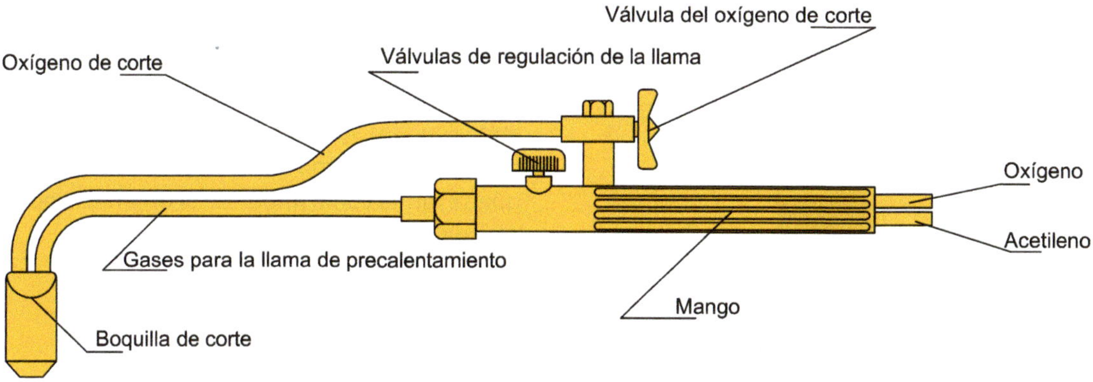

Figura 5.14. Soplete de oxicorte.

5.5. Gases

Los gases que se utilizan pueden dividirse en gases combustibles y oxígeno.

5.5.1. Gases combustibles

Los gases combustibles industriales son los que se queman para obtener el calor necesario que hay que aportar a un determinado proceso productivo. Los más utilizados son los que se citan a continuación.

Butano y propano

Son gases que se obtienen mayormente de la destilación del petróleo. Son incoloros, inodoros y más densos que el aire. Para su comercialización, se les añade un producto para darle un olor fuerte y desagradable para poder detectar las fugas. Son altamente volátiles y pueden provocar explosiones.

Se suministra licuado en botellas a presión. En soldadura, son poco usados porque tienen un poder calorífico por debajo del acetileno, pero sí se utilizan mucho en oxicorte, ya que este procedimiento no requiere un gran aporte de calor, la pieza a oxicortar solo tiene que ponerse al rojo (unos 1000 °C). Además, es más barato y menos peligroso que el acetileno.

Figura 5.15. Botella de butano.

Figura 5.16. Cilindro de acetileno.

Acetileno

El acetileno es un gas obtenido de la reacción del agua con el carburo cálcico, es incoloro, algo más ligero que el aire y tiene un olor característico, como a ajo, debido a la fosfina que se forma como impureza al obtenerse por este procedimiento.

$$CaC_2 + 2H_2O \rightarrow Ca(OH)_2 \rightarrow C_2H_2$$

Tiene un elevado poder calorífico, llegando a superar los 3000 °C, arde con una llama muy luminosa, lo que hizo que, en el siglo pasado y a principios de este, se usara para iluminación. Es bien conocida la típica lámpara de los mineros, que, en realidad, no es más que un pequeño generador de acetileno. Quemado en combinación con el oxígeno, se considera como un gas de alto rendimiento, muy utilizado en soldadura.

Para la soldadura, se puede utilizar un generador de acetileno o botellas a presión.

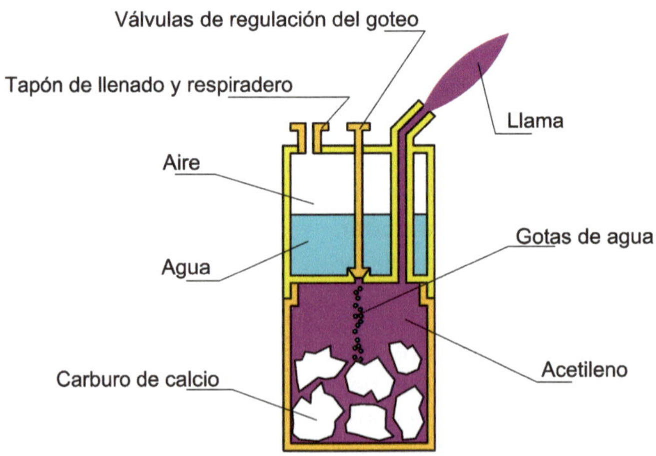

Figura 5.17. Lámpara de carburo.

El problema que presenta su compresión es que es explosivo a una presión superior de 2 atm porque, por encima de esta presión, se vuelve inestable. Para estabilizarlo, se disuelve en acetona y la botella se rellena de un material con microporos, que lo estabilizan, y así se puede suministrar en botellas o cilindros a 20 kg/cm^2. La presión de trabajo en la mayoría de las ocasiones es de 0,5 kg/cm^2.

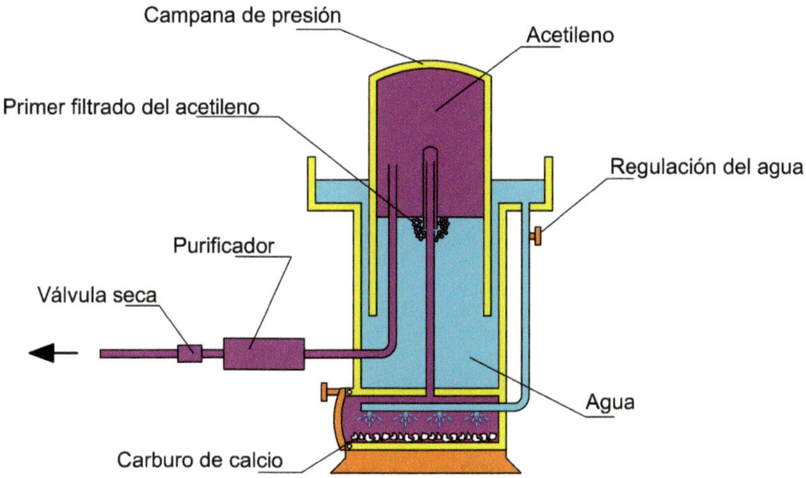

Figura 5.18. Generador de acetileno.

5.5.2. Oxígeno

El oxígeno es el elemento químico más abundante en la corteza terrestre y el tercero del universo. En condiciones normales de presión y de temperatura, es un gas incoloro, inodoro e insípido. Cuando condensa, forma un líquido ligeramente azulado. Casi todos los elementos, excepto los gases nobles, se combinan con él y forman óxidos.

El oxígeno se obtiene del aire (cerca de una quinta parte del aire es oxígeno) por licuefacción y destilación fraccionada.

En la industria, tiene una gran importancia en la siderurgia y, sobre todo, en la elaboración del acero para reducir el carbono en exceso.

En soldadura, se usa como comburente para favorecer, mejorar y reforzar la combustión del acetileno y otros gases empleados.

Se suministra en cilindros o botellas a altas presiones (200 kg/cm^2). La presión de trabajo para la mayoría de los trabajos de 5 kg/cm^2.

También se usa para el oxicortado de materiales férricos.

Figura 5.19. Cilindro de oxígeno.

5.6. Varillas de aporte

Dentro de los consumibles para soldadura oxiacetilénica, uno de los más importantes son las varillas de aporte. Normalmente, suelen ser del mismo material que el metal base. Se fabrican en diámetros de 1,6 mm, 2,4 mm, 3,2 mm, 4 mm, 4,8 mm y 6,4 mm. La explicación de que se utilicen estos diámetros, que pueden resultar extraños, es que son heredados del sistema de medición estadounidense, que es un sistema fraccionario y que tiene como unidad de medida la pulgada (1 in = 25,4 mm).

Tabla 5.2. Diámetro de varillas

Milímetros	1,6	2,4	3,2	4	4,8	6,4
Pulgadas	1/16	3/32	1/8	5/32	3/16	1/4

Esa misma equivalencia y estos mismos diámetros son utilizados para los electrodos revestidos de la soldadura eléctrica.

La longitud de las varillas suele ser de 600 mm o de 900 mm y se sirven al peso y no por unidad, las cajas más habituales para aceros suelen ser de 2 kg y de 5 kg.

La elección de la varilla se hace en función del espesor de la pieza a soldar. Según la fórmula:

$$D = e/2 + 1 \text{ mm}$$

Donde: D es el diámetro de la varilla y e es el espesor del material base.

Figura 5.20. Varillas de aporte.

5.7. Fundentes y desoxidantes

El fundente es un producto químico que se utiliza en soldadura para:

- Eliminar los óxidos en materiales en los que el punto de fusión del óxido es mayor que el metal puro.
- Servir de protección al baño mientras se enfría.
- Disminuir el punto de fusión del metal base y de aporte o ambos.
- Limpiar el baño de fusión de las impurezas que aparecen durante el proceso de soldeo.

Algunos materiales no se pueden soldar sin fundente o desoxidante, como, por ejemplo, el aluminio por el elevado punto de fusión de la alúmina u óxido de aluminio. Sin embargo, otros, como los aceros al carbono y otros productos férricos, no necesitan de su utilización, pues los óxidos de hierro son muy ligeros y el mismo baño de fusión los expulsa y quedan depositados encima de la soldadura en forma de una fina escoria.

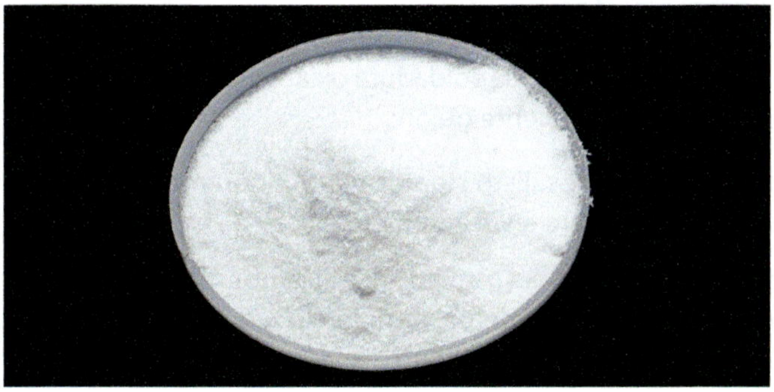

Figura 5.21. El bórax es un fundente muy usado para la soldadura con latón.

Los fundentes se suministran en forma de polvos o de pasta. También se pueden adquirir varillas con el fundente adherido como los electrodos para soldadura eléctrica.

Se utiliza calentando la varilla desnuda un poco con el soplete e introduciéndola en el fundente, con lo que se pegará a esta y se incorporará a la soldadura cuando fundamos. Cuando se acabe la parte con fundente, se introducirá de nuevo y así sucesivamente.

5.8. Herramientas auxiliares

Son las mismas descritas para la soldadura eléctrica. Se usa menos la radial porque los espesores a soldar son menores. Las herramientas de sujeción son las mismas.

Hay que añadir un mechero especial, que se llama *chispero* porque no produce llama, solo chispa, para encender el soplete. También se utiliza mucho un juego de escariadores para limpiar las boquillas.

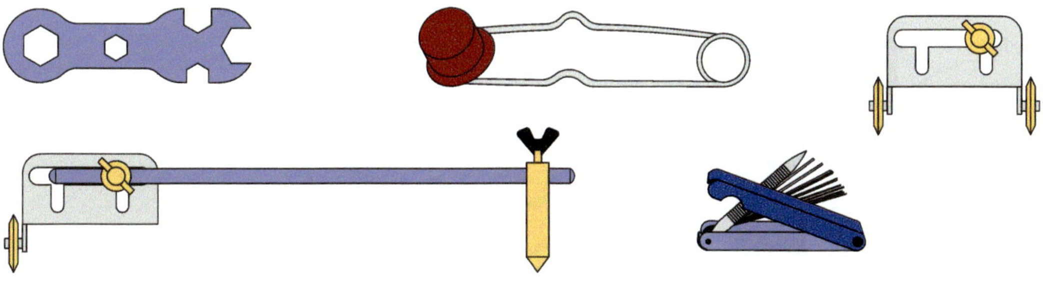

Figura 5.22. Herramientas auxiliares.

5.9. Técnica operatoria

En este apartado, vamos a tratar la forma de operar con un equipo oxiacetilénico. Desde la preparación del equipo hasta el apagado de la llama pasando por el punto más importante, que es la regulación de la llama.

5.9.1. Preparación del equipo

Para la puesta en marcha del equipo de soldadura oxiacetilénica, supondremos que hay que instalar todas sus partes según el siguiente guion:

1. **Purgar los cilindros de gases.** Esto significa abrir ligeramente las válvulas para que salga cualquier partícula que hubiera en el conducto.
2. **Colocar los manorreductores.** Se pueden identificar porque el de acetileno tendrá algo rojo y el de oxígeno algo azul. Seguramente, también lo tendrá escrito en alguna parte. De todas formas, las roscas son distintas: el acetileno roscará a izquierdas y el oxígeno, a derechas.
3. **Colocar las mangueras.** Se ponen en las salidas de los manorreductores. Una vez más, el acetileno tendrá algo rojo y el oxígeno, azul, además, cada una tiene un diámetro interior distinto.
4. **Montar válvulas antirretroceso.** A la entrada del soplete, se montan las válvulas antirretroceso y, a continuación, las mangueras que vienen de los manorreductores.
5. **Montar la lanza.** Una vez calculada la lanza a utilizar, se monta en el soplete.
6. **Revisión de la instalación.** Es bueno comprobar que no se nos queda ninguna tuerca por apretar y que toda la instalación es correcta antes de encender el soplete.
7. **Localización de posibles fugas.** Para la localización de fugas se debe utilizar agua jabonosa. Se le añade cualquier detergente que haga espuma a algún recipiente con agua y, con un pincel, se aplica en las juntas, así, si hay fugas, habrá burbujas.

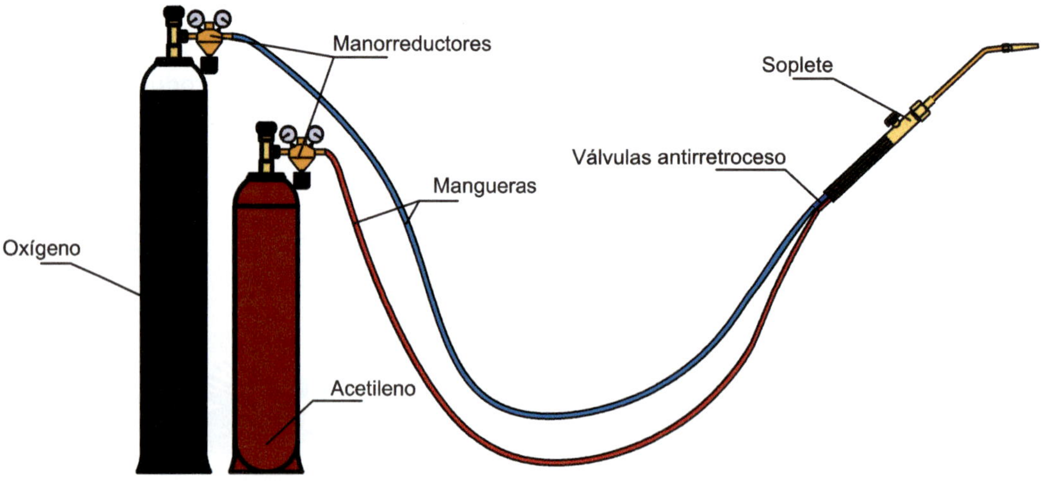

Figura 5.23. Preparación del equipo.

5.9.2. Encendido del soplete

Para encender y apagar el soplete, seguiremos también siempre el siguiente guion:

1. **Aflojar la llave de regulación de la presión de trabajo.** Con ello, se consigue que no llegue una presión excesiva al soplete si alguien la ha manipulado.
2. **Abrir la llave de paso de la salida de la botella.** Se debe abrir despacio y solo media vuelta, ya que esa apertura es suficiente para la salida del gas y es mucho más rápido de cerrar si ocurre algún accidente. Cuando se abra esta válvula, el manorreductor indicará la presión del cilindro en el manómetro de alta, que es el que está más cerca de la botella.
3. **Regular la presión de trabajo.** El manorreductor tiene entre los dos manómetros una llave de regulación. Si antes se ha aflojado, no dejará pasar ningún gas. Conforme se vaya apretando, dejará pasar gas y el manómetro de trabajo irá indicando la presión de salida. Cuando se tenga la presión de trabajo deseada, dejará de apretarse.
4. **Encendido del soplete.** Para encender el soplete, se abre siempre primero el gas que arde, en este caso, el acetileno. Se prende con un chispero. Si la llama de acetileno puro se separa de la boquilla, se cierra un poco la llave hasta que se quede pegada a la boquilla. Después, se abre la llave del oxígeno hasta conseguir la regulación de la llama deseada.
5. **Apagado del soplete.** Por motivos de seguridad, es conveniente cerrar siempre primero el gas combustible. De esta manera, se impide que la llama retroceda. Luego, se cerrará el oxígeno. A continuación, se cerrarán los cilindros de gases. Se abrirán las llaves del soplete para despresurizar la instalación y se aflojarán los reguladores de presión de los manorreductores.

5.9.3. Regulación de la llama

La regulación de la llama es fundamental en este procedimiento de soldadura. La llama oxiacetilénica puede conseguir más de 3000 °C. En la Figura 5.24, se pueden distinguir las zonas características de la llama.

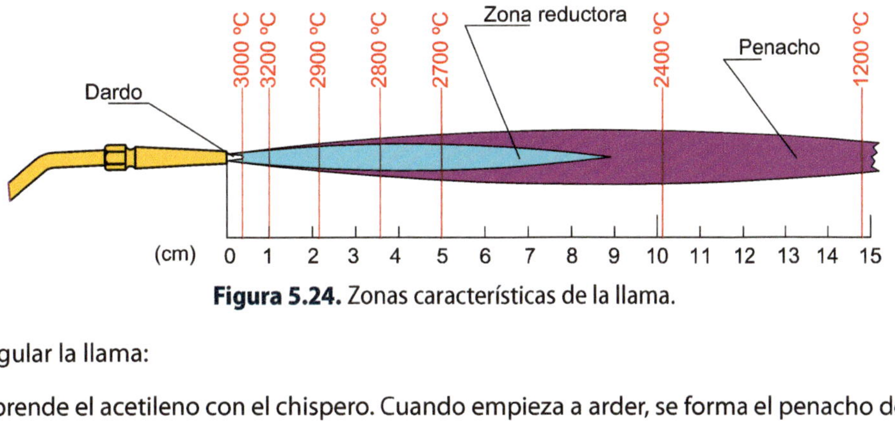

Figura 5.24. Zonas características de la llama.

Para regular la llama:

1. Se prende el acetileno con el chispero. Cuando empieza a arder, se forma el penacho de unos 30 cm.

2. Se abre lentamente la llave del oxígeno y se forma el dardo, una llama muy blanca y pequeña junto a la boquilla y una más azulada, que empieza igual de grande que el penacho y se va reduciendo conforme abrimos el oxígeno.
3. Si se hace coincidir la llama intermedia con el dardo, se habrá conseguido una llama neutra.

Pueden conseguirse tres llamas distintas con el soplete oxiacetilénico:

- **Llama oxidante.** Cuando hay un exceso de oxígeno, casi nunca es buena, aunque, a veces, es necesaria para alguna aleación rara y para la soldadura del latón para evitar los vapores de zinc. Se caracteriza por su intenso color azul, un dardo afilado y un silbido característico.

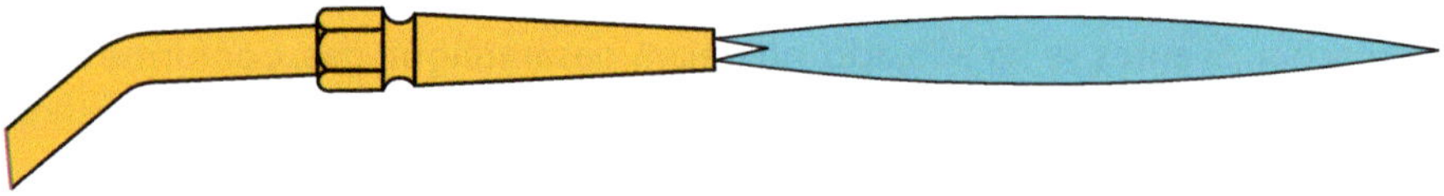

Figura 5.25. Llama oxidante.

- **Llama carburante.** Cuando hay un exceso de acetileno, es buena para soldadura de materiales que tienen óxidos muy resistentes, como el aluminio. Se caracteriza porque es visible la zona reductora de la llama.

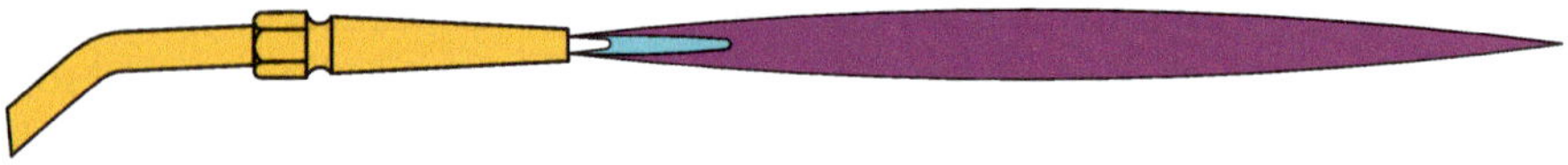

Figura 5.26. Llama carburante.

- **Llama neutra.** Se genera cuando el oxígeno y el acetileno se queman en la proporción adecuada. Esta proporción no es a partes iguales, sino de 1 de oxígeno por 1,5 de acetileno en volumen. Esta llama es la buena para la mayoría de los materiales e ideal para la soldadura de los aceros.

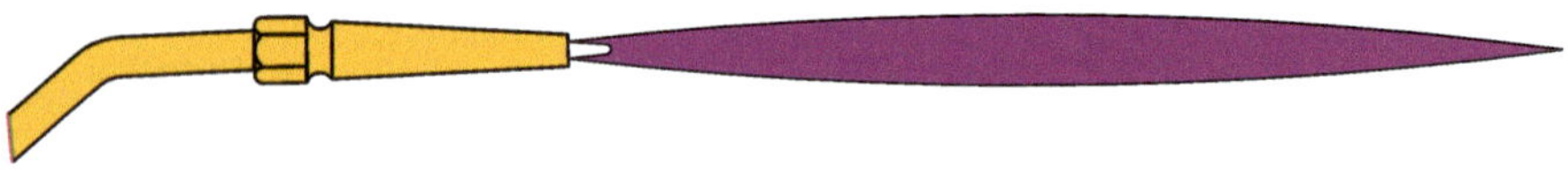

Figura 5.27. Llama neutra.

5.9.4. Preparación de las piezas y el punteado

En este procedimiento de soldadura, es muy importante la limpieza de junta, ya que, en la mayoría de los casos, no se utilizan desoxidantes y la llama neutra es reductora, pero siempre se comportará mejor sobre una superficie limpia.

El punteado se hace en el orden que se indica en la Figura 5.28, casi siempre es necesario aportar una pequeña cantidad de material. En la mayoría de los casos, se soldarán pequeños espesores, por lo que no será necesaria la separación de las piezas para conseguir una buena penetración. Si fuese necesario, se procedería como en cualquier otro tipo de procedimiento (normalmente, la separación entre piezas es la mitad del espesor).

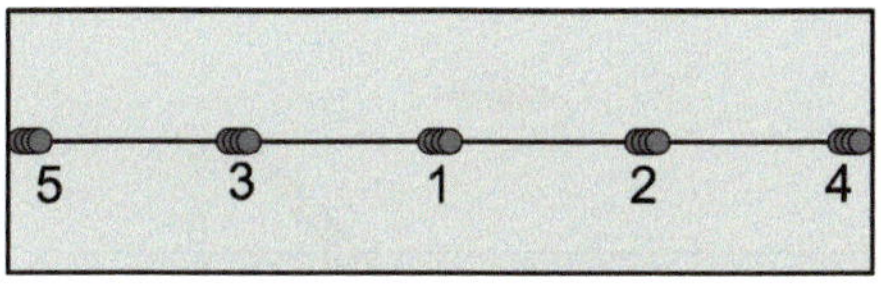

Figura 5.28. Punteado.

5.9.5. Técnica de soldeo

En la soldadura oxiacetilénica, el movimiento de avance es a izquierdas. El avance es al contrario que la inclinación de la lanza. El movimiento del soplete puede ser rectilíneo, describiendo círculos, en zigzag o cualquier otro que nos facilite un buen control del baño de fusión.

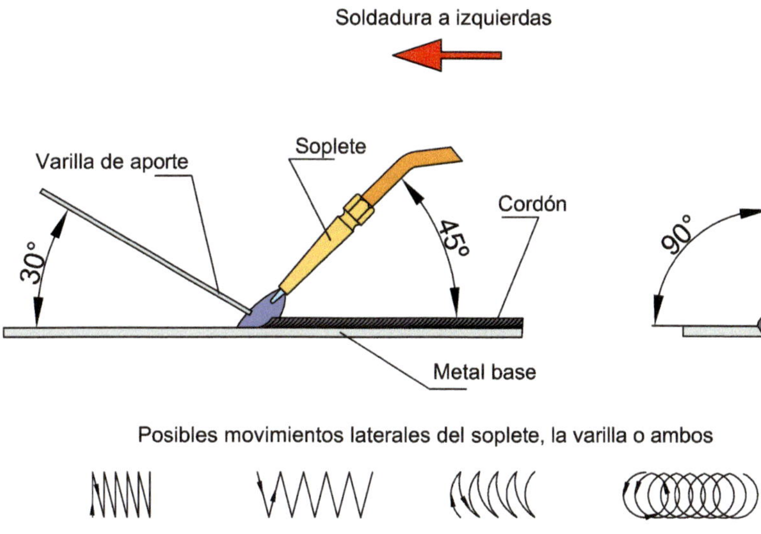

Figura 5.29. Técnica de soldeo.

5.9.6. Soldadura horizontal a tope

La posición horizontal es la más natural, pues no hay que luchar con la gravedad, por tanto, siempre que se pueda, se soldará en esta posición.

Se prepararán las piezas como se ha indicado antes y se puntearán. Hay dos formas de realizar el cordón:

- **Sin aporte de material.** Se empiezan a hacer con el soplete pequeños círculos hasta conseguir el baño de fusión. Hay que tener cuidado porque, a veces, solo se funde una de las piezas a soldar. Cuando se consigue un baño de tamaño adecuado, solo hay que *arrastrar* esa gota a lo largo de la unión. Si se quiere penetración, se irá más despacio y, si no, se irá más rápido.

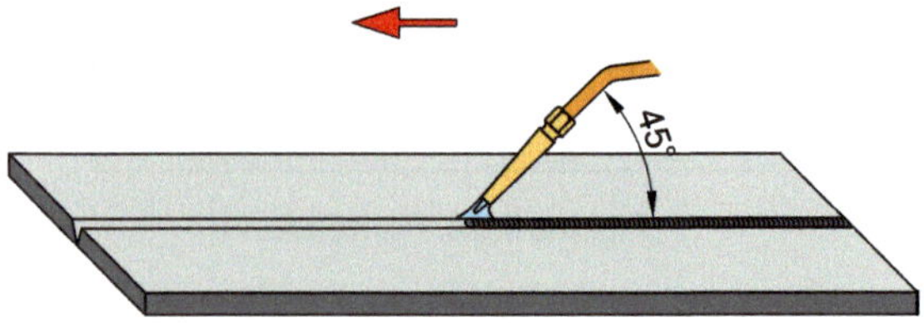

Figura 5.30. Soldadura horizontal a tope sin aporte.

- **Con material de aporte.** Se empieza como antes para que se forme el baño y se acerca la varilla de aporte a la zona de influencia de la llama para que se caliente, pero sin fundirla aún. Cuando el baño esté hecho y la varilla esté caliente, se introduce el aporte dando golpecitos rítmicos, siempre en el baño y nunca por delante.

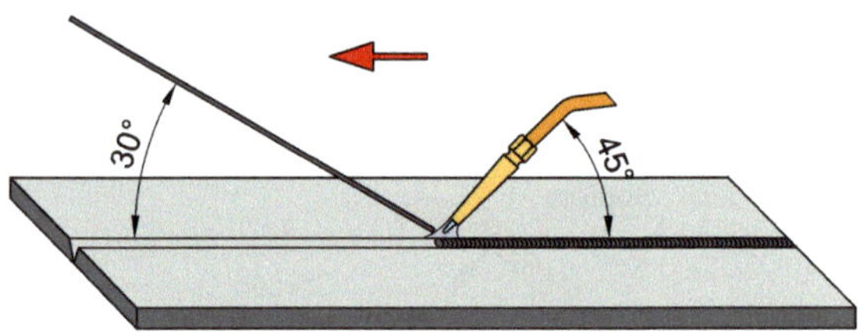

Figura 5.31. Soldadura horizontal a tope con aporte.

5.9.7. Soldadura horizontal en ángulo

La soldadura en ángulo casi siempre se realiza con aporte porque, si no se aporta material, faltará al fundir ambas piezas y aparecerá un defecto a lo largo de la pieza, que se llama *mordedura* (Figura 5.32). Se avanzará, como siempre, a izquierdas y haciendo pequeños círculos para controlar el baño de fusión. Se aportará el material dentro del baño, no delante.

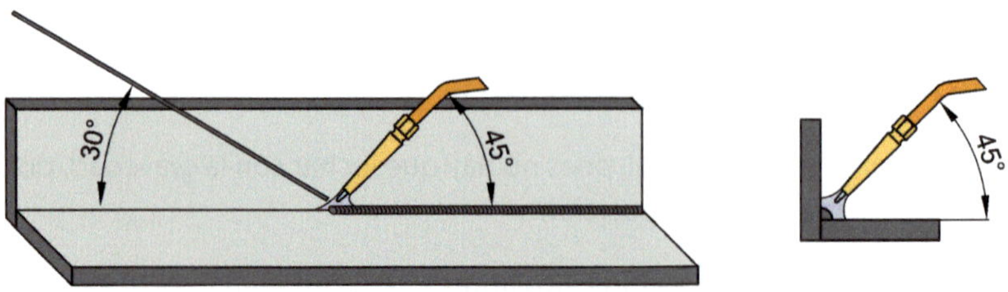

Figura 5.32. Soldadura horizontal en ángulo.

5.9.8. Soldadura vertical ascendente a tope

En esta posición de soldadura, la clave está en la correcta colocación del soplete y del aporte. El control del baño se consigue dando un movimiento de zigzag o haciendo círculos. Se debe conseguir el baño más pequeño posible para evitar el descuelgue del material. Se puede hacer con aporte o sin aporte.

5.9.9. Soldadura vertical ascendente en ángulo

En esta posición, la soldadura se realiza como en el vertical y con los ángulos de trabajo indicados en la figura. Es conveniente detenerse algo en los extremos del cordón, pues, de esta manera, aportaremos más material en los extremos y conseguiremos:

- Rellenar las esquinas.
- Evitar el descuelgue en el centro del cordón.
- Se evitará también la aparición de mordedura.
- Un cordón más plano.

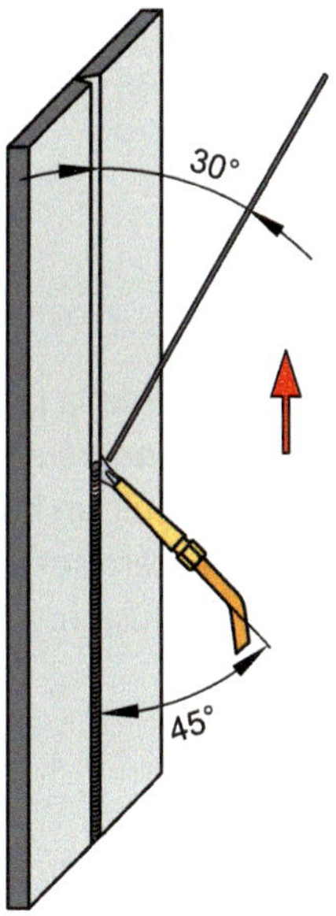

Figura 5.33. Soldadura vertical ascendente a tope.

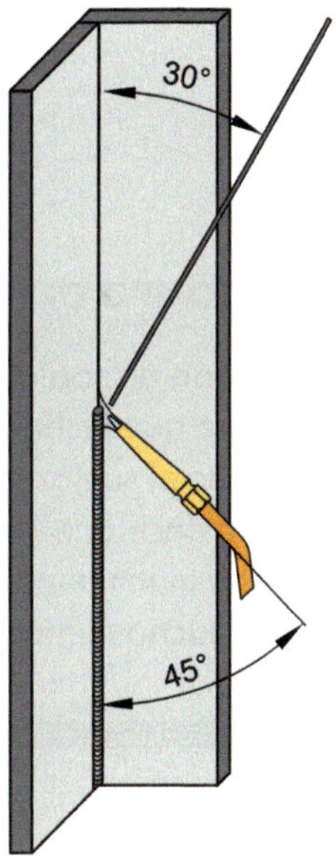

Figura 5.34. Soldadura vertical ascendente en ángulo.

5.9.10. Soldadura en cornisa

Al soldar en esta posición, el material fundido tiende a caer sobre el borde que está debajo y producirá mordeduras en el de arriba por efecto de la gravedad. Para corregir esto, el soplete debe pararse más tiempo en el borde inferior y hay que aportar en el borde superior.

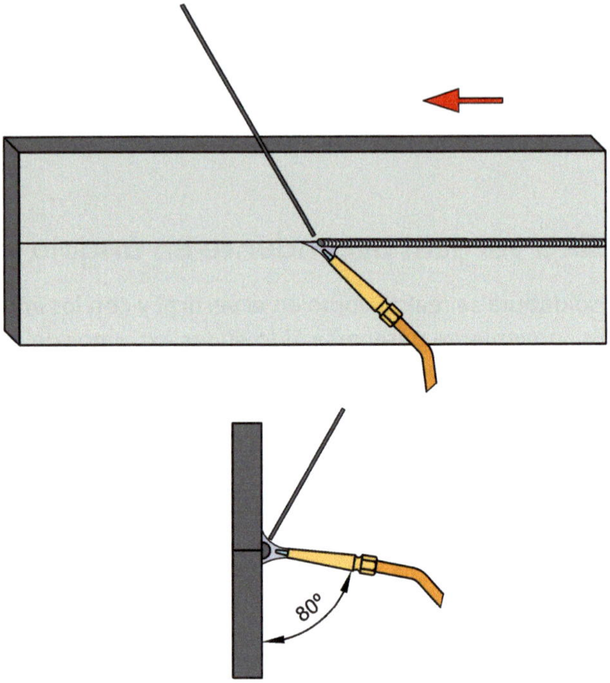

Figura 5.35. Soldadura en cornisa.

5.9.11. Soldadura en techo

Soldar bajo techo con un soplete puede ser bastante dificultoso, aparte de la posición del soldador, porque habrá que luchar continuamente con la gravedad, que tenderá a atraer el material en estado líquido al suelo. Para contrarrestar esto, habrá que conseguir un baño lo más frío posible. Esto quiere decir que, como la llama alcanza unos 3000 °C y el acero se funde a 1500 °C, el acero puede estar a una temperatura muy por encima de su punto de fusión. Así que no debe dejarse el soplete mucho tiempo quieto, el baño debe ser pequeño.

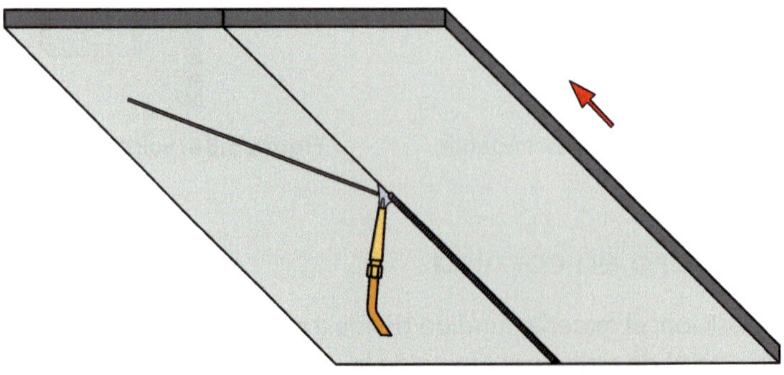

Figura 5.36. Soldadura en techo.

5.9.12. Oxicorte

El fundamento del proceso de oxicorte se basa en la separación o eliminación del material mediante la reacción química de oxígeno con el metal a temperaturas elevadas.

La operación de corte la realiza el chorro de oxígeno, la llama de oxígeno-gas combustible es el mecanismo empleado para calentar el metal base a una temperatura de precalentamiento aceptable y para mantener la operación de corte.

Tabla 5.3. Presiones para trabajos de oxicorte

Boquilla n.º	Espesor que cortar (mm)	Presión de acetileno (kg/cm^2)	Presión de oxígeno (kg/cm^2)
0	6	0,2	2
1	10	0,2	2
1	12	0,2	3
2	20	0,2	3
2	25	0,2	3,5
3	40	0,2	3,5
4	50	0,2	3,5
5	75	0,3	3,5
5	100	0,3	4,2
6	125	0,35	4,5
6	150	0,35	4,5
7	200	0,42	5
7	250	0,42	5

En el oxicorte se utiliza el mismo equipo que para soldadura oxiacetilénica, por lo que la preparación es la misma, en el oxicorte manual se emplea el soplete de la Figura 5.14 y en el oxicorte mecanizado se utiliza un soplete en tubo recto que va montado en la máquina, que puede subir y bajar hacia la pieza además de permitir regular el ángulo de corte.

A continuación, se explica la técnica de corte manual y mecanizada.

Oxicorte con soplete manual

1. Trazar el material a cortar.
2. Acercar la boquilla del soplete al extremo del trazo de corte, a 5 mm aproximadamente, si el corte no se inicia en el borde de la pieza, taladrar en el punto de inicio.
3. Precalentar el inicio del corte hasta que la pieza se ponga al rojo y se vea el metal semifundido.
4. Abrir el chorro de oxígeno.
5. Avanzar lentamente con velocidad y distancia uniforme.

Oxicorte mecanizado o automático

Las máquinas de corte portátiles son las más utilizadas por su facilidad de desplazamiento al lugar del trabajo y se utilizan, sobre todo, para cortes en línea recta. Estas máquinas consisten en un carro impulsado por un motor provisto de una montura ajustable para el soplete de corte.

La máquina se suele desplazar sobre unos raíles, para guiar al soplete. Se fabrican de diversos tamaños y peso, según el trabajo a que estén destinadas.

La velocidad del carro se puede ajustar, la precisión del corte depende de la exactitud de los raíles y de la guía, así como del ajuste entre los raíles y las ruedas que impulsan el carro. El operador debe seguir el carro para realizar los ajustes necesarios para que el corte sea de buena calidad.

Todo el proceso es muy parecido al descrito para el oxicorte manual.

Oxicorte CNC

Este tipo de corte se realiza con máquinas asistidas por ordenador que además pueden ser multiproceso, es decir, pueden además cortar con plasma, láser, etcétera.

Estas máquinas suelen ser CNC de pórtico y se manejan con aplicaciones informáticas de diseño.

Son máquinas estacionarias, debido a su complejidad y tamaño, en las que el proceso difiere en que es el material el que se lleva hasta el lugar donde está ubicada la máquina.

Figura 5.37. Operación de oxicorte.

Figura 5.38. Oxicorte automático con carro de desplazamiento.

Figura 5.39. Máquina CNC de oxicorte.

5.10. Mantenimiento de equipos

Las partes del equipo que no funcionen correctamente no se deben utilizar hasta que hayan sido terminadas las reparaciones necesarias y se haya probado y verificado que está en condiciones apropiadas.

La inspección, la localización de fallos y la reparación de los equipos, se llevarán a cabo por personas competentes y con experiencia en este tipo de tareas.

Los componentes defectuosos serán sustituidos por piezas originales o al menos con la calidad necesaria permitida por el fabricante de estos.

Las labores de más responsabilidad serán realizadas por personal de mantenimiento o instaladores autorizados.

Antes de inspeccionar o realizar cualquier tipo de mantenimiento, cerrar el gas, salvo si lo que se pretende es detectar una fuga.

Cualquier soplete o elemento del equipo defectuoso deberá ser devuelto al fabricante o al servicio técnico más cercano y no tratar de repararlo.

El usuario solo debe sustituir los elementos que sean fáciles de desmontar, las tuercas de las boquillas, los mezcladores y los accesorios de corte.

Consejos para un buen mantenimiento

- Evitar que se introduzca polvo, aceite y grasa dentro del soplete o sus componentes cuando se desmonten. Utilizar herramientas limpias y mantener los componentes en superficies limpias. Si es necesario limpiar los elementos desmontados antes de volver a montarlos.
- Evitar dañar los componentes con las llaves por exceso de presión al utilizarlas.
- Revisar frecuentemente el soplete para comprobar si hay fugas, siempre después de cambiar la boquilla, el mezclador u otros accesorios de corte.
- Si se tienen dudas sobre el funcionamiento del soplete, no se debe utilizar y se ha de devolver al fabricante o al servicio técnico.

SOLDADURA OXIACETILÉNICA Y OXICORTE

- Definición del proceso
- Ventajas e inconvenientes
- Técnica operatoria
  - Preparación del equipo
  - Encendido del soplete
  - Regulación de la llama
    - Llama oxidante
    - Llama neutra
    - Llama carburante
  - Preparación de las piezas y punteado
  - Técnica de soldeo
  - Posición de soldadura
    - Horizontal
      - A tope
      - En ángulo
    - Vertical ascendente
      - A tope
      - En ángulo
    - Soldadura en cornisa
    - Soldadura en techo
- Aplicaciones
- Equipos de soldadura
  - Cilindros de gases
  - Manorreductores
  - Mangueras
  - Válvulas antirretroceso
  - Soplete
- Gases
  - Gases combustibles
    - Butano y propano
    - Acetileno
  - Oxígeno
- Consumibles
  - Varillas de aporte
  - Fundentes y desoxidantes
- Herramientas auxiliares
- Mantenimiento de equipos

DE COMPROBACIÓN

5.1. ¿Qué es el oxígeno?

a) Un gas.
b) Un comburente.
c) Un gas que se utiliza como comburente en soldadura.
d) Lo que respiramos.

5.2. ¿Qué son el acetileno, el propano y el butano?

a) Gases combustibles.
b) Gases comburentes usados en soldadura.
c) Metales pesados.
d) Metales ligeros.

5.3. ¿Qué es un manorreductor?

a) Una máquina que reduce.
b) Un manual de utilización.
c) Un aparato para reducir la presión.
d) Un aparato que indica la presión de entrada, la reduce y después indica la presión de salida.

5.4. ¿Qué colores simbolizan el oxígeno y el acetileno?

a) Azul y rojo.
b) Blanco y verde.
c) Amarillo y negro.
d) Cian y magenta.

5.5. ¿Cómo se sabe qué gas contiene un cilindro de gases?

a) Por el olor.
b) Analizándolo.
c) Probando a ver si arde.
d) Por el código de colores de las botellas.

5.6. ¿Cuáles son los tres tipos de llamas que se pueden conseguir en soldadura oxiacetilénica?

a) Grande, mediana y pequeña.
b) Carburante, oxidante y neutra.
c) Neutra, combustible y oxidada.
d) Combinable, neutral y oxidable.

5.7. ¿Qué temperatura puede alcanzar la llama oxiacetilénica?

a) 5350 °C.
b) Más de 3000 °C.
c) Menos de 2000 °C.
d) 3450 °C.

5.8. ¿Cómo se consigue que un cilindro de acetileno tenga una presión de 20 kg/cm^2?

a) Comprimiéndolo mucho.
b) Metiéndolo en un cilindro de gases.
c) Mezclándolo con otro gas.
d) Disolviéndolo en acetona dentro de un material poroso.

5.9. ¿Para qué sirve un soplete?

a) Para soldar.
b) Para soplar.
c) Para rellenar.
d) Para soldar cobre.

5.10. ¿Cómo se detectan las fugas de gases en las instalaciones oxiacetilénicas?

a) Escuchando.
b) Acercando una llama.
c) Con agua jabonosa.
d) Mirando si pierde presión.

DE APLICACIÓN

5.1. Indica el significado de oxiacetilénica.

5.2. Explica si se puede soldar con propano.

5.3. Enumera y describe las partes de un soplete.

5.4. Argumenta si el soplete de soldadura es el mismo que el de oxicorte.

5.5. Explica el funcionamiento del manorreductor.

5.6. Di qué parte de la instalación de soldadura oxiacetilénica caduca.

5.7. Señala qué presión tiene una botella de oxígeno.

5.8. Argumenta para qué sirven los fundentes.

5.9. Enumera cuáles son los diámetros y las longitudes de las varillas de aporte.

5.10. Nombra los metales que se pueden soldar con el soplete.

5.11. Describe qué son las válvulas antirretroceso.

5.12. Dibuja una válvula antirretroceso e indica cada una de sus partes.

5.13. Nombra y describe los accesorios que se utilizan en este tipo de soldadura.

5.14. Describe cómo se regula el soplete para conseguir una llama neutra.

5.15. Indica cómo se enciende y se apaga un soplete.

5.16. Cita cuál es la proporción de oxígeno-acetileno que se quema en el soplete para conseguir una llama neutra.

5.17. Argumenta si se puede soldar con soplete sin aportar material en todas las posiciones.

5.18. Explica cómo se monta el equipo completo de soldadura oxiacetilénica.

5.19. Indica qué tipo de filtro ocular se necesita para soldar con soplete.

UNIDAD 6

Defectología de uniones soldadas

Objetivos

- Saber la diferencia entre defecto e imperfección.
- Conocer los tipos de defectos posibles en soldaduras.
- Saber cuáles son los tipos de imperfecciones en soldaduras.
- Conocer deformaciones e imperfecciones en procesos de soldeo en atmósfera natural.
- Realizar un control de calidad de primer nivel en uniones soldadas.
- Establecer parámetros para evitar defectos en uniones soldadas.
- Corregir los defectos de soldadura.
- Conocer formas de encontrar defectos no visibles.

Contenidos

Introducción

Se estudia en esta unidad cuáles son los defectos más habituales en los procesos de soldadura y la forma de evitarlos.

Este conocimiento es muy importante para el soldador, ya que lo ayudará a realizar uniones de calidad, además de poder realizar un control de calidad de primer nivel.

El conocimiento del comportamiento del baño de fusión en procedimientos de soldeo es fundamental para la comprensión de los posibles defectos en los cordones, sobre todo en soldadura con electrodo revestido.

6.1. Diferencia entre imperfecciones y defectos

Al ser la soldadura un procedimiento de fabricación caro, es muy importante diferenciar entre los defectos, que afectan a la resistencia de las piezas, y las imperfecciones, que no afectan a las propiedades mecánicas, aunque sí a otros aspectos de las uniones, como la estética.

Corregir un cordón de soldadura puede resultar muy caro y laborioso, así que lo primero que habrá que hacer será identificar el problema, clasificarlo, valorarlo y tomar la decisión de reparar o no.

Las anomalías en soldadura pueden ser:

- **Imperfecciones.** Este tipo de anomalías son irregularidades que no afectan a la resistencia del cordón ni a la funcionalidad de la pieza fabricada. Por ejemplo, un ancho de cordón variable o un mal peinado de las aguas.

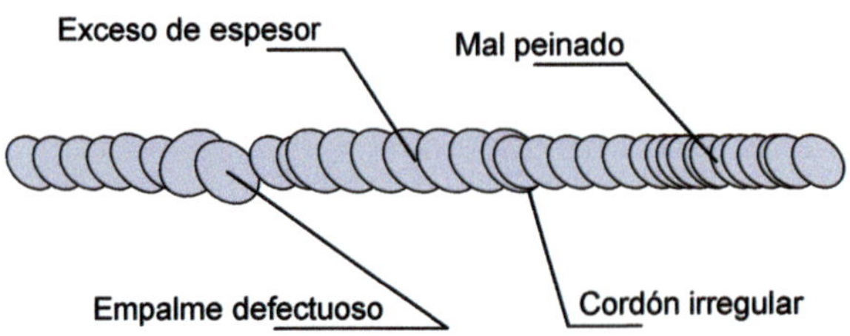

Figura 6.1. Imperfecciones.

- **Defectos.** Son anomalías que, por su cantidad, tamaño o por el sitio en el que se producen, afectan negativamente a la resistencia de las piezas soldadas. Por ejemplo, que aparezcan grietas al enfriar el cordón, que aparezca una gran cantidad de poros o que haya una falta de penetración que reduzca el espesor en la unión.

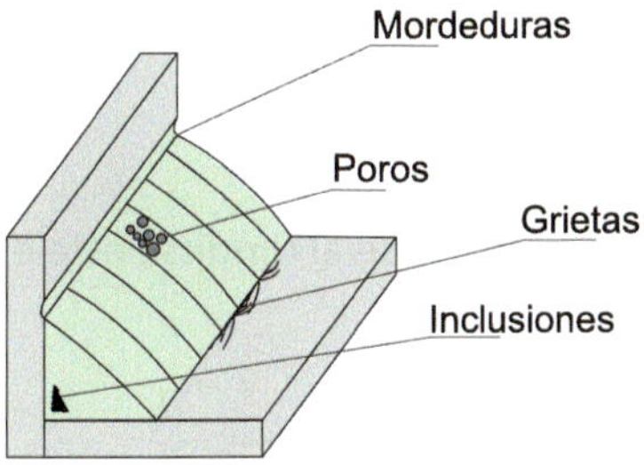

Figura 6.2. Defectos.

Los defectos hay que corregirlos siempre, pues, como se ha dicho antes, afectan a la resistencia de la pieza. Las imperfecciones, sin embargo, a veces se reparan y otras no, depende de si el cordón es visto o se repasará o de la situación en la que se encuentre.

Las causas por las que se producen estas irregularidades, ya sean defectos o imperfecciones, pueden ser:

- Posicionado de las piezas a soldar.
- Consumibles inadecuados o en mal estado (electrodos húmedos, excesivo caudal de gases, etc.).
- Falta de habilidad del soldador.
- Agentes climatológicos en soldaduras de campo (humedad, agua, viento, etc.).
- Material base con mala soldabilidad.

6.2. Clasificación de los defectos y sus posibles causas

Como se ha visto antes, todos los defectos hay que repararlos y también algunas imperfecciones, así que, a continuación, se exponen sin diferenciarlos.

Tanto para soldadura oxiacetilénica como con electrodo, la limpieza de las superficies a soldar es fundamental. Antes de iniciar cualquier soldadura, habrá que hacer una limpieza de las superficies que se van a fundir para eliminar cualquier tipo de suciedad, pintura, óxido e incluso cualquier recubrimiento superficial que tuviera la pieza en la zona a soldar. Esta limpieza se realizará manualmente con un cepillo de alambre, con radial o incluso, si es necesario, por mecanizado.

Cuando se precise realizar varias pasadas, al terminar cada una de ellas, se limpiará el cordón en profundidad con piqueta y cepillo de alambre y, si es necesario, con radial.

De igual manera, cuando se termina una soldadura, hay que realizar una limpieza profunda, eliminando la escoria o restos de fundente. También se eliminarán las proyecciones con un cincel. Esto nos permitirá observar bien el cordón realizado para detectar posibles defectos y, además, le dará un buen aspecto al trabajo terminado.

Los principales defectos son:

6.2.1. Mordedura

Son oquedades ocasionadas en el metal base al fundirse este e incorporarse al cordón. Se produce en los bordes del cordón.

Son debidas a:

- Exceso de intensidad de soldadura.
- Arco muy largo.
- Ángulo de desplazamiento muy pequeño, casi perpendicular.

Para evitarlas antes de que aparezcan, hay que regular bien la intensidad, acortar el arco y colocar el electrodo en ángulo de trabajo de entre 5° y 15° con respecto a la vertical.

En soldaduras en ángulo, vertical y en cornisa, se suele producir por caída del material por efecto de la gravedad. Para evitarlo, hay que reducir la intensidad, acortar el arco y hacer el baño lo más pequeño posible.

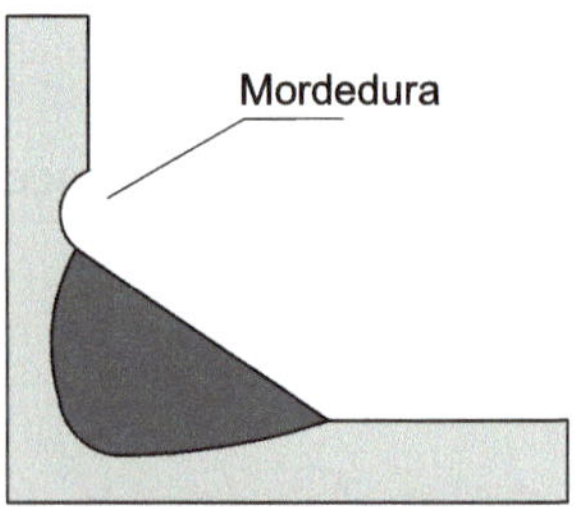

Figura 6.3. Mordedura.

6.2.2. Inclusiones

Son pequeños trozos de materiales que se introducen en el baño mientras se suelda y que, una vez solidificado este, quedan atrapados en el cordón de soldadura.

En la mayoría de los casos, suele ser escoria del recubrimiento del electrodo y, en otras ocasiones, pueden ser impurezas por una mala limpieza antes del soldeo.

Este defecto se produce por:

- Una velocidad de desplazamiento demasiado rápida.
- Una intensidad demasiado baja.
- Una falta de limpieza, sobre todo en soldadura con varias pasadas.

Cuando estas inclusiones ocurren en la raíz del cordón, suele ser porque, entre las piezas a unir, hay una separación en la que se queda atrapada la escoria.

Para evitar las inclusiones:

- Reducir la velocidad de desplazamiento.
- Aumentar la intensidad.
- Realizar una limpieza concienzuda.
- Desarrollar un correcto ajuste entre las piezas.

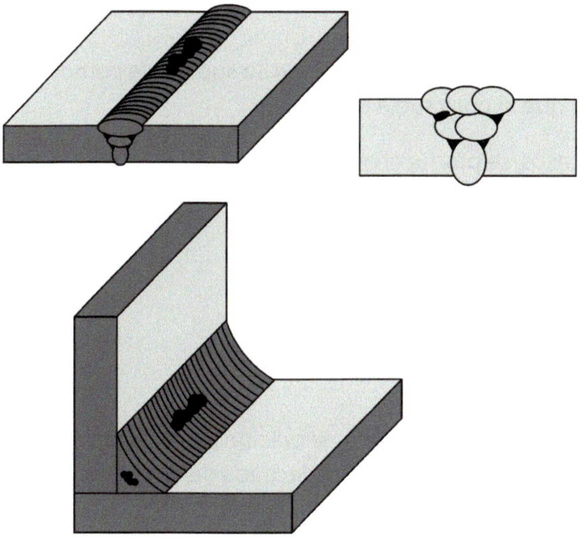

Figura 6.4. Inclusiones de escoria.

6.2.3. Grietas

Las grietas son separaciones del material siguiendo una línea; muchas veces, estas líneas tienen ramificaciones. Otras veces, son casi imperceptibles, aunque son un defecto importante, pues pueden provocar la rotura del material.

Se producen por un enfriamiento excesivamente rápido del cordón o por la interrupción de la soldadura muy rápido cuando se suelda con intensidades elevadas.

Para evitarlas, se debe dejar enfriar siempre la pieza a temperatura ambiente e interrumpir el arco con la técnica adecuada según la posición.

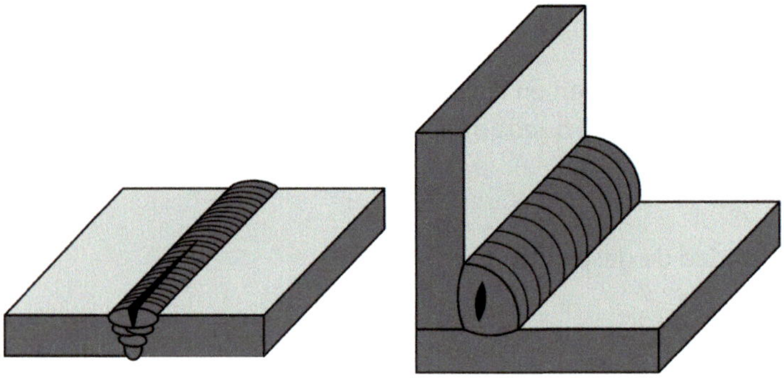

Figura 6.5. Grietas longitudinales y de cráter.

6.2.4. Poros

Son agujeros que quedan en el cordón, tanto en su superficie como en su interior. La diferencia con las inclusiones es que el poro suele estar vacío.

En la mayoría de los casos, se producen por:

- Una mala limpieza de las piezas.
- Un arco demasiado largo.
- Un exceso de caudal de gases.
- Electrodos húmedos.

Para evitarlo, es aconsejable una buena conservación de los electrodos, una limpieza exhaustiva del metal base o del cordón y una longitud adecuada del arco.

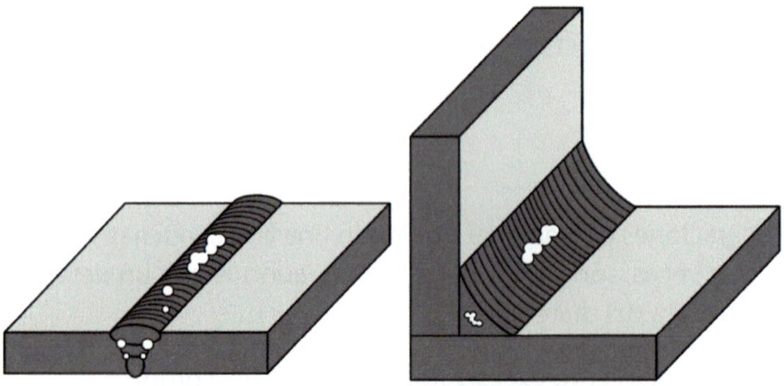

Figura 6.6. Poros o inclusiones gaseosas.

6.2.5. Falta de fusión

Se produce cuando no se termina de fundir el borde del metal base en la soldadura.

La causa de este defecto suele ser:

- Una velocidad de soldeo excesiva.
- Una mala orientación del electrodo.
- Intensidad insuficiente.
- Impurezas u óxidos con elevado punto de fusión en el metal base.

La solución es, como en casi todos los casos, una buena limpieza del metal base y una correcta regulación de los parámetros de soldeo.

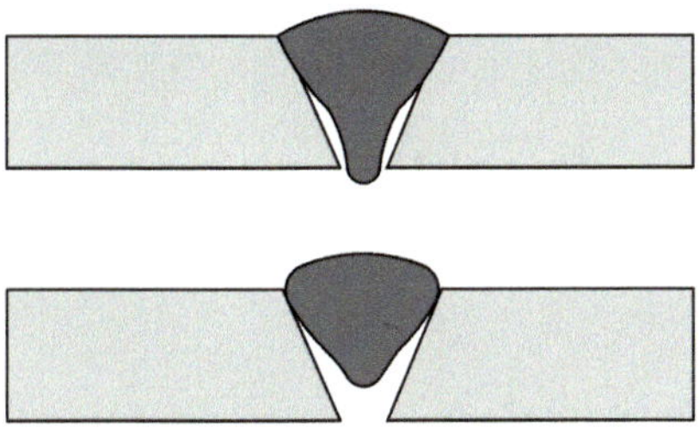

Figura 6.7. Falta de fusión.

6.2.6. Falta de penetración

La penetración es lo que excede de soldadura por el reverso del cordón, esto nos asegura que la soldadura se ha realizado en todo el espesor del metal base.

Cuando la penetración no es suficiente, puede ser por:

- Una intensidad insuficiente.
- Elevada velocidad de soldeo.
- Electrodo no adecuado (mucho o poco diámetro).
- Talón excesivo.
- Poca separación de las piezas a soldar.
- Desalineación de las piezas.

La solución a este problema es:

- Una correcta elección de los parámetros de soldeo.
- Una cuidada preparación de las piezas a soldar.
- Un diámetro adecuado de electrodo.

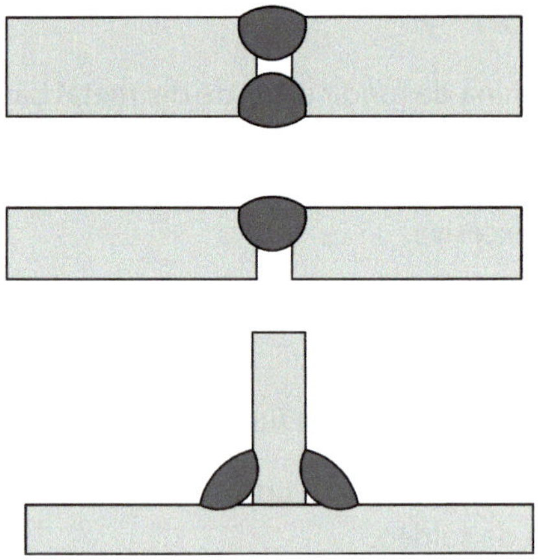

Figura 6.8. Falta de penetración interior.

6.2.7. Otros defectos de soldadura a tener en cuenta

Además de los vistos anteriormente, que son los más frecuentes, también pueden producirse los siguientes defectos:

- Perforaciones cuando se funde la pieza y el baño se desprende.
- Rechupe al finalizar el cordón.
- Superficie o anchura del cordón irregular.
- Empalmes de cordones defectuosos.
- Proyecciones y salpicaduras.
- Marcas de picado de escoria, amolado o cincelado.
- Amolado excesivo que reduzca el espesor del material.
- Asimetría en el cordón.
- Cebado del arco fuera del cordón.
- Exceso de penetración.
- Sobreespesor del cordón excesivo o escaso.

Muchos de estos defectos se consideran inadmisibles, por lo que será necesario corregirlos de inmediato.

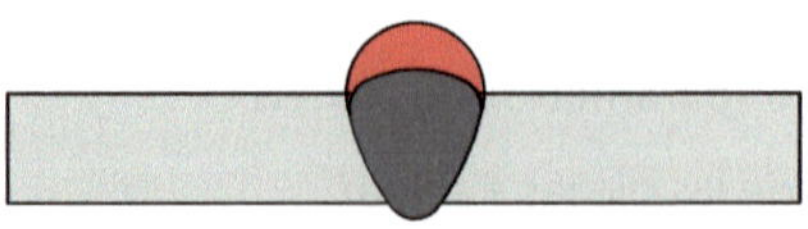

Figura 6.9. Sobreespesor de cordón.

6.3. Inspección de soldadura

En la fabricación de piezas por procedimientos que incluyen soldadura, hay que tener en cuenta factores que no se tienen en cuenta en otros procesos de producción, como son:

- Las enormes temperaturas alcanzadas.
- Las deformaciones producidas por estas temperaturas.
- Los cambios en la estructura interna de los materiales.

Además, este tipo de trabajos requiere de operarios con un alto grado de especialización y formación. Los trabajos de soldadura son de gran habilidad y necesitan una gran destreza por parte del soldador.

Debido a todo esto, se hace necesario un buen control de calidad que garantice que las piezas fabricadas responden a los requerimientos del proyecto.

La inspección consistirá en establecer los procedimientos necesarios de control para establecer en qué grado se cumplen las especificaciones de una determinada construcción soldada y determinar si entra dentro de los límites establecidos.

Su principal labor es encontrar, clasificar y valorar las desviaciones encontradas en los trabajos realizados según los códigos y las normas que tengan que aplicarse.

Una vez que se decide inspeccionar un determinado trabajo, todo el proceso debe quedar plasmado por escrito y mencionar qué normas se aplican, quién realiza la inspección, qué defectos son admisibles y cuáles no y los criterios de aceptación o no de los trabajos realizados.

El proceso de inspección comienza ya en la recepción de los materiales y consumibles y en la conservación de los mismos, el traslado a obra, el montaje, la soldadura, el acabado de la obra y cuantos factores diga la norma correspondiente que hay que controlar.

En cuanto a la soldadura propiamente dicha, el primer nivel de control lo realizará el propio soldador, como buen conocedor de su trabajo. Según vaya trabajando, se cerciorará de que el trabajo está bien hecho y reparará cualquier defecto que él considere que pueda afectar negativamente a las especificaciones requeridas.

El segundo nivel lo ejercerá lo que en el argot se llama *agente de la propiedad*, que suele ser una empresa externa e independiente encargada de la verificación de todos los aspectos de la obra y en particular de las soldaduras realizadas.

Esta empresa tendrá un protocolo de actuación establecido según las normas aplicables al caso y realizará todos las pruebas necesarias para la correcta aplicación del plan de calidad. Además de la inspección visual de las soldaduras, se realizarán los ensayos, tanto destructivos como no destructivos, para garantizar que la calidad de las soldaduras está en los límites establecidos.

6.4. Ensayos destructivos

Son ensayos en los que, al realizarse, se destruye parte o toda la pieza ensayada. Estos ensayos no suelen practicarse mucho en soldadura porque casi siempre se ensaya soldadura terminada y, evidentemente, no interesa destruirla.

Se realiza para analizar muestras de piezas fabricadas en serie y que son de una gran responsabilidad o cuando se pretende comprobar la soldabilidad de nuevos materiales o de materiales diferentes.

6.4.1. Ensayo de tracción

Consiste en someter a la probeta a un esfuerzo de tracción constante hasta que parta. Se realiza en una máquina hidráulica que va registrando el esfuerzo realizado y la deformación de la pieza hasta que se rompe.

De este ensayo se saca una gran cantidad de datos de interés para los cálculos posteriores con el material ensayado. En la Figura 6.10, se muestra el resultado del ensayo de un acero.

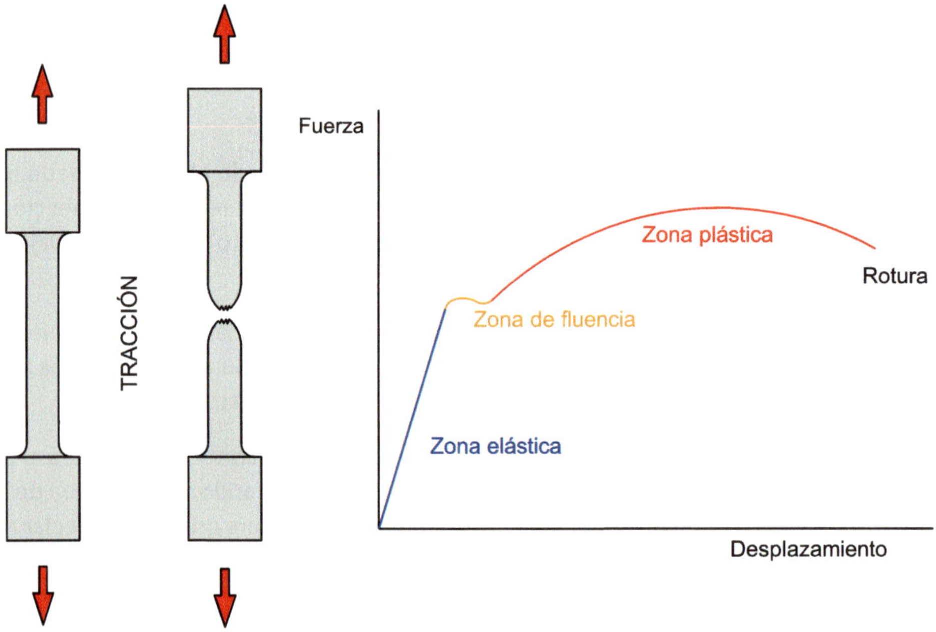

Figura 6.10. Ensayo de tracción.

6.4.2. Ensayo de dureza

Este ensayo mide la oposición que un material ofrece a ser penetrado por otro. Para realizarlo, se utiliza un material con una forma conocida y se hace una huella en el material a ensayar, midiendo esa huella podremos establecer en qué lugar de una escala previamente establecida se encuentra.

Los tres ensayos de dureza más conocidos son:

- **Brinell.** Este método utiliza una bola de acero como penetrador y sus resultados se designan como HB.
- **Vickers.** Utiliza como penetrador una pirámide de diamante de base cuadrada. Su resultado se designa como HV.
- **Rockwell.** Puede emplear tanto un penetrador cónico de diamante (su resultado se designa HRC) como una bola de acero (su resultado se designa HRB).

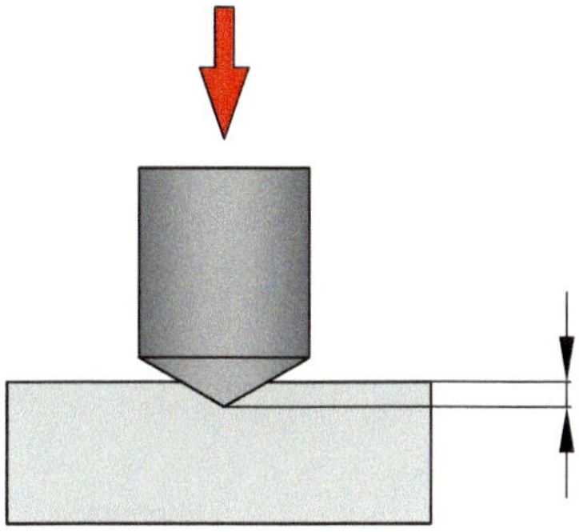

Figura 6.11. Ensayo de dureza.

6.4.3. Ensayo de resiliencia

Este ensayo mide la resistencia de un material al impacto dependiendo de su temperatura.

Se realiza con un aparato llamado *péndulo Charpy* y se ensaya con varias probetas del mismo material a distintas temperaturas.

Este ensayo se lleva a cabo porque la resiliencia es una propiedad de los materiales que cambia bastante con la temperatura, materiales que a 30 °C tienen una buena resistencia a los golpes a −10 °C se vuelven frágiles.

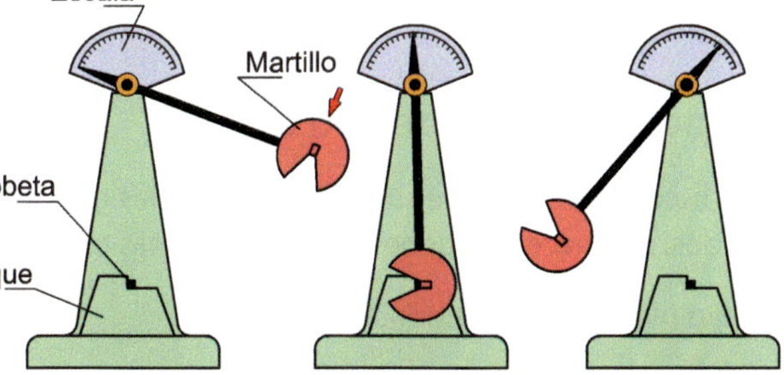

Figura 6.12. Péndulo Charpy.

6.4.4. Ensayo de doblado

El ensayo de doblado o plegado consiste en someter a la probeta a una flexión para provocar su deformación hasta dejar sus caras paralelas o formando cualquier otro ángulo, según diga la norma que se aplique al ensayo.

Con ello, se consigue someter al material a un esfuerzo doble, por el interior del doblado a compresión y por el exterior a tracción.

Este enorme esfuerzo causará un daño en la superficie exterior que, normalmente, producirá grietas que pueden ser visibles o no y que nos darán una idea de la resistencia del material. Lo que se mide es el tamaño de las grietas si aparecen, pero van a aparecer casi seguro.

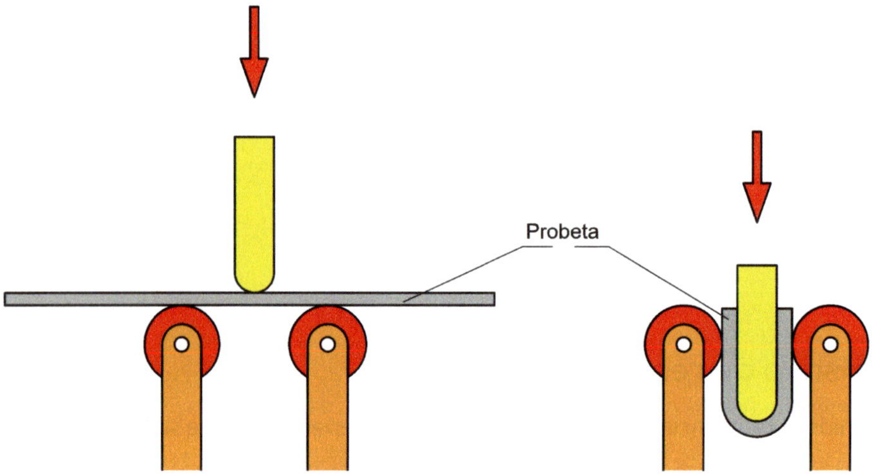

Figura 6.13. Ensayo de doblado.

6.5. Ensayos no destructivos

Este grupo de ensayos pretende estudiar piezas ya terminadas, por lo que la característica que los define es que no alteran la pieza ni la modifican de ninguna manera.

6.5.1. Ensayos por líquidos penetrantes

Este ensayo revela las discontinuidades de superficies, o sea, las grietas. El método se basa en la capilaridad de los líquidos, que hace que penetren por las grietas estrechas y que se retengan ahí.

Es un método de ensayo muy usado en soldadura porque:

- Es barato, ya que no requiere apenas equipo.
- No depende de fuentes de energía.

- No depende de la forma geométrica ni de la posición de la superficie a ensayar.
- Es un ensayo de bastante eficacia y gran sensibilidad.

El ensayo se realiza de la siguiente manera:

1. Limpiar en profundidad y secar bien la parte a ensayar.
2. Aplicar el líquido penetrante.
3. Esperar a que el líquido penetrante actúe.
4. Recoger el exceso de líquido con un trapo húmedo para no eliminar el que se ha introducido en las grietas.
5. Dejar secar y aplicar el revelador, que extraerá el líquido penetrante y formará el mismo dibujo que la grieta.

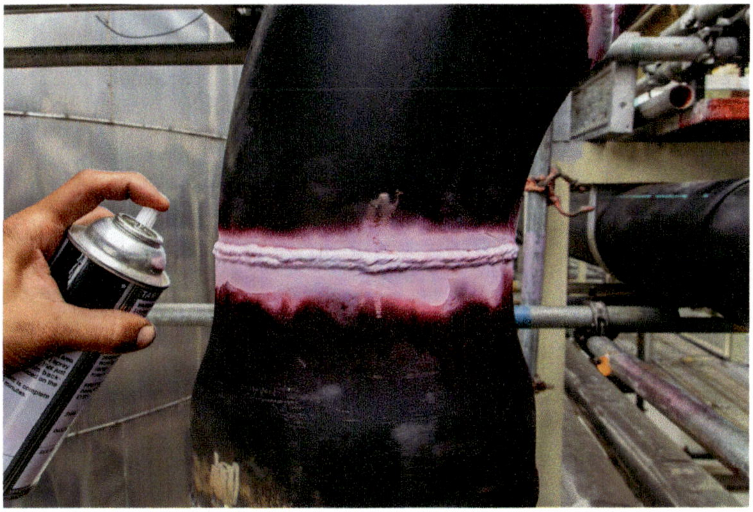

Figura 6.14. Ensayo con líquidos penetrantes.

6.5.2. Ensayo por partículas magnéticas

Como es sabido, los campos magnéticos generan líneas de fuerzas muy definidas, basta con poner un imán sobre la mesa donde antes hemos estado limando una pieza de acero para ver cómo se forman esas líneas.

Sin embargo, cuando hay discontinuidades en la superficie, esas líneas no pueden atravesar esa grieta porque en ellas se forman polos que, a su vez, forman nuevas líneas.

En esto se basa este ensayo: se magnetiza la superficie a ensayar, se rocía con algún polvo magnético, se examinan los dibujos que se forman y se desmagnetiza la pieza una vez se ha terminado.

Figura 6.15. Yugo magnético.

Es un ensayo bastante usado y su limitación fundamental es que, evidentemente, el material a ensayar tiene que ser magnético (materiales férricos, cobalto, níquel, etc.).

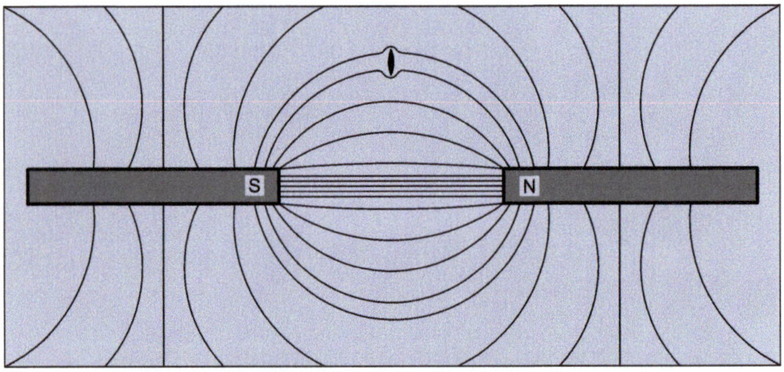

Figura 6.16. Ensayo por partículas magnéticas.

Figura 6.17. Pulverización con partículas magnéticas.

6.5.3. Ensayos por ultrasonidos

En este tipo de ensayos, se utilizan ondas sónicas o acústicas. Este tipo de ondas son mecánicas y se transmiten a través de la materia, pero no se transmiten en el vacío como las ondas electromagnéticas.

El ensayo consiste en medir la velocidad de propagación del sonido dentro de un cuerpo. La velocidad de propagación del sonido en un cuerpo se llama *impedancia acústica* y depende de la frecuencia del sonido y de la densidad del material.

Para generar ondas ultrasónicas, se utilizan cristales piezoeléctricos, que tienen la propiedad de transformar la energía eléctrica en mecánica y viceversa. Por este procedimiento, se generan ultrasonidos de entre 0,2 MHz y 25 MHz.

Si un material tiene algún defecto interior, será detectado porque, al cambiar su densidad, también cambiará la velocidad con la que se propaga el sonido dentro de él.

6.5.4. Radiografías

Los rayos x son radiaciones electromagnéticas de alta frecuencia y alta energía que son capaces de atravesar cuerpos físicos. Estas radiaciones se obtienen en tubos electrónicos con unas tensiones de miles de voltios.

La técnica empleada en este ensayo consiste en someter a la pieza a las radiaciones generadas por estos aparatos y obtener por transparencia una imagen de estas radiaciones en una película sensible.

Esta técnica es bastante peligrosa y exige de un control exhaustivo de las radiaciones emitidas de los medios empleados y de las radiaciones que reciben los técnicos en estos trabajos.

Figura 6.18. Ensayo por ultrasonidos.

Figura 6.19. Radiografía.

DEFECTOLOGÍA DE UNIONES SOLDADAS

- Diferencia entre imperfecciones y defectos
- Clasificación de los defectos y sus posibles causas
  - Mordedura
  - Inclusiones
  - Grietas
  - Poros
  - Falta de fusión
  - Falta de penetración
  - Otros defectos de soldadura a tener en cuenta
- Inspección de soldadura
  - Ensayos destructivos
    - Ensayos de tracción
    - Ensayos de dureza
      - Brinell (HB)
      - Vickers (HV)
      - Rockwell (HRB)
    - Ensayos de resiliencia
    - Ensayos de doblado
  - Ensayos no destructivos
    - Ensayos por líquidos penetrantes
    - Ensayos por partículas magnéticas
    - Ensayos por ultrasonidos
    - Radiografías

DE COMPROBACIÓN

6.1. ¿Cómo se evita la falta de fusión?

a) Con una correcta limpieza y una buena regulación de los parámetros de soldeo.
b) No se puede evitar.
c) Acortando el arco.
d) Enfriando las piezas.

6.2. ¿Qué defectos deben ser reparados obligatoriamente?

a) Todos.
b) Ninguno.
c) Los que afectan a la resistencia del cordón.
d) Los que no pasen las pruebas de inspección.

6.3. ¿Qué diferencia hay entre ensayos destructivos y no destructivos?

a) No hay diferencias significativas.
b) Que uno deja inservible la pieza ensayada y el otro no.
c) Que uno lo hace el inspector y el otro lo hace el soldador.
d) Que uno destruye los ensayos y el otro no.

6.4. ¿Qué es un ensayo de tracción?

a) Una prueba en la que se somete a un esfuerzo de tracción a una probeta hasta que se rompe.
b) Es para medir la resistencia.
c) Es para medir el pandeo.
d) Es para medir la atracción en metales magnéticos.

6.5. ¿Para qué sirve un péndulo Charpy?

a) Para contar el tiempo del ensayo.
b) Para medir las vibraciones que se producen.
c) Para medir la resistencia de la pieza ensayada.
d) Para medir la resiliencia.

6.6. ¿Se le hacen radiografías a los cordones de soldadura?

a) Sí, siempre.
b) No, nunca.
c) Cuando lo requiere la inspección.
d) Cuando se sospecha un defecto.

6.7. ¿Qué son las inclusiones?

a) Cuando se incluye un cordón dentro de otro.
b) Son partículas que quedan atrapadas dentro del cordón.
c) Son partículas que quedan atrapadas encima del cordón.
d) Un defecto sin importancia.

6.8. ¿Qué tipo de anomalías se pueden presentar en las soldaduras?

a) Grandes y pequeñas.
b) Importantes y superfluas.
c) Imperfecciones y defectos.
d) Infecciones y decisivas.

DE APLICACIÓN

6.1. Explica la causa de que se produzcan anomalías en la soldadura.

6.2. Define qué es una mordedura.

6.3. Indica cómo se producen los poros.

6.4. Señala en qué consiste la inspección de obra soldada.

6.5. Enumera los ensayos no destructivos.

6.6. Cita los ensayos destructivos.

6.7. Describe el ensayo con líquidos penetrantes e indica por qué es uno de los que más se hacen.

6.8. Explica cómo se realiza el ensayo de resiliencia.

6.9. Comenta en qué consiste el ensayo con partículas magnéticas.

UNIDAD 7

Otros tipos de soldadura en atmósfera natural

Objetivos

- Conocer el principio en el que se basa la soldadura por resistencia.
- Saber cuáles son los tipos de soldadura por resistencia.
- Conocer en qué consiste la soldadura blanda y la fuerte.
- Identificar los procedimientos de soldadura en atmósfera natural poco usuales.
- Realizar soldaduras fuertes y blandas.
- Conocer la técnica de recargue por proyección térmica.

Contenidos

Introducción

Los procedimientos estudiados hasta ahora son los habituales en los talleres de construcciones metálicas.

No obstante, no son los únicos que existen en atmósfera natural; uno muy presente en la industria es la soldadura por resistencia en sus distintas variantes. Este procedimiento es ideal para automatización y no precisa de consumibles.

No pueden olvidarse la soldadura fuerte y la blanda, que son muy utilizadas en actividades de reparación y mantenimiento y para dar respuesta a soldaduras difíciles de hacer por otros procedimientos.

Por último, se tratará una técnica muy desarrollada en los últimos años: el recargue por proyección térmica.

7.1. Soldadura por resistencia

La soldadura por resistencia consiste en hacer pasar una corriente a través de los materiales a soldar a la vez que se ejerce una presión, la zona de máxima resistencia será la de unión de los dos materiales. Esa resistencia hará que se produzca una fusión en forma de lente entre los materiales a soldar.

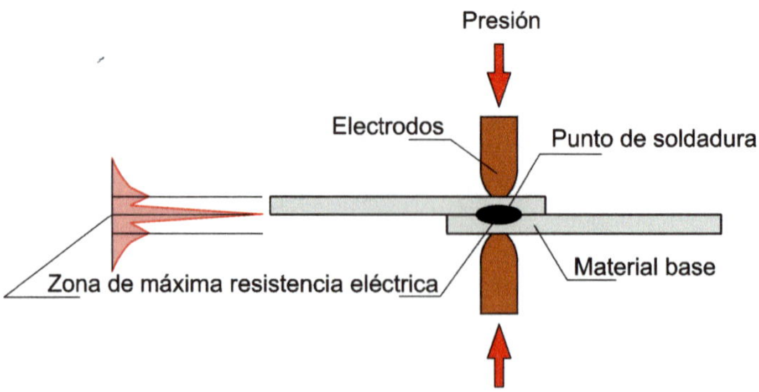

Figura 7.1. Soldadura por resistencia.

Este proceso se viene desarrollando y mejorando desde finales del siglo XIX, cada vez ha ganado más importancia en procesos de producción automatizados. En realidad, es una aplicación práctica del efecto Joule, que dice que todo conductor recorrido por una corriente eléctrica se calienta. Este calentamiento es proporcional a la resistencia ofrecida, al cuadrado de la intensidad que atraviesa el cuerpo y al tiempo durante el que se hace pasar la corriente. Es decir:

$$Q = R \times I^2 \times T$$

Donde: *Q* es el calor generado en julios.

R es la resistencia en ohmios.

I es la intensidad en amperios.

T es el tiempo en segundos.

Esta fórmula nos da una idea de la importancia que tienen los dos factores o variables del proceso que, como tales, pueden ser modificadas: la intensidad y el tiempo. Además de estas variables, también hay que tener en cuenta la presión que se ejerce sobre las piezas a soldar.

Este procedimiento de soldadura es el de mayor automatización de todos los que actualmente se utilizan y es frecuente verlo montado en el extremo de un brazo robot.

Existen muchas variaciones de este sistema, entre los que destacan:

7.1.1. Soldadura por puntos

En este procedimiento, las chapas se colocan a solape y se presionan entre dos electrodos de cobre del tamaño del punto que queremos dar y se va repitiendo la operación cada ciertos espacios previamente establecidos. Así se hace una hilera de puntos internos que mantendrá la pieza soldada.

Las máquinas para esta forma de soldar pueden ser fijas o portátiles. Las fijas suelen tener un electrodo fijo y el otro móvil y el sistema para dar la presión necesaria puede ser mecánico, hidráulico o neumático. Muchas de estas máquinas están refrigeradas por agua. Trabajan con una tensión de entre 1 V y 30 V y una corriente de entre 1000 A y 100 000 A. La fuerza que se ejercerá sobre los electrodos puede variar entre los 100 kg y 500 kg.

Figura 7.2. Soldadura por puntos.

Figura 7.3. Electrodos para soldadura por puntos.

Las aplicaciones principales de este procedimiento son la fabricación de carrocerías de automóvil, la de mobiliario metálico y la de electrodomésticos.

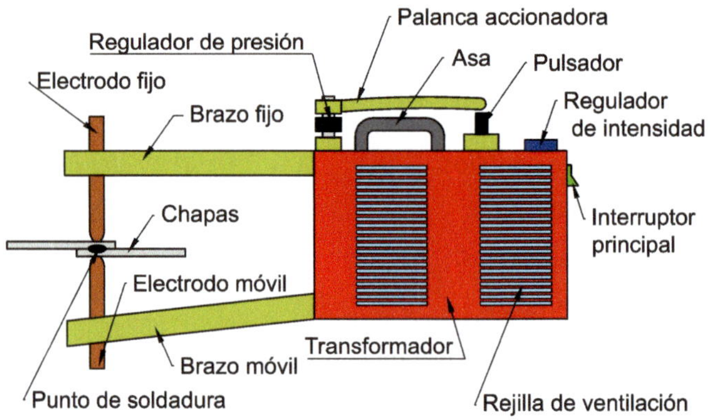

Figura 7.4. Esquema de una máquina de soldadura por puntos.

7.1.2. Soldadura por protuberancias

Es una variante del soldeo por puntos. Sobre el material que se quiere soldar, se hacen una serie de protuberancias donde se quieren dar los puntos y se presiona con un electrodo en forma de plancha. Con esto se consigue hacer una gran cantidad de puntos a la vez, ya que la electricidad se reparte por todas esas protuberancias.

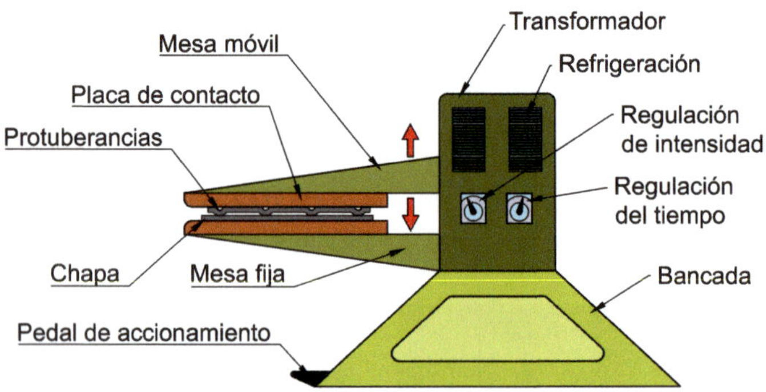

Figura 7.5. Soldadura por protuberancias.

7.1.3. Soldadura por roldanas

En este procedimiento, se sustituyen los electrodos por unas ruedas o roldanas, que, al girar, van haciendo multitud de puntos seguidos y crean así un cordón entre las dos chapas a soldar. También se pueden espaciar los puntos creando una soldadura por puntos, pero de una forma mucho más rápida.

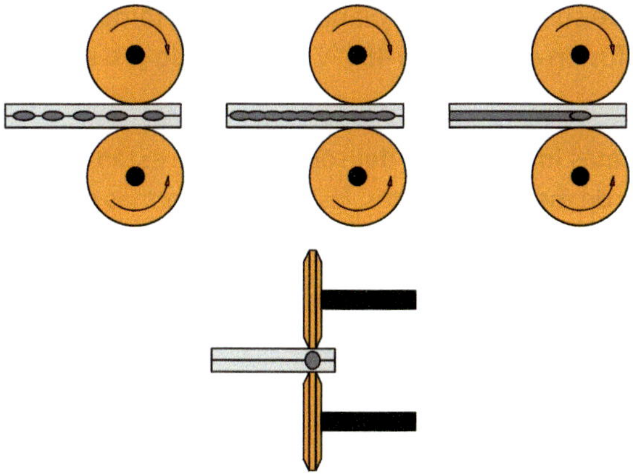

Figura 7.6. Soldadura por roldanas.

7.1.4. Soldadura a tope

Este tipo de soldadura por resistencia se utiliza mayormente para la unión de ejes o perfiles por sus extremos o para empalmar barras y hacerlas más largas. Un uso muy frecuente es la soldadura de hojas de sierra de cinta. En este caso, la propia sierra de cinta trae un dispositivo para la soldadura de la hoja.

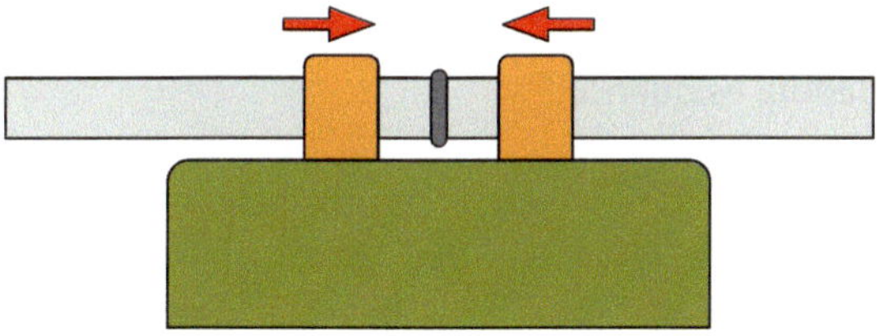

Figura 7.7. Soldadura a tope.

7.2. Soldadura fuerte y blanda

Este procedimiento se caracteriza por:

- El metal base tiene un punto de fusión superior al de aporte.
- El metal de aporte y el metal base son distintos.
- El metal base no se funde, solo se calienta.
- Se utilizan fundentes para la reducción de óxidos e impurezas.
- Las piezas del material a soldar deben estar muy juntas para que el metal de aporte se introduzca en medio por capilaridad.
- El calor para la soldadura se puede aportar con soplete, horno, inducción o resistencia.

La única diferencia entre soldeo fuerte y blando está en la temperatura de fusión del metal de aporte. Si su punto de fusión es inferior a 450 °C, será blando y, si es superior a esta temperatura, será soldeo fuerte.

Entre las aplicaciones más importantes del soldeo fuerte, están las soldaduras de piezas muy pequeñas, la soldadura de metales distintos, las piezas de formas complicadas, para la fijación de plaquitas de metal duro en los portaherramientas, etcétera.

El soldeo blando se utiliza en la fabricación de componentes electrónicos y eléctricos, en fontanería, piezas ornamentales e intercambiadores de calor.

7.2.1. Ventajas del proceso

Las ventajas del proceso se enumeran a continuación:

- Se suelda con poca temperatura, por lo que resulta económico.
- No hay deformaciones gracias a la baja temperatura.
- Al no haber deformaciones, se pueden soldar piezas de precisión.
- Pueden hacerse varias uniones a la vez.
- Pueden conservarse recubrimientos superficiales.
- No necesita gran destreza por parte de los operarios.
- El aspecto de la soldadura es bueno.
- La automatización es fácil y barata.

7.2.2. Inconvenientes

Algunos de los inconvenientes de este proceso son:

- Resistencia mecánica inferior a otros procesos.
- No es rentable ni de fácil ejecución en piezas grandes.
- La preparación del material base puede ser cara y difícil de diseñar.

7.2.3. Metal de aporte para soldadura fuerte

Especial importancia tienen en este proceso de soldeo tanto el material de aporte como los fundentes. Para la soldadura fuerte, se emplean metales puros y alguna aleación con base de cobre por lo general. Los más importantes son:

- **Latón.** Es el más usado, se emplea mayormente para aceros y fundiciones en reparaciones de difícil soldadura por la baja soldabilidad del metal base.

- **Plata.** También muy utilizada, se emplea tanto para aleaciones férreas como no férreas.
- **Oro.** Se emplea para soldadura de inoxidables y aleaciones de cobre y de níquel.
- **Níquel.** Se usa para soldadura de inoxidables, fundición y aleaciones de níquel.
- **Cobre.** Para soldar acero, inoxidables y aleaciones de níquel.
- **Aluminio-silicio.** Para aluminio y sus aleaciones.
- **Cobre fosforoso.** Para aleaciones de cobre.
- **Cobre-zinc.** Acero y aleaciones de cobre.

Figura 7.8. Soldadura con latón.

Figura 7.9. Soldadura con oro para joyería.

7.2.4. Metal de aporte para soldadura blanda

La mayoría de estos materiales son aleaciones de estaño o de cadmio, se añade a veces plomo, pero su utilización está en desuso por ser muy contaminante. Las más importantes son las que siguen:

- **Estaño-plomo.** Es el más utilizado.
- **Estaño antimonio.** Se utiliza para evitar la contaminación por plomo.
- **Estaño-plata.** Se utiliza para la soldadura de instalaciones de agua caliente e instrumentos de trabajo delicado.

- **Estaño-zinc.** Para la soldadura de aluminio.
- **Cadmio-plata.** Para soldadura del cobre y del aluminio.
- **Cadmio-zinc.** Para aluminio.

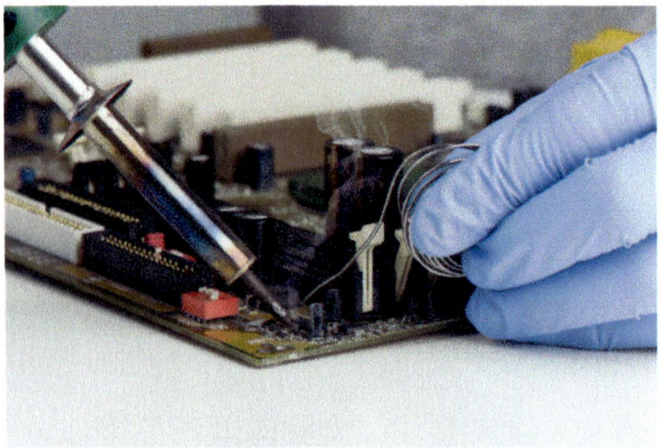

Figura 7.10. Soldadura blanda con estaño en electrónica.

Figura 7.11. Soldadura de tuberías de cobre con estaño-plata.

7.2.5. Fundentes

Los fundentes para soldadura fuerte y blanda están hechos a base de mezclas de productos químicos como los boratos, el bórax, el ácido bórico y los fluoruros.

Se suelen suministrar en polvos o pastas y más raramente en líquido.

Las funciones del fundente son:

- La eliminación de óxidos de la superficie a soldar.
- La protección ante la oxidación de la zona a soldar.
- Conseguir que el material de aporte fluya mejor entre las piezas a soldar.

7.2.6. Técnica operatoria

Hay muchos procedimientos automatizados para grandes producciones que, como casi todo en los trabajos en serie, están diseñados para estos procesos en concreto.

Se comenta a continuación cómo se haría una soldadura manual:

1. Limpiar bien las zonas a unir de las piezas a soldar.
2. Espolvorear o untar el fundente, muchas veces no es necesario y lo que se hace es calentar las varillas de aporte y sumergirlas en el fundente para que este se adhiera y se incorpore en el momento de fundir la varilla.

3. Calentar la zona completa de soldadura.
4. Cuando el fundente se vuelve transparente, indica que hay que añadir el metal de aporte.
5. Fundir el aporte sobre la junta observando que se reparte bien por la junta. Si no lo hace, aplicar un poco más de calor.
6. Limpiar bien la zona de restos de fundente para evitar la corrosión. Normalmente, es suficiente con agua, pero, si así no lo eliminamos, habrá que recurrir al cepillado u otro medio mecánico.

7.2.7. Cobresoldeo

El proceso de cobresoldeo se puede considerar intermedio entre la soldadura fuerte y la soldadura por fusión.

Para realizar este tipo de soldadura se necesita un material de aporte que tenga una temperatura de fusión superior a 450 °C, pero inferior a la del metal que se desea soldar (metal base) que no se debe fundir.

El metal de aporte no se aplica por capilaridad, como ocurre en el soldeo fuerte, si no que se deposita mediante varillas como se hace en el soldeo por fusión.

El diseño de la unión es parecido al que se realiza en la soldadura oxiacetilénica.

El cobresoldeo se puede realizar mediante llama oxigás, utilizando varillas de aleación de cobre como metal de aporte y con un fundente adecuado. También se puede realizar por el proceso TIG o arco plasma, con lo que no hay que utilizar fundentes.

Al principio, una de las aplicaciones más comunes del cobresoldeo fue para reparar piezas de fundición, aunque también se utiliza para la unión de piezas de acero, níquel, cobre y sus aleaciones, etcétera.

El fundente se puede aplicar de las siguientes formas:

- Calentando la varilla de aporte, sumergiéndola en el fundente que se transferirá a la unión durante la soldadura.
- Cubriendo el metal base con una brocha.
- Utilizando material de aporte recubierto de fundente.
- Se puede introducir mediante la llama oxiacetilénica.

Para realizar el cobresoldeo se precalienta la varilla y se le aplica el fundente, si no es con varilla recubierta, al metal base también se le aplica fundente, se calienta el metal base hasta que se funde el metal de aporte, que cubre al metal base.

Durante la operación se rellena el chaflán con material de aporte, mediante una o varias pasadas.

Figura 7.12. Soldadura de cobresoldeo.

7.3. Soldaduras especiales en atmósfera natural

Existe otro importante grupo de soldadura en atmósfera natural que, aunque no sea muy conocido, tiene una implantación significativa en el sistema productivo. Algunas de ellas, como la aluminotérmica, se han especializado tanto que prácticamente solo se usan para una determinada labor, en este caso, para la soldadura de raíles para las vía del tren.

7.3.1. Soladura por fricción

La soldadura por fricción es un procedimiento de soldeo en el que el calor para fundir las pieza se consigue por rozamiento de las mismas. Al menos una de las piezas debe ser de revolución.

Puede utilizarse para soldar piezas de distintos materiales, como acero con cobre, aluminio con aleaciones de aluminio y otras combinaciones de materiales.

Es un procedimiento con un coste inicial elevado por la maquinaria a emplear, pero, una vez hecha esta inversión, el proceso no tiene gasto de consumibles.

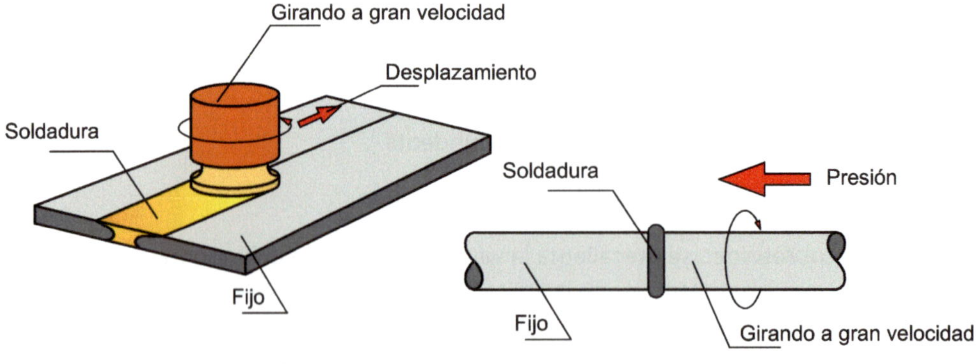

Figura 7.13. Soldadura por fricción.

Cuando ambas piezas son de revolución, se necesita de un sistema de alineación.

La técnica operatoria consiste en hacer girar una pieza contra otra hasta que se alcance la temperatura de soldadura. En este momento, se detiene el giro y se ejerce presión sobre las piezas, lo que hace que una parte del material *rebose*; esta parte sobrante, por lo general, se elimina después.

El proceso es bueno, seguro y limpio al no existir arco, gases, fundentes ni llamas.

7.3.2. Soldadura aluminotérmica

Es un procedimiento de soldeo ideado para la soldadura de perfiles por su sección. La fuente de calor se obtiene de la reacción química de reducción de óxido de hierro con aluminio, esta reacción desprende una gran cantidad de calor capaz de fundir los extremos de los perfiles.

La técnica operatoria consiste en rodear los extremos de los perfiles a unir con un molde refractario, donde se verterá el contenido de un crisol en el que está teniendo lugar la reacción antes mencionada.

Su mayor aplicación es la soldadura de raíles de ferrocarril.

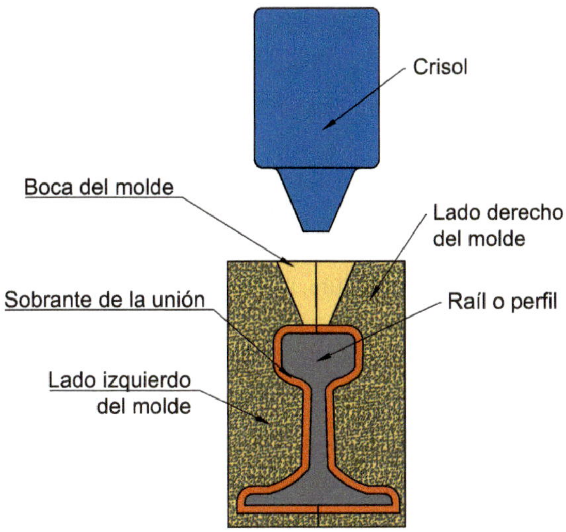

Figura 7.14. Soldadura aluminotérmica.

7.3.3. Soldadura por explosión

Es un tipo de soldadura muy poco usada, ya que utiliza la fuerza de una explosión controlada para provocar la energía necesaria para que un material se precipite sobre otro y se unan ambos.

Se usa en calderería para la fabricación de recipientes a presión, pero para lo que más se usa, es para la unión de materiales con poca compatibilidad, como, por ejemplo, el aluminio con el cobre.

Estas combinaciones de metales poco habituales se usan para la fabricación de láminas bimetálicas para termostatos.

Es la onda expansiva de la explosión la que se encarga de la limpieza de la zona a soldar.

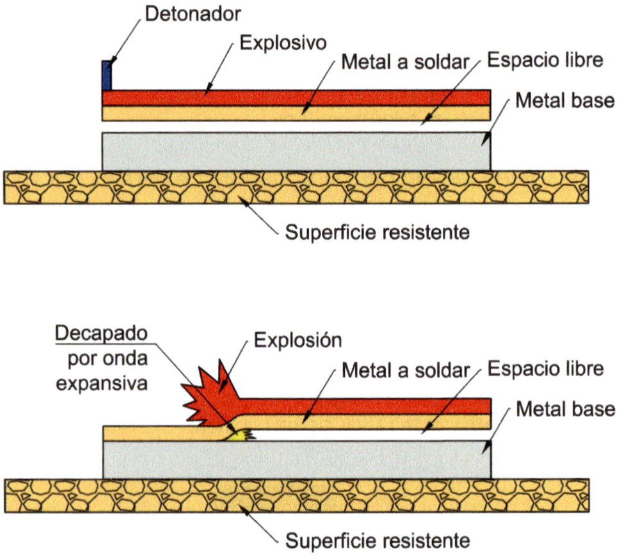

Figura 7.15. Soldadura por explosión.

7.4. Recargues por proyección térmica

Este no es un proceso realmente de soldadura, aunque se basa en un principio parecido, consiste en arrojar sobre un material partículas incandescentes para que se unan a este formando una capa en su superficie. Esta capa puede ser muy fina para el caso de tratamientos superficiales o muy gruesa para los recargues de piezas con desgaste.

La proyección térmica es un término general utilizado para los métodos de proyección, donde un aditivo sólido se derrite y el material fundido se aplica como una fina neblina a alta velocidad a una superficie tratada de antemano creando un recubrimiento duradero.

Los aditivos suelen ser metales, aleaciones, óxidos, carburos, plásticos y mezclas de ellos.

En el proceso de proyección térmica, el material base es recubierto con material en polvo que se pega a la superficie de la base sin que los materiales se mezclen, lo que ayuda a obtener ventajas en comparación con la soldadura.

El material base no modifica sus características por lo que no se necesitan pruebas de presión en equipos presurizados después del recubrimiento y se pueden utilizar diferentes metales y materiales juntos.

Figura 7.16. Realización de proyección térmica. *Fuente: Telatek.*

La proyección térmica se utiliza en diferentes campos de la industria para mejorar el tiempo de vida de las máquinas y equipos.

Algunas aplicaciones de proyección térmica son:

- Calderas en centrales eléctricas.
- Turbinas de vapor y gas.
- Industria en alta mar.
- Rodillos y cilindros de máquinas papeleras.

En la actualidad los métodos utilizados son:

- Proyección de polvo con llama.
- Proyección de hilo con llama.
- Proyección térmica caliente con polvos.
- Proyección por arco.
- Proyección por plasma.
- Proyección por método supersónico.

A continuación, en las siguientes figuras, podemos observar los esquemas de algunos de estos métodos:

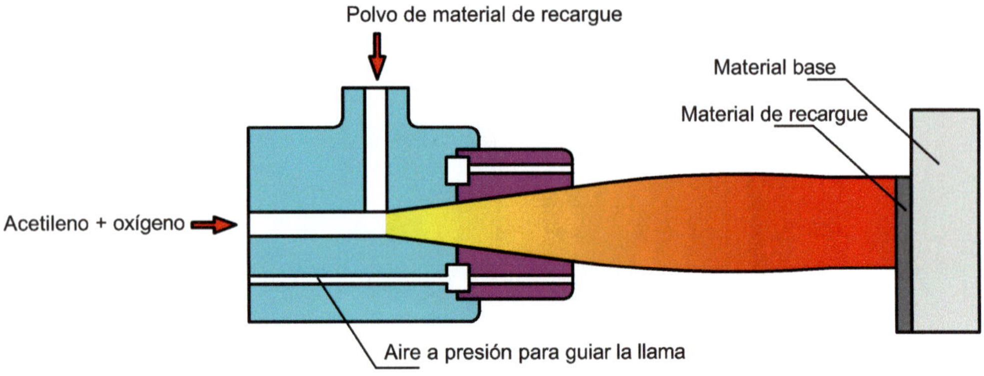

Figura 7.17. Proyección térmica por llama.

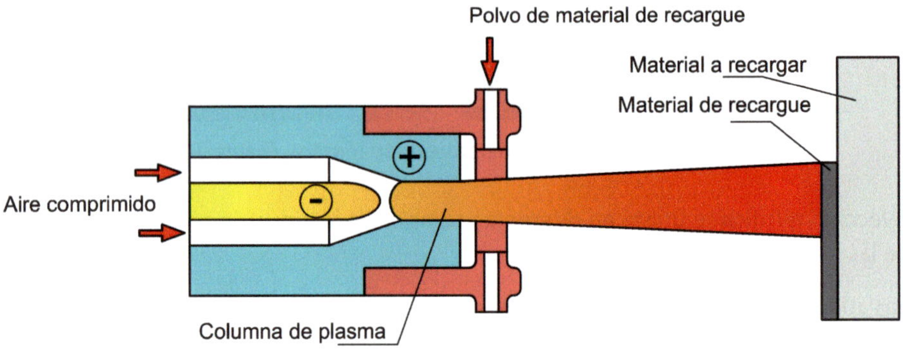

Figura 7.18. Proyección térmica por plasma.

MAPA CONCEPTUAL

OTROS TIPOS DE SOLDADURA EN ATMÓSFERA NATURAL

Soldadura por resistencia

- Soldadura por puntos
- Soldadura por protuberancias
- Soldadura por roldanas
- Soldadura a tope

Soldadura fuerte y blanda

- Metal de aporte
- Fundentes
- Técnica operatoria

Soldaduras especiales en atmósfera natural

- Soldadura por fricción
- Soldadura aluminotérmica
- Soldadura por explosión

Recargues por proyección térmica

DE COMPROBACIÓN

7.1. ¿En qué ley física se basa la soldadura por resistencia?

a) En la ley de Mon.
b) En la ley de Ohm.
c) En el efecto Joule.
d) En el principio de Julio.

7.2. ¿Qué consumibles tiene la soldadura por puntos?

a) Ninguno.
b) Depende del espesor.
c) Varillas y fundentes.
d) Como en el resto de las soldaduras.

7.3. ¿Para qué se utiliza la soldadura a tope?

a) Para nada.
b) Para la unión de grandes planchas de acero.
c) Para la unión de chapas a solape.
d) Para la unión de ejes y de perfiles por su sección.

7.4. ¿Qué se funde en la soldadura blanda?

a) El metal de aporte.
b) El metal base.
c) Los dos, el de aporte y el base.
d) Ninguno de los dos.

7.5. ¿Qué es la soldadura por fricción?

a) Un tipo de soldadura en la que se usa el frío.
b) Un tipo de soldadura en la que se usa el rozamiento de las piezas para soldar.
c) Es una soldadura sin calor.
d) Es una soldadura blanda.

7.6. ¿Qué tipos de proyecciones térmicas existen?

a) Grandes y pequeñas.
b) Finas y abultadas.
c) De acabado y de relleno.
d) Por llama y por arco.

7.7. ¿Qué diferencia hay entre soldadura blanda y soldadura fuerte?

a) La fuerte es la que no se rompe y la blanda la que sí se rompe.
b) Que una se deforma y la otra no.
c) Que la temperatura de fusión del metal base es superior a los 450 °C.
d) Si el metal de aporte funde por encima de los 450 °C, es fuerte y, si no, es blanda.

7.8. ¿Para qué se utiliza la proyección con llama?

a) Para corte de materiales.
b) Para recargue de piezas desgastadas.
c) Para acabados resistentes al desgaste.
d) Las respuestas b) y c) son correctas.

7.9. ¿Qué son los fundentes?

a) Son aparatos para fundir.
b) Son polvos que se funden.
c) Son boratos.
d) Son sustancias que limpian el metal base y protegen el baño durante la soldadura.

7.10. ¿Cuántas variantes de la soldadura por resistencia hay?

a) Por puntos, por roldana, por protuberancias y a tope.
b) A tope, a solape y en ángulo.
c) Con penetración o sin penetración.
d) No hay ninguna variante.

DE APLICACIÓN

7.1. Explica cómo se produce el punto de soldadura y qué es necesario para ello.

7.2. Describe la soldadura por roldana.

7.3. Indica cómo se realiza la soldadura por protuberancias.

7.4. Nombra las ventajas e inconvenientes de la soldadura blanda y de la fuerte e indica qué consumibles se utilizan en cada una de ellas.

7.5. Enumera las funciones que tienen los fundentes.

7.6. Comenta en qué consiste la soldadura aluminotérmica y para qué se utiliza.

7.7. Define en qué consiste el recargue por proyección térmica.

7.8. Explica de qué otra manera puede hacerse la proyección térmica.

UNIDAD 8

Automatización de procesos de soldadura en atmósfera natural

Objetivos

- Conocer qué procesos de soldeo en atmósfera natural son automatizables.
- Saber cuáles son los tipos de automatizaciones posibles.
- Conocer qué tipos de máquinas programables existen.
- Conocer los procedimientos de programación de máquinas.
- Saber cuáles son los lenguajes de programación CNC.
- Realizar soldaduras con máquinas CNC.

Contenidos

Introducción

Actualmente, vivimos rodeados de tecnología y la aparición de los microprocesadores y los ordenadores personales ha cambiado el mundo y, si no nos actualizamos, nos quedaremos atrás.

El mecanizado manual, prácticamente, ha desaparecido y lo ha sustituido el control numérico, con lo que se consigue una mayor producción y unos mejores resultados.

La soldadura, como todos los procesos industriales, ha evolucionado a la par que las demás técnicas de fabricación. Incluso ha aportado importantes novedades como las máquinas capaces de aprender e imitar los movimientos del soldador.

En esta unidad, daremos un breve repaso a estos temas de automatización y de CNC.

8.1. Tipos de automatización

Lo primero que hay que ver es qué tipo de soldadura se va a automatizar, porque esto va a influir decisivamente en el proceso a seguir.

Básicamente, los tipos de soldadura se pueden dividir en dos:

- La soldadura que se realiza de una sola vez y sin movimientos ni de piezas ni de fuente (soldadura por protuberancias, por puntos, aluminotérmica, etc.).
- La soldadura que necesita un movimiento de la fuente o de las piezas (soldadura por arco, resistencia por roldana, por fricción, etc.).

Hay que tener esto en cuenta, pues la automatización dependerá en gran medida de qué tipo de proceso de soldeo se utilice.

Además de lo dicho anteriormente, habrá que considerar cuál es el nivel de automatización que se precisa.

8.1.1. Soldadura manual

La soldadura manual, evidentemente, no tiene ninguna automatización. Todo el proceso se realiza manualmente por parte del soldador o de su ayudante y el proceso consta de los siguientes pasos:

1. Montar, puntear y presentar la pieza.
2. Comenzar la soldadura.
3. Controlar las variables del proceso.
4. Realizar los movimientos propios de la soldadura moviendo la pieza, la fuente o ambas.
5. Suministrar los consumibles necesarios para el proceso.
6. Detener la soldadura.
7. Despejar la zona de trabajo.
8. Prepararse de nuevo para otro trabajo.

Sabías que...

El nombre de robot viene de la palabra checa *robota,* que significa «siervo o vasallo». La misma palabra en ruso significa «trabajo repetitivo y monótono» y el escritor Karel Capek usó esta palabra por primera vez para referirse en sus obras a máquinas con apariencia humana.

8.1.2. Soldadura semiautomática

En este nivel, solo se automatiza la parte central del proceso, así que consta de los siguientes pasos:

1. Montar, puntear y presentar la pieza.
2. Comenzar la soldadura.
3. Controlar las variables del proceso.
4. Realizar los movimientos propios de la soldadura moviendo la pieza, la fuente o ambas.
5. Detener la soldadura.
6. Despejar la zona de trabajo.
7. Prepararse de nuevo para otro trabajo.

Por ejemplo, en soldadura MIG-MAG, se ha automatizado el suministro de gas de protección y de hilo de aporte, pero todo lo demás sigue haciéndolo el soldador.

8.1.3. Soldadura automática

Si lo consideramos un proceso automático, el proceso consta de los siguientes pasos:

1. Montar, puntear y presentar la pieza.

2. Despejar la zona de trabajo.
3. Prepararse de nuevo para otro trabajo.

Todo lo que es soldadura se produce automáticamente y lo único que queda para el soldador o el ayudante es colocar las piezas antes y retirarlas después de la soldadura, además de preparar la zona para el siguiente trabajo.

Figura 8.1. Soldadura MIG-MAG semiautomatizada.

Figura 8.2. Arco sumergido (soldadura automática).

Figura 8.3. Cabezal de soldadura o corte automatizado.

8.1.4. Soldadura CNC

Este es el máximo nivel de automatización, todos los pasos del proceso se realizan automáticamente.

Además de controlarse los parámetros y movimientos propios del proceso de soldeo, también se automatiza el resto del proceso, por lo que no es necesario el soldador más que para la supervisión del proceso o la reparación de posibles defectos.

Las máquinas para este tipo de procesos son siempre CNC, pero pueden variar mucho de unas a otras, desde un brazo robot a una máquina de puente. La mayoría de ellas se diseñan para trabajos específicos.

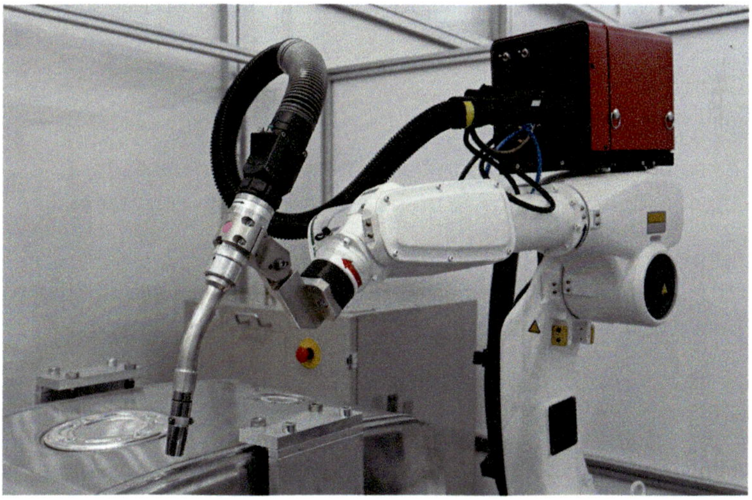

Figura 8.4. Robot de soldadura.

8.2. Posibilidades de automatización de los procesos de soldadura en atmósfera natural

A continuación, se van a estudiar qué procesos de soldeo de los que se realizan en atmósfera natural tienen más posibilidades de ser automatizados.

8.2.1. Soldadura eléctrica con electrodo revestido

Este proceso de soldeo, aun siendo muy bueno y muy antiguo, tiene muy pocas posibilidades de ser automatizado. Su principal problema es que utiliza electrodos revestidos de escasa longitud y hay que cambiarlos continuamente, así que, cada vez que se cambian, hay que interrumpir todo el proceso de soldeo y luego volver a reanudarlo. Esto lo hace poco práctico y, por tanto, no suele automatizarse.

Figura 8.5. No se realiza automatización en la soldadura con electrodo revestido.

8.2.2. Soldadura oxigás

Los procesos de soldeo por oxigás sí son frecuentemente automatizados, sobre todo la soldadura fuerte y blanda, donde la llama se utiliza solamente para calentar la pieza y el aporte se añade después.

Para estos procesos, normalmente, es suficiente con una llama de oxibutano u oxipropano, aunque también puede usarse oxiacetileno.

El metal de aporte en estos procesos muchas veces es una pasta formada por el fundente y el aporte en polvo.

El sistema tiene un mecanismo automático de calentamiento y unos inyectores para la pasta de aporte.

Es frecuente el uso de sopletes múltiples para el calentamiento de piezas muy grandes o para la realización simultánea de varias soldaduras.

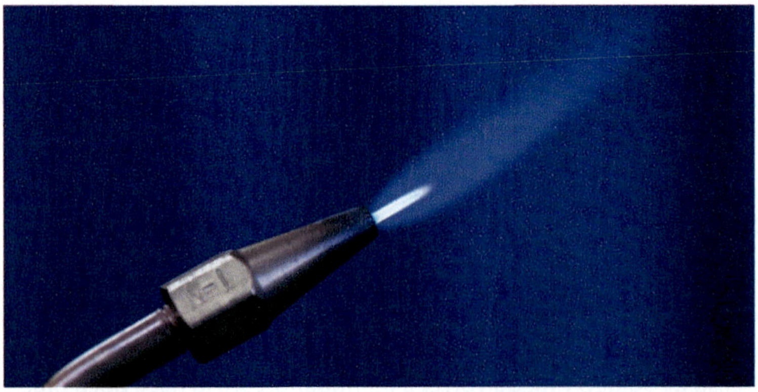

Figura 8.6. Llama de oxigás muy utilizada en automatización.

8.2.3. Soldadura por resistencia

De todos los procesos de soldadura en atmósfera natural, la soldadura por resistencia es la más ampliamente automatizada.

La soldadura por puntos y por roldanas son las más automatizadas. Se utilizan en la fabricación de carrocerías de automóviles, de electrodomésticos, de mobiliario metálico y, en general, en fabricaciones donde se suelda chapa fina en serie.

El sistema con el que se automatiza puede ser tanto por autómatas programables como por sistemas CNC.

Figura 8.7. Soldadura por resistencia. *Fuente: Lincoln.*

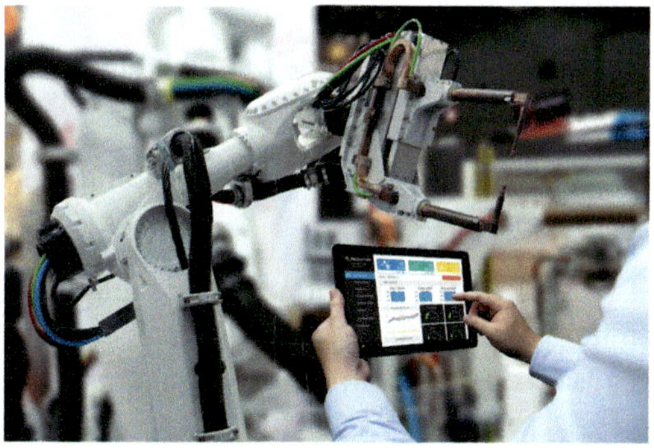

Figura 8.8. Soldadura por resistencia robotizada.

8.2.4. Soldadura por fricción

Es un procedimiento fácilmente automatizable, de hecho, casi siempre es automático. Solo se necesita una máquina que proporcione las revoluciones necesarias, un sistema de alimentación automático de piezas y otro sistema de retirada de piezas soldadas.

Este proceso es muy usado para soldadura de espárragos de forma automática.

Figura 8.9. Soldadura de espárragos por fricción.

Figura 8.10. Soldadura por fricción de eje.

8.2.5. Soldadura orbital

La soldadura orbital es un sistema en el que la soldadura se realiza de forma circular en elementos cilíndricos, fijos o que se puedan fijar en algún soporte.

Es muy útil cuando los espacios donde se va a realizar el trabajo son reducidos o de formas complicadas.

Es muy empleada en soldadura de tuberías a tope, tanto manual como de forma automática, con viradores de velocidad regulable.

La calidad de este sistema de soldadura es excelente e ideal en industrias donde las uniones deban ser fiables.

En la soldadura orbital se puede lograr una automatización casi perfecta, reduciendo costes y consiguiendo soldaduras más limpias.

El sistema de soldadura orbital se compone de una fuente de alimentación y el cabezal de soldadura orbital.

La fuente de alimentación, con los parámetros de control de soldadura, controla el arco que permite la correcta fusión de los materiales y controla también la rotación del cabezal, además de la emisión de gas durante la soldadura.

Figura 8.11. Soldadura orbital.
Fuente: Lincoln.

Figura 8.12. Equipo de soldadura orbital.
Fuente: Lincoln.

Este tipo de soldadura se emplea en muchos tipos de industria como:

- Alimentaria.
- Bioquímica.
- Refrigeración y otras.
- Tuberías de todo tipo.

Los materiales, más usuales, en los que se aplica la soldadura orbital son:

- Acero.
- Acero inoxidable.
- Titanio.
- Aluminio.
- Aleaciones de níquel.
- Cobre.

Figura 8.13. Productos de acero inoxidable realizados por soldadura orbital. *Fuente: Lincoln.*

8.3. Ventajas e inconvenientes de la soldadura automatizada

Como en todos los procesos, no todo es fantástico. La automatización tiene sus ventajas y sus desventajas. A continuación, vamos a repasar cuáles son tanto unas como otras. Veremos para qué es buena y para qué no y cuáles son sus limitaciones.

8.3.1. Ventajas

Entre las ventajas más importantes que tienen los procesos de automatización de soldadura en atmósfera natural, cabe destacar:

- No hay paradas ni arranques, lo que favorece la continuidad de la soldadura.
- Un mayor rendimiento.
- Utilización de mayores intensidades de soldadura y, con ello, mayores velocidades de soldeo.
- No hay limitaciones impuestas por la destreza manual.
- No es necesaria una gran preparación de bordes.
- Menos defectos.
- Mayor uniformidad.

8.3.2. Inconvenientes

Los principales inconvenientes de los procesos de automatización son:

- Está limitada geométricamente, aunque cada vez se ensaya más y se consigue seguir contornos más complicados.
- Hay procesos limitados a una sola posición de soldadura.
- La composición y calidad del metal base toma mayor importancia debido a la dilución más elevada, consecuencia de las intensidades más altas y las preparaciones en los bordes más estrechas.
- Casi todas las variables de la soldadura deben ajustarse previamente.
- Se necesitan instalaciones y maquinarias más precisas y fiables.
- Los tiempos de preparación de las piezas, en general, son mayores.

Figura 8.14. Robot de soldadura por resistencia.

8.4. Medios de producción semiautomáticos y automáticos

En los procesos de soldeo donde la fuente necesita de un movimiento de trabajo, habrá que estudiar qué es mejor:

- Que se mueva la pieza a soldar.
- Que se mueva la fuente.

El primero de los casos suele ser para piezas pequeñas o para procesos de fabricación continua y el segundo suele ser para la soldadura de grandes masas y costuras muy largas, en los que es muy difícil el movimiento de las piezas. De todas formas, siempre, antes de instalar un sistema automático, es necesario hacer un estudio de los movimientos necesarios, qué se va a mover y cómo va a realizarse ese movimiento.

8.4.1. Movimientos de las piezas a soldar

Los movimientos de las piezas a soldar se realizarán con:

- Máquinas de fabricación continua.
- Mesas de coordenadas X-Y.
- Rodillos giratorios.
- Mesas giratorias o tornos.

8.4.2. Movimientos de la fuente de energía

El movimiento del cabezal de la fuente de energía se consigue de la siguiente manera:

- Carros que corren directamente sobre la pieza o sobre raíles soportados por la pieza.
- Cabezales autopropulsados o movidos independientemente.
- Manipuladores de columna y pluma que portan cabezales de soldadura.
- Puentes móviles.
- Pantógrafos o seguidores de levas.
- Soldadoras orbitales de tubos.
- Robots industriales y máquinas de control numérico.

8.5. Máquinas CNC

Las siglas CNC significan Control Numérico Computarizado, por tanto, cuando hablamos de este tipo de maquinaria, queremos decir que el control de las mismas deja de ser manual y pasa la máquina a realizar todos los movimientos y funciones de forma automática. Para ello, hay que programarla y esa programación la guarda, la interpreta y la ejecuta con la ayuda de un microprocesador.

Los microprocesadores de estas máquinas utilizan lenguajes de programación específicos para trabajos industriales y más sencillos de utilizar que los lenguajes informáticos. Los lenguajes más importantes empleados son los basados en la norma ISO.

En lenguaje ISO, se establece un sistema de introducción de medidas basado en un sistema de ejes ortogonales X, Y y Z, donde Z se hace coincidir con el movimiento principal de la máquina, la introducción de los movimientos se puede hacer en absoluta o incremental, o sea, tomando como referencia para todos los movimientos un origen (0,0) o programando cada movimiento desde el punto anteriormente programado.

Además de los movimientos, también se programa cómo deben hacerse esos movimientos, si son de posicionamiento, si son de trabajo, si son en línea recta o interpolando, etc. Estas son las denominadas funciones G (de geométricas).

También se programan las llamadas funciones M (de máquina), que son las destinadas a operaciones que tienen que realizar las máquinas, como cambio de herramienta o de algún parámetro de soldeo (cambio de intensidad, apertura o cierre de gases).

Por último, hay otros códigos que son propios de la programación, como inicio o fin de programa, número de operación, línea vacía, etcétera.

Para la confección de un programa ISO, se utilizan unas hojas de programación donde se van anotando todo lo que la máquina tiene que hacer de modo secuencial (Figura 8.15). Este es un ejemplo de una hoja simple, pero se pueden añadir muchas más funciones y cada una de estas sería una columna. Todas estas funciones tienen que estar en el orden establecido en la norma para que la máquina la entienda. El número de línea (N) se suele poner de diez en diez para poder insertar otras líneas en caso de necesidad.

Programación Nº:	Definición:	Hoja:
132	Soldadura puerta lateral derecho	2/5

Proceso de soldeo:	Máquina CNC:	Programador:
Soldadura por puntos	Brazo robot 16.4569	Antonio 2456783

N	Función	X	Y	Z	Observaciones
10	G01	30	20		
20	G08	50	40		
30	G08	60	50		
40	G01	90			
50					
60					

Figura 8.15. Hoja de programación CNC.

8.6. Robots de soldadura

Los robots de soldadura son máquinas CNC capaces de soldar de forma autónoma, además de provocar todos los movimientos necesarios, iniciar la soldadura y finalizarla sin intervención del soldador. A veces, también puede colocar la pieza y retirarla una vez soldada.

El procedimiento de soldeo puede ser variado (por resistencia, soldadura fuerte o blanda, arco, etc.).

Hay que diferenciar entre lo que es el proceso de soldeo propiamente dicho y lo que es el robot que controlará los movimientos necesarios y el resto de parámetros de la soldadura.

Los robots pueden presentar distintas formas:

- Puente sobre las piezas.
- Columna y pluma.
- Brazo robot.

Figura 8.16. Robots de soldadura.

La programación de robots se puede hacer igual que el resto de máquinas CNC, pero, debido a la complejidad que presenta el seguimiento de soldadura, se han desarrollado nuevos procedimientos de programación. De entre todos ellos, el que se muestra más eficaz es el *Play-back* o de enseñanza, en la que un soldador hace todos los movimientos de soldadura y posicionamiento con un estilete y el robot lo recuerda y es capaz de reproducirlo todas las veces que queramos. Algunos robots son más complejos aún y copian una soldadura hecha por un soldador, por lo que son capaces, además de copiar los movimientos, de copiar también el cambio de parámetros que el soldador haga durante el proceso de soldeo.

Además de su propio movimiento, los robots necesitan muchas veces de accesorios conectados a ellos para la manipulación de las piezas, tales como mesas giratorias, transportadores de cinta, mordazas hidráulicas, etc., y, en general, mecanismos que le faciliten el posicionado y la manipulación de las piezas. Una máquina automática.

AUTOMATIZACIÓN DE PROCESOS DE SOLDADURA EN ATMÓSFERA NATURAL

Tipos de automatización

- Soldadura manual
- Soldadura semiautomática
- Soldadura automática
- Soldadura CNC

Posibilidades de automatización de los procesos

- Soldadura eléctrica con electrodo revestido
- Soldadura oxigás
- Soldadura por resistencia
- Soldadura por fricción

Ventajas e inconvenientes de la soldadura automatizada

Medios de producción semiautomáticos y automáticos

- Movimientos de las piezas a soldar
- Movimientos de la fuente de energía

Máquinas CNC

Robots de soldadura

DE COMPROBACIÓN

8.1. ¿Qué posibilidades de automatización tiene la soldadura con electrodo revestido?

a) Muy pocas, porque hay que cambiar el electrodo continuamente.
b) Muchas, porque es fácil.
c) Depende del tipo de soldadura.
d) A veces puede ser rentable.

8.2. ¿Qué proceso en atmósfera natural tiene más posibilidades de ser automatizado?

a) La soldadura oxiacetilénica.
b) La soldadura por resistencia.
c) La soldadura de electrodo revestido.
d) La soldadura por explosión.

8.3. ¿Se puede automatizar la soldadura por fricción?

a) No.
b) A veces.
c) Sí, se automatiza muy bien.
d) Solo por control numérico.

8.4. ¿Qué significa CNC?

a) Controla Como Nunca.
b) Control Numérico Controlado.
c) Control Numérico Computarizado.
d) Computadora No Controlable.

8.5. ¿En qué lenguaje se programa una máquina CNC?

a) En lenguaje ISO.
b) En Cobol.
c) En Basic.
d) En ninguna, no es programable.

8.6. ¿Qué significa la letra G en programación ISO?

a) Función geográfica.
b) Función genérica.
c) Función general.
d) Función geométrica.

8.7. ¿Qué es la programación absoluta?

a) La que lo engloba todo.
b) La que tiene todo en cuenta.
c) La que programa desde un punto (0,0).
d) La que todas las medidas programadas parten de un punto (0,0).

8.8. ¿Qué es la programación incremental?

a) La que todas las medidas programadas parten del punto anterior.
b) La que va creciendo.
c) La que se incrementa a lo largo del programa.
d) La que empieza con las medidas más pequeñas.

8.9. ¿Qué es un robot de soldadura?

a) Una máquina CNC capaz de imitar todos los movimientos del soldador.
b) Una máquina automática.
c) Una imitación de una persona.
d) Una máquina que parece una persona.

8.10. ¿Qué es el *Play-back*?

a) Una forma de cantar.
b) Una manera de ver las piezas.
c) Un sistema de entrenamiento para soldadores.
d) Una manera de programar un robot de soldadura.

DE APLICACIÓN

8.1. Cita los niveles de automatización que se pueden considerar.

8.2. Indica si se puede automatizar la soldadura oxiacetilénica.

8.3. Enumera las ventajas de la soldadura automatizada.

8.4. Enumera también los inconvenientes de la misma.

8.5. Explica de qué manera se pueden mover las piezas en procesos de soldeo automatizados.

8.6. Nombra los procedimientos por los que se moverá la fuente de soldadura si es necesario que se mueva.

8.7. Describe qué es una máquina CNC.

8.8. Indica qué significa la letra M en programación ISO.

UNIDAD 9

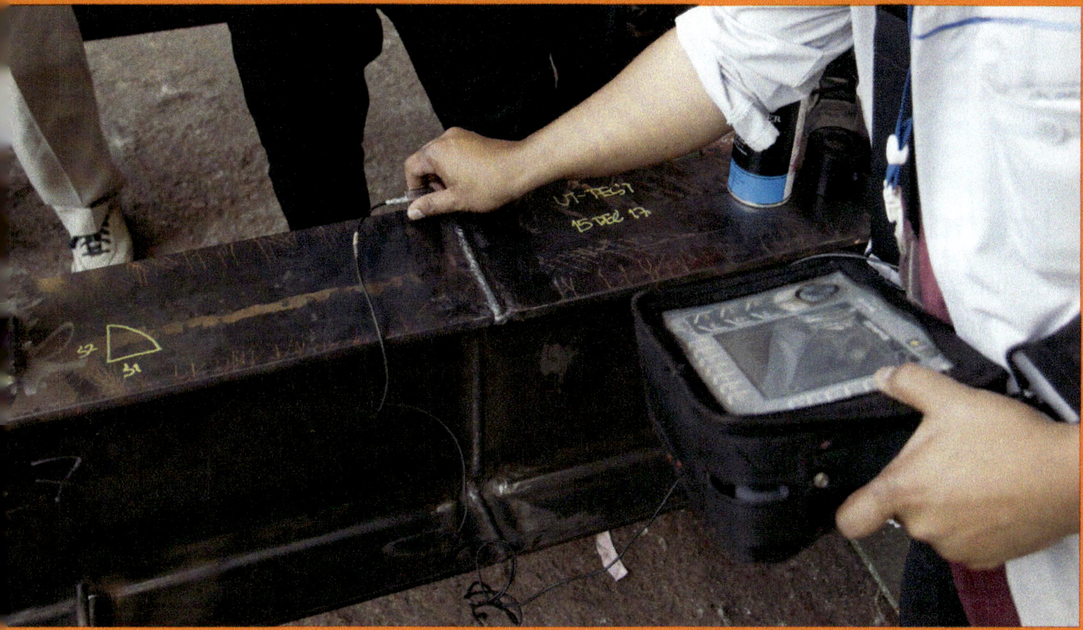

Cualificación y homologación de soldadores

Objetivos

- Conocer las cualificaciones profesionales en trabajos de soldadura.
- Saber cómo se homologa un proceso de soldadura.
- Identificar las variables de los procesos de homologación.
- Conocer cómo se homologa un soldador.

Contenidos

Introducción

Cuando alguien empieza a estudiar un módulo de soldadura, casi siempre se hace las mismas preguntas: ¿Qué hay que hacer para homologarse? Ser oficial de primera ¿es un título? ¿Qué son las cualificaciones?

Son preguntas naturales. En realidad, lo que se está preguntando es cómo se demuestra que uno sabe soldar.

Para contestar a estas preguntas y a alguna otra, vamos a conocer un poco la normativa europea al respecto y el catálogo nacional de cualificaciones profesionales.

Asimismo, vamos a ver cómo se hace la homologación de procesos y de soldadores.

9.1. Cualificación profesional

Se entiende por **cualificación profesional** al conjunto de competencias profesionales que una persona puede adquirir por formación y a través de la experiencia profesional.

Las **competencias profesionales** son el conjunto de conocimientos y habilidades que un trabajador tiene para desempeñar su trabajo. Estas, a su vez, se dividen en **unidades de competencia.**

El **catálogo nacional de cualificaciones profesionales** regula las distintas familias profesionales con sus profesiones y les asigna un código para que todo quede perfectamente definido.

Dentro de la familia profesional de fabricación mecánica, a la soldadura se le asigna el código **FME035_2.**

La competencia general, es decir, lo que define la profesión es:

Realizar soldaduras de acuerdo con las especificaciones de procedimientos de soldeo (WPS), con criterios de calidad, de seguridad y respeto al medioambiente.

La competencia general tiene las siguientes unidades de competencia:

- **UC 0098_2:** realizar soldaduras y proyecciones térmicas por oxigás.
- **UC 0099_2:** realizar soldaduras con arco eléctrico con electrodo revestido.

- **UC 0100_2:** realizar soldaduras con arco eléctrico bajo gas protector con electrodo no consumible (TIG).
- **UC 0101_2:** realizar soldaduras con arco eléctrico bajo gas protector con electrodo consumible (MIG-MAG) y proyecciones con arco eléctrico.

Dentro de cada familia profesional existen hasta cinco niveles de formación. Así, un auxiliar de soldadura tiene el nivel 1 y el soldador tiene el nivel 2; de ahí que todas las referencias terminen en _2.

9.2. Homologación de procesos

Cuando se pretende homologar soldadores, primero hay que **homologar un proceso,** es decir, hay que definir una serie de variables previamente como, por ejemplo:

- Proceso de soldeo.
- Tipo de unión.
- Materiales.
- Consumibles.
- Espesor de la chapa o pared del tubo.
- Posición de soldeo.

Teniendo en cuenta lo anterior se podría pedir, por ejemplo, una cualificación para «soldadores por arco con electrodo revestido, para uniones a tope, de acero al carbono con electrodo básico, en chapa de 14 milímetros, en posición vertical».

La norma **UNE-EN ISO 9606** es la que regula todos los aspectos sobre cualificación de soldadores.

Esta norma, bajo el título general de **cualificación de soldadores, soldeo por fusión,** consta de las siguientes partes:

- Parte 1. Aceros.
- Parte 2. Aluminio y aleaciones de aluminio.
- Parte 3. Cobre y aleaciones de cobre.
- Parte 4. Níquel y aleaciones de níquel.
- Parte 5. Titanio y aleaciones de titanio, circonio y aleaciones de circonio.

Para el cumplimiento de la norma UNE-EN ISO 9606 es necesario la consulta de toda la serie de normas ISO, referentes a soldadura, posiciones de soldeo, ensayos, etc., así como las referentes a términos y definiciones de soldadura, fabricante, examinadores, etcétera.

WPS ESPECIFICACIONES DEL PROCEDIMIENTO DE SOLDADURA

Nombre de la empresa: TESIS — Identificación No.: 1
Proceso(s) de soldadura: SMAW — Soporte del PQR No.: 1
TIPO: MANUAL ☒ SEMIAUTOMÁTICO ☐ AUTOMÁTICO ☐ — Revisión: ____ Fecha: ____ Por: ____
Soldador: Marcos Acosta (M A) — Autorizado por: ____

DISEÑO DE UNIÓN

Tipo de unión: a Tope
Tipo de soldadura: Ranura en V SIMPLE ☒ DOBLE ☐
Abertura de raíz: 3.2 mm Longitud de cara de Raiz: 3.2 mm
Ángulo de ranura: 60º Radio (J/U): -
Soporte: SÍ ☐ NO ☒ Material del soporte: -
Limpieza de raíz: SÍ ☒ NO ☐ Método: esmeril

POSICIÓN

RANURA 3G FILETE -
PLANCHA ☒ TUBERÍA ☐

CARACTERÍSTICAS ELÉCTRICAS

MODO DE TRANSFERENCIA (GMAW):
CORTO CIRCUITO ☐
GLOBULAR ☐
ESPRAY ☐

CORRIENTE: AC ☐ DCEP ☒ PULSO ☐ DCEN ☐

METALES BASE

	MB 1	MB 2
Grupo:	I	I
Especificación del acero:	ASTM A-131	ASTM A-131
Grado:	-	-
Espesor de plancha:	9.5mm (3/8")	9.5mm (3/8")
Diámetro (tubería):	-	-

TÉCNICA

APORTACIÓN: RECTA ☐ OSCILANTE ☒
PASE: SIMPLE ☐ MÚLTIPLE ☒
Limpieza entre pases: SI ☒ NO ☐ Método: esmeril

METAL DE APORTE

Especificación AWS: A 5.1
Clasificación AWS: E 6011 y E7018
Marca: INDURA
Tamaño del electrodo: 3.2 mm

PRECALENTAMIENTO

Temperatura de precalentamiento: -
Temperatura de interpase: -

PROTECCIÓN

Fundente: Revestimiento Gas: -
Composición: ____
Velocidad de flujo: ____
Tamaño de la boquilla: ____

POSTCALENTAMIENTO

Temperatura: -
Tiempo: -

PROCEDIMIENTO DE SOLDADURA

Pase	Proceso	Progresión	Metales de Aporte: Clase	Metales de Aporte: Diám. (mm)	Corriente: Tipo y Polaridad	Corriente: Amperaje (Amp)	Corriente: Voltaje (Volt)	Velocidad de alimentación del alambre (mm/min)	Velocidad de avance (mm/min)	Detalles de la Unión y Secuencia de soldadura
1	SMAW	ASCEND.	E 6011	3.2	DCEP	105	17-19		84	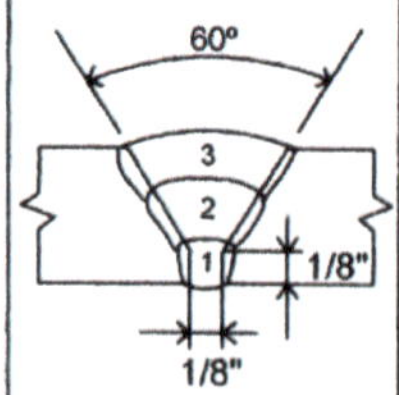
2	SMAW	DESCEN.	E 7018	3.2	DCEP	140	19-21		127	
3	SMAW	ASCEND.	E 7018	3.2	DCEP	140	19-21		64	

ELABORADO POR: ____ FECHA: ____
APROBADO POR: ____ COMPAÑÍA: ____

Figura 9.1. Ejemplo de WPS para la cualificación del procedimiento de soldadura.

9.3. Homologación de soldadores

Para cualificarse (**homologarse**) un soldador tiene que demostrar que tiene la destreza que le permita hacer una soldadura correcta según el proceso de soldeo previamente elegido.

Para ello tendrá que hacer una soldadura, según especificaciones sobre un **cupón,** que son las piezas que se sueldan.

Los ensayos para evaluar la destreza del soldador dependen de las técnicas de soldeo y de las condiciones utilizadas, que cumplirán con unas reglas uniformes, así como la utilización de cupones de ensayo normalizados.

Para las chapas se requieren cupones de una longitud mínima de 200 mm; la longitud de examen es de 150 mm. Para tubos con circunferencias menores de 150 mm se requieren cupones de ensayo adicionales, hasta un máximo de tres.

La forma y las dimensiones de los cupones de ensayo suelen ser las que se indican en las Figuras 9.2 a 9.5:

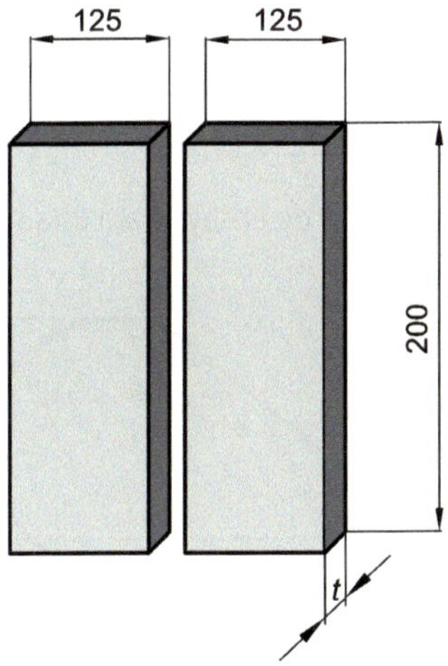

t: espesor del material del cupón de ensayo.

Figura 9.2. Dimensiones del cupón de ensayo para una soldadura a tope de chapa.

Recuerda que...

La homologación que se le da a un soldador no es un título y además tiene un período de caducidad relativamente breve. Uno se homologa para un procedimiento, si vas a trabajar en otra cosa es posible que tengas que hacer una nueva prueba de homologación.

Las categorías profesionales tampoco son títulos y se asignan según el trabajo a realizar. Puedes realizar en una empresa un trabajo complicado de oficial de primera y en la siguiente empresa que trabajes puede que tengas que hacer un trabajo que es para oficial de tercera, por lo que tu categoría bajará a oficial de tercera.

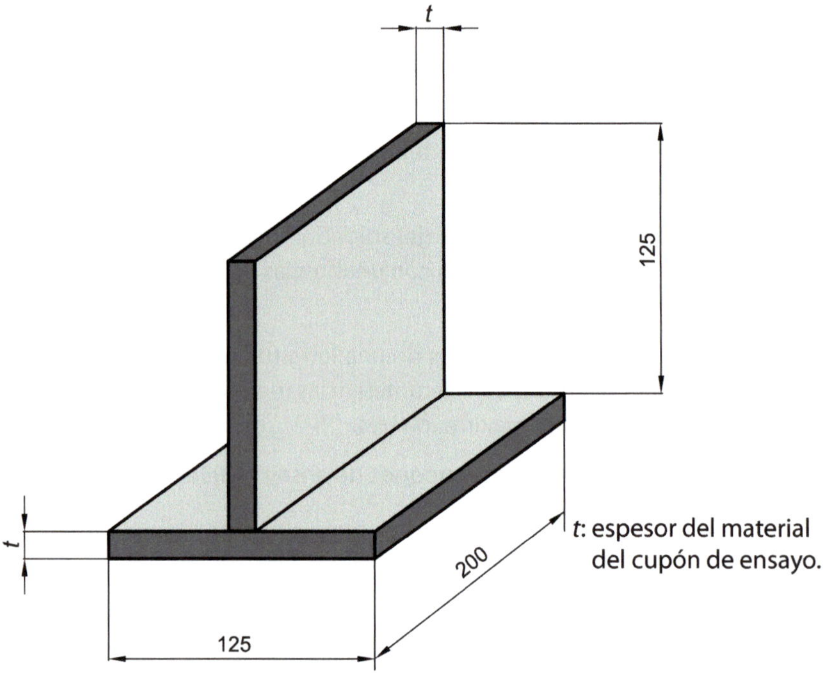

Figura 9.3. Dimensiones del cupón de ensayo para una soldadura en ángulo de chapa.

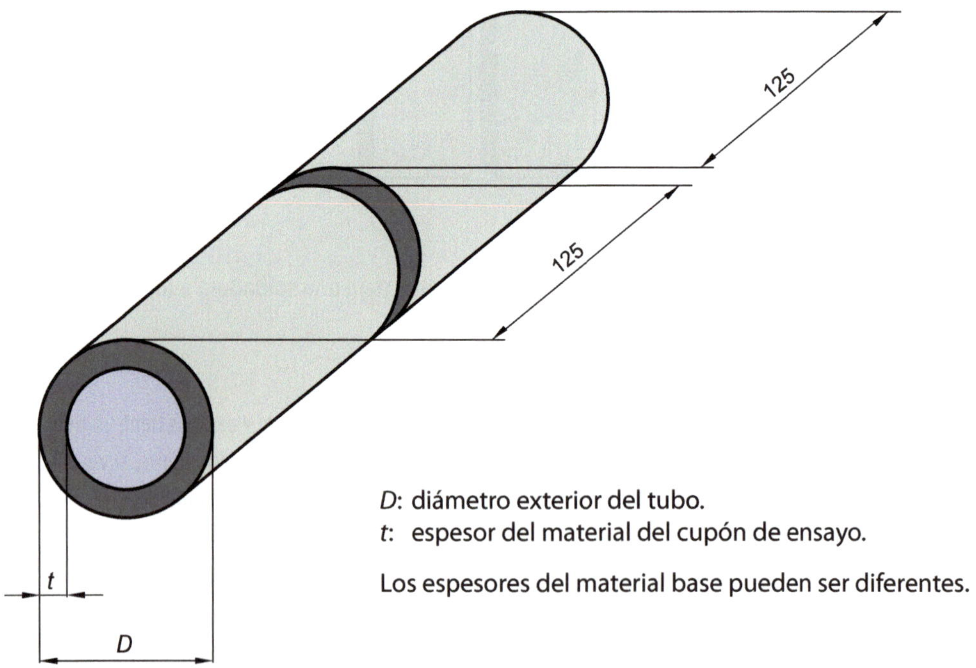

Figura 9.4. Dimensiones del cupón de ensayo para una soldadura a tope de tubo.

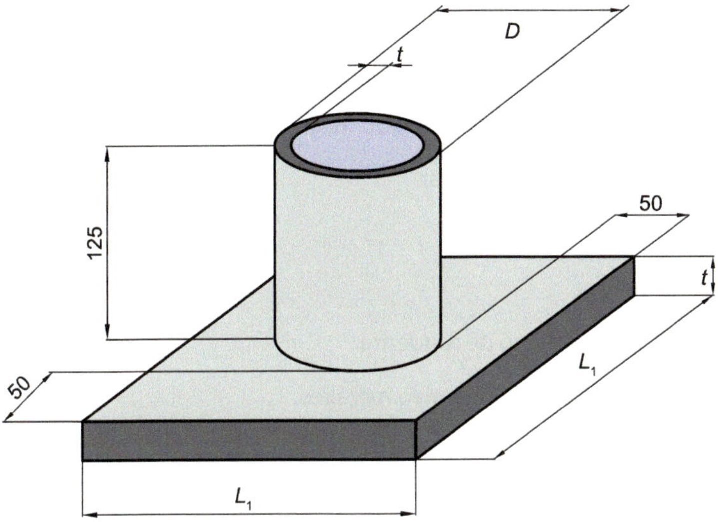

D: diámetro exterior del tubo.
L_1: longitud del cupón de ensayo.
t: espesor del material del cupón de ensayo.

Los materiales base pueden ser de espesores diferentes para tubo y chapa.

Figura 9.5. Dimensiones del cupón de ensayo para una soldadura en ángulo de tubo.

9.3.1. Condiciones de soldeo

La prueba de cualificación se debe realizar siguiendo una **pWPS** o **WPS,** preparada de acuerdo con las normas vigentes. El espesor de garganta en el cupón de ensayo de una unión en ángulo debe estar definido en la pWPS o WPS utilizada en la prueba.

Las condiciones de soldeo a aplicar son:

- El cupón de ensayo debe contener, al menos, una parada y un reinicio en la pasada de raíz y en la pasada de peinado y se deben identificar las zonas de parada y reinicio.
- Se debe permitir que el soldador pueda eliminar algunas imperfecciones con radial excepto en el peinado, siempre con el consentimiento de la persona u organismo examinador.
- El fabricante puede pedir la omisión de cualquier tratamiento térmico postsoldadura requerido en la pWPS o WPS.

9.3.2. Métodos de ensayo

Después del soldeo, el cupón de ensayo debe ensayarse de forma que, según el tipo de soldadura, se le aplique la inspección visual, examen radiográfico, ensayo de doblado y ensayo de rotura. Unos son obligatorios y otros, no. El primer paso es superar la inspección visual para poder realizar los ensayos adicionales.

9.3.3. Procesos de soldeo

A continuación, se exponen los números de referencia de los procesos de soldeo de la parte 1 de la norma UNE-EN ISO 9606 que cubren los procesos de soldeo manuales y parcialmente mecanizados:

- 111: soldeo por arco manual con electrodo revestido.
- 114: soldeo por arco con alambre tubular autoprotegido.
- 121: soldeo por arco sumergido con alambre de electrodo macizo.
- 125: soldeo por arco sumergido con alambre tubular.
- 131: soldeo MIG con alambre macizo.
- 135: soldeo MAG con alambre macizo.
- 136: soldeo MAG con alambre tubular relleno de fundente.
- 138: soldeo MAG con alambre tubular relleno de polvo metálico.
- 141: soldeo TIG con material de aporte macizo.
- 142: soldeo TIG autógeno.
- 143: soldeo TIG con material de aporte tubular.
- 145: soldeo TIG con gas reductor y material de aporte macizo.
- 15: soldeo por arco de plasma.
- 311: soldeo oxiacetilénico.

9.3.4. Variables esenciales y rango de cualificación

La cualificación del soldador se basa en **variables esenciales.** Para cada una de ellas se define un rango de cualificación. Si se tiene que soldar fuera del rango de cualificación, se necesita una nueva prueba.

Las variables esenciales son:

- Procesos de soldeo.
- Tipo de material (chapa o tubo).
- Tipo de soldadura (a tope o en ángulo).
- Grupo de material de aporte.
- Tipo de material de aporte.
- Dimensiones (espesores y diámetro de los tubos).
- Posición de soldeo.
- Otros detalles de la soldadura (material de respaldo, soldeo por un lado, soldeo por ambos lados, etc.).

9.3.5. Cualificación

La **cualificación** del soldador comienza desde la fecha de soldeo del cupón de ensayo, siempre que los ensayos requeridos se hayan realizado y los resultados sean aceptables.

Hay que confirmar el certificado cada 6 meses o perderá la validez.

Una persona u organismo examinador se encargará de realizar la renovación.

La habilidad del soldador se debe verificar periódicamente de las formas siguientes:

- El soldador debe ser reevaluado cada tres años.
- Cada dos años se deben ensayar por radiografía o ultrasonidos o mediante ensayos destructivos y registrar dos soldaduras realizadas durante los últimos seis meses. Las soldaduras ensayadas deben reproducir las condiciones de la primera prueba, excepto el espesor y el diámetro de tubo.
- El soldador estará **trabajando para el mismo fabricante** para el que se cualificó y es responsable de la fabricación del producto.
- El fabricante documenta que el soldador ha realizado soldaduras de calidad aceptables según las normas de aplicación.

Si existe una razón específica para cuestionar la habilidad del soldador para realizar soldaduras que cumplan los requisitos de calidad de las normas del producto, se debe revocar la cualificación que se está realizando, sin afectar a las demás cualificaciones no cuestionadas.

9.3.6. Certificaciones

La **supervisión** de las pruebas de evaluación y su posterior certificación serán hechas por una persona u organismo independiente.

Hay empresas que se dedican expresamente a estos trabajos de evaluación y certificación, tanto de procesos como de soldadores.

La persona que evalúa al soldador marcará el cupón antes de la soldadura y realizará las pruebas y ensayos que marque la norma a tal efecto.

Las **pruebas de cualificación** tienen que ser semejantes a las condiciones de la producción; de ahí que se homologue primero un procedimiento.

La realización de la prueba tiene que cumplir una serie de requisitos que figuran en la norma. Una vez realizada y ensayada la prueba, la entidad que la realiza emitirá el consiguiente informe.

En el certificado se deben registrar las variables no esenciales:

- Tipo de corriente y polaridad.
- Grupo de material base.
- Gas de protección.

Si se suelda más de un cupón de ensayo, se puede emitir un único certificado de cualificación del soldador en el que se combinen los rangos de cualificación de los cupones de ensayo individuales. En el certificado combinado se deben registrar las variables esenciales de ambos exámenes. Solo se permite que difiera una de las siguientes variables esenciales:

- Tipo de soldadura.
- Posición de soldeo.
- Espesor depositado.

9.3.7. Designación

La **designación** de la cualificación de un soldador debe contener los siguientes elementos y en el orden que a continuación se indica:

1. Procesos de soldeo.
2. Tipo de producto, chapa o tubo.
3. Tipo de soldadura, a tope o en ángulo.
4. Grupo de material de aporte o grupo de material base.
5. Tipos de material de aporte.
6. Dimensiones del cupón de ensayo.
7. Posiciones de soldeo, según ISO-6947.
8. Detalles de soldeo, material de respaldo, gas de respaldo, insertos consumibles, etcétera.

9.4. Consideraciones finales

Existe la creencia entre los que se inician en los trabajos de soldadura de que la homologación es como un título que uno adquiere y que le habilita para toda la vida, hasta el punto en que muchos, una vez terminado el curso de soldadura, pretenden pagarse ellos mismos la homologación.

Los trabajos de soldadura requieren de gran habilidad por parte del soldador. Esa habilidad no solo depende de sus conocimientos; también y, en gran medida, depende de su vista, de su pulso, de su capacidad de concentración, de su forma física, etc. Por eso, una cualificación solo tiene una validez de tres años, siempre y cuando no se esté sin soldar más de seis meses consecutivos.

Además, cuando hacemos una homologación, esta es para un tipo de trabajos muy concretos; en realidad, puede ser, por ejemplo, para «soldadura MIG-MAG de pletinas de 14 milímetros, en horizontal, a tope, de acero al carbono, con hilo tubular y dióxido de carbono». En cuanto que se cambie el consumible, la posición, el gas o cualquier otra cosa, la homologación ya no es válida.

En realidad, son las empresas las que, a requerimiento de la dirección del proyecto, homologan a sus trabajadores en determinados procesos de soldeo para hacer trabajos concretos.

De todas formas, no cabe duda que el haber estado homologado en cualquier procedimiento de soldadura es una excelente carta de presentación para cualquier soldador.

BUREAU VERITAS

REGISTRO DE CUALIFICACION DE SOLDADOR/OPERADOR
ASME IX, (QW -301)
WELDER OR WELDING OPERATOR PERFORMANCE QUALIFICATION

NOMBRE/NAME: F. RAMON OROZCO ROLDAN D.N.I.: **SELLO**/STAMP:
PROCESO(S)UTILIZADO(S) -WELDING PROCESS(ES) USED FCAW
PROCED.SOLDADURA UTILIZADO/WPS USED: FOR-TUB-98 **TIPO**/TYPE: Semiaut
MATERIAL(ES) BASE/BASE MATERIAL(S) WELDED: NAVAL A **ESPESOR**/THICK.
FABRICANTE/MANUFACTURER: 15 mm.
VARIABLES PARA CADA PROCESO, MANUAL O SEMIAUTOMATICO(QW-350)
MANUAL OR SEMIAUTOMATIC VARIABLES FOR EACH PROCESS

DESIGNACION *DESIGNATION*	**VALORES ACTUALES** *ACTUAL VALUES*	**RANGO DE CUALIFICACION** *RANGE QUALIFIED*
RESPALDO (M. BASE, M. SOLDADURA,SOLDAD. POR AMBOS LADOS, ETC) *BACKING (METAL, WELD M., WELD FROM BOTH SIDES ETC,(QW-402)*	SI	SI
Nº P, *P NUMBER* (QW-403)	1	P Nº 1 - P Nº 11, P Nº 34 Y P Nº 4X
DIAMETRO TUBO; *ENTER DIAMETER, IF PIPE*	N.A.	N.A.
CLAS. DENTRO DE ESPECIF. SFA DEL METAL DE APORTE (QW-404) *FILLER METAL SPECITICATION (SFA), CLASIFICATION (QW-404)*	SFA 5.20 E71T-1	SFA 5,2; 5,17; 5,9; 5,18; 5,22; 5,23 5,25; 5,26; 5,28; 5,29 Y 5,30
Nº F DEL METAL APORTACION/ *FILLER METAL F-No.*	6	TODOS LOS F Nº 6
VARIEDAD DE METAL DE APORTE PARA GTAW, PAW (QW-404) *FILLER METAL VARIETY FOR GTAW, PAW*	N.A.	N.A.
INSERCION DE CONSUMIBLE PARA GTAW O PAW *CONSUMABLE INSERT FOR GTAW OR PAW*	N.A.	N.A.
ESPESOR METAL DEPOSITADO PARA CADA PROCESO DE SOLDADURA *WELD DEPOSIT THICKNESS FOR EACH WELDING PROCESS*	18 mm.	36 mm.
POSICION DE SOLDEO/ *WELDING POSITION* (QW-405)	3G	F y V
PROGRESION DE SOLDADURA/ *PROGRESSION (UPHILL-DOWN HILL)*	ASCENDENTE	ASCENDENTE
GAS DE RESPALDO PARA GTAW, PAW O GMAW (QW-408) BACKING GAS FOR GTAW, PAW OR GMAW	N.A.	N.A.
TRANSFERENCIA EN GMAW/*TRANSFER MODE FOR GMAW* (QW-409)	N.A.	N.A.
CORRIENTE-POLAR. PARA GTAW/*GTAW WELDING CURRENT-POLARITY*	N.A.	N.A.

VARIABLES PARA SOLDADURA MECANIZADA/ MACHINE WELDING VARIABLES (QW-360): N.A.

CONTROL VISUAL DIRECTO-REMOTO/*DIRECT-REMOTE VISUAL CONTROL*		
CONTROL DEL VOLTAGE AUTOM./*AUTOMATIC VOLTAGE CONTROL (GTAW)*		
ARRASTRE DE LA JUNTA AUTOMATICO/AUTOMATIC JOINT TRACKING		
POSICION DE SOLDADURA/*WELDING POSITION*		
INSERCION DE COMSUMIBLE/*CONSUMABLE INSERT*		
RESPALDO/*BACKING*		

RESULTADOS DE ENSAYOS DE DOBLADO/*GUIDED BEND TEST RESULTS* NO

TIPO DE DOBLADO GUIDED BEND TESTS TYPE	RESULT. D. LATERALES (QW-462.2) (SIDE) RESULTS (QW-462.2)	TRANSV. CARA-RAIZ TRANS. R AND F. (QW-462.3a)	LONG CARA-RAIZ LONG. F. AND R. (QW-462.3 b)

EXAMEN VISUAL /*VISUAL EXAMINATION (QW-302.4)* SATISFACTORIO
RADIOGRAFICO/*RADIOGRAPHIC (QW-304, QW-305)* SATISFACTORIO
SOLDADURA ANGULO/FILLET WELD: N.A.
ENSAYO FRACTURA/FRACTURE TEST LONGITUD Y % DEFECTOS/LENGTH AND % OF DEFECTS
MACRO TAMAÑO CORDON/FILLET LEG SIZE CONCAVIDAD-CONVEXIDAD/CONCAVITTY/CONVEXITY
ENSAYOS DE SOLD. CONDUCIDOS POR/*WELDING TEST CONDUCTED BY:* JUAN JOSÉ PARRADO ORTIZ
ENSAYOS MECANICOS CONDUCIDOS POR/*MECHANICAL TEST CONDUCTED BY:*

CERTIFICAMOS QUE LAS DECLARACIONES DE ESTE REGISTRO SON CORRECTAS Y QUE LOS CUPONES FUERON PREPARADOS, PREPARADOS, SOLDADOS Y ENSAYADOS SEGUN REQUISITOS DE ASME IX
WE HEREBY CERTIFY THAT THE STATEMENTS IN THIS RECORD ARE CORRECT AND THE TESTS COUPONS WERE PREPARED, WELDED AND TESTED IN ACCORDANCE WITH REQUIRIMENTS OF ASME IX.

EMPRESA/*COMPANY:* FECHA/*DATE:* 09 de Mayo de 2003

BUREAU VERITAS ESPAÑOL, S.A.-AVDA. REINO UNIDO EDIF. ADYTEC, 1ª PLANTA. TFNO.: 95 4655261; FAX: 95 4647964

Figura 9.6. Certificado de homologación.

CUALIFICACIÓN Y HOMOLOGACIÓN DE SOLDADORES

- Cualificación profesional
- Homologación de procesos
- Homologación de soldadores
  - Condiciones de soldeo
  - Métodos de ensayo
  - Procesos de soldeo
  - Variables esenciales y rango de cualificación
  - Cualificación
  - Certificaciones
  - Designación
- Consideraciones finales

DE COMPROBACIÓN

9.1. ¿Cuál es la competencia general en soldadura?

a) Soldar.
b) Dejar los cordones bien rematados.
c) Realizar soldaduras de acuerdo con las especificaciones de procedimientos de soldeo con criterios de calidad, de seguridad y respeto al medioambiente.
d) Realizar soldaduras de calidad.

9.2. ¿Cuántas unidades de competencia tiene la soldadura?

a) Una.
b) Dos.
c) Tres.
d) Cuatro.

9.3. ¿Qué quieren decir las siglas WPS?

a) Especificaciones del proceso de soldeo.
b) Especificaciones para soldar.
c) Experiencia para soldadores.
d) Exigencias para soldadura

9.4. ¿Qué tipo de datos se indican en las especificaciones del proceso de soldeo?

a) Las posiciones de soldadura.
b) Los personales del profesional que se homologa.
c) Los requisitos de la probeta.
d) Todos los necesarios para realizar un tipo de soldadura.

9.5. ¿Qué es un cupón de prueba?

a) Un documento que indica cómo se realiza una prueba.
b) El resguardo de la prueba.
c) Las piezas que se van a soldar.
d) La pieza que se hace antes de la prueba para ensayar.

9.6. ¿De dónde se obtiene la probeta de ensayo?

a) Del cupón de prueba.
b) Del cordón.
c) De cualquier soldadura.
d) De los ensayos.

9.7. ¿Quién certifica la homologación de los soldadores?

a) Los profesores de soldadura.
b) Los examinadores.
c) Una empresa independiente.
d) La empresa en la que se está trabajando.

9.8. ¿Qué se homologa primero, el proceso o el soldador?

a) El proceso.
b) El soldador.
c) Ambos.
d) Ninguno de los dos.

9.9 Una vez terminado el tiempo de validez del certificado, ¿qué valor tiene este?

a) Ninguno.
b) Tiene un valor incalculable.
c) Da una idea de la calidad y la experiencia del soldador.
d) Sirve para poco.

9.10 ¿Cuánto tiempo de validez tiene un certificado de homologación?

a) Un año.
b) Dos años.
c) Tres años.
d) Seis meses.

DE APLICACIÓN

9.1. ¿Qué se entiende por cualificación profesional?

9.2. ¿Qué son las competencias profesionales?

9.3. ¿Qué es el catálogo nacional de cualificaciones profesionales?

9.4. Indica qué tiene que hacer un soldador para homologarse.

9.5. ¿Qué es el rango de cualificaciones?

9.6. Enumera y define las unidades de competencia de soldadura.

9.7. Dibuja y dimensiona los distintos cupones de prueba que se utilizan.

9.8. Indica cuáles son las condiciones de soldeo a aplicar en un proceso de homologación.

9.9. ¿Qué ensayos se le hacen al cupón de homologación?

9.10. Indica cuáles son las variables esenciales para realizar la cualificación de soldadores.

9.11. ¿De qué forma se debe verificar periódicamente la habilidad de un soldador?

9.12. Señala qué elementos debe contener la designación de la cualificación de un soldador.

PRÁCTICAS 1

Prácticas de soldadura eléctrica por arco con electrodo revestido

Objetivos

- Utilizar las máquinas para soldadura.
- Conocer los consumibles del proceso.
- Realizar soldadura eléctrica con electrodos.
- Realizar el mantenimiento de primer nivel de herramientas y equipos.
- Aprender a montar las piezas y prepararlas antes y después de la soldadura.
- Participar en el reciclado de materiales, limpieza y orden del taller.
- Utilizar y tomar conciencia de la importancia de los EPI.

Contenidos

Ejercicios prácticos de soldadura eléctrica con electrodo revestido en todas las posiciones

Introducción

En esta unidad didáctica se proponen las prácticas de soldadura eléctrica por arco con electrodo revestido.

Antes de empezar a trabajar estudia con atención la información técnica que se acompaña, sigue las instrucciones, mira bien el croquis de fabricación y pregunta al profesor si tienes alguna duda.

Aprovecha bien todos los recursos. En soldadura lo más importantes es practicar mucho, eso es lo que da la destreza.

Proceso de soldeo de materiales planos de acero al carbono

Para soldar acero al carbono se procederá de la siguiente forma:

1. Lee detenidamente la Unidad 4. Soldadura eléctrica por arco con electrodo revestido.
2. Presta mucha atención a las explicaciones sobre el equipo que dará el profesor.
3. Lee el proceso de soldeo detenidamente.
4. Respeta las dimensiones de las piezas de chapa o tubo que se especifican en el proceso de soldeo.
5. Elimina las rebabas después del corte.
6. Limpia la pieza de óxidos, grasas o impurezas.
7. Alinea bien las piezas y puntéalas empezando por el centro.
8. Colócate en una posición cómoda.
9. Realiza el cordón.
10. Límpialo con cepillo de alambre para ver bien el cordón.
11. Si es necesario repetir la soldadura, no te preocupes, se aprende a soldar, soldando mucho.
12. Termina siempre las piezas, aunque el principio no te haya salido bien.

Preparación de puentes y apéndices

Para la correcta soldadura de algunas piezas entre las que hay que dejar una separación para conseguir la penetración hay que preparar unos útiles que llamamos puentes. Es muy importante que los puentes se construyan correctamente y con el material adecuado ya que si no las dilataciones que se producen por el calor de la soldadura harán que se cierre la separación entre piezas y no habrá penetración. Los puentes se puntean solo por un lado para poder quitarlos, repasar y reutilizar. Para las piezas que tenemos programadas se construirán según las Figuras 1 y 2.

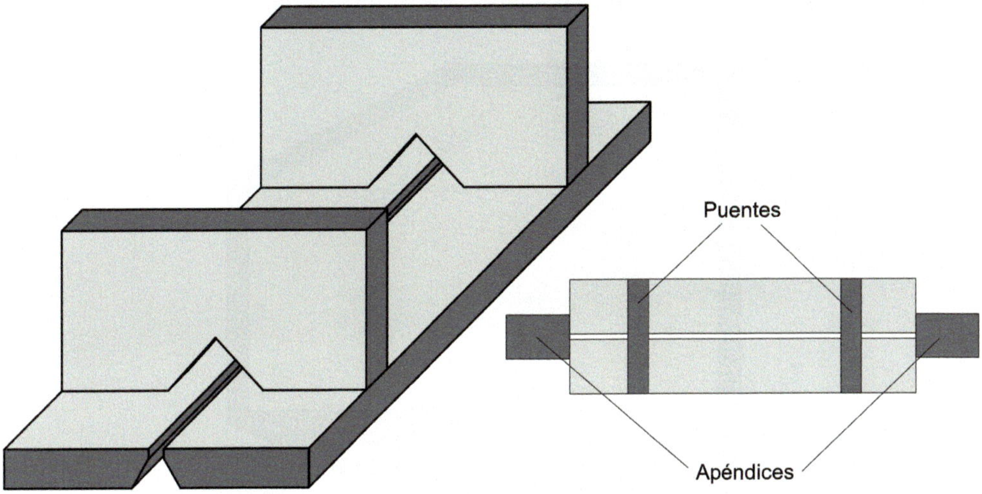

Figura 1. Puentes para soldadura con penetración.

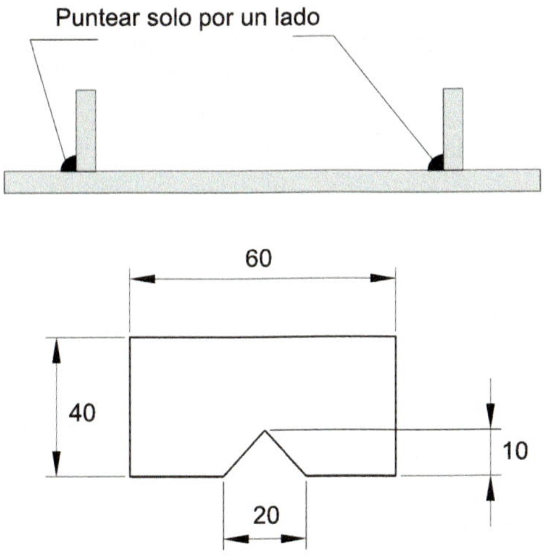

Figura 2. Dimensiones aproximadas de los puentes. El espesor de la pletina, en nuestro caso, será de 8 mm (estas dimensiones varían según el espesor y la longitud del material a soldar).

A veces, es necesario tener un buen final y principio de cordón. Para eso se pueden colocar unos trozos de pletina punteadas al principio y al final para iniciar y finalizar el cordón fuera de la pieza. Este material adicional, que luego se elimina, se le llama **apéndice.**

Tipos y posiciones de soldadura. Aspectos que recordar

Las posiciones de soldeo se van a denominar según el movimiento que tenga que realizar el soldador sobre los distintos planos del espacio. Si imaginamos una habitación que, evidentemente no se mueve, se podrá soldar en el techo, en el suelo, o en las paredes. Y si se suelda, por ejemplo, en las paredes, se podrá hacer hacia un lado, hacia arriba o hacia abajo. Todas estas son las **posiciones** de soldadura. En la Figura 3 podemos observar las distintas posiciones.

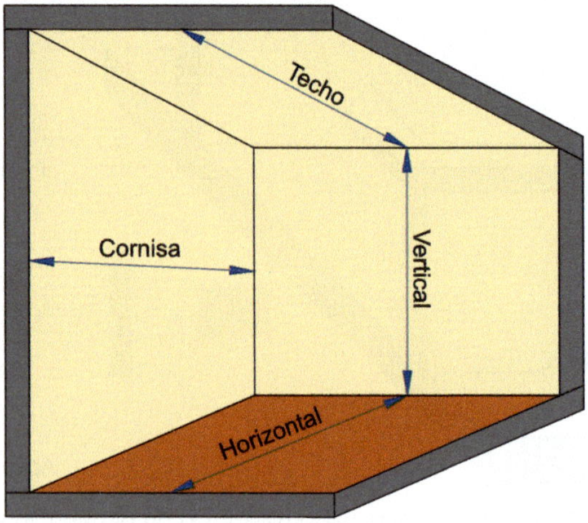

Figura 3. Posiciones de soldeo.

La designación normalizada de las posiciones de soldadura se hace de forma diferente en Europa y América.

La norma europea (EN) designa las posiciones según la Figura 4.

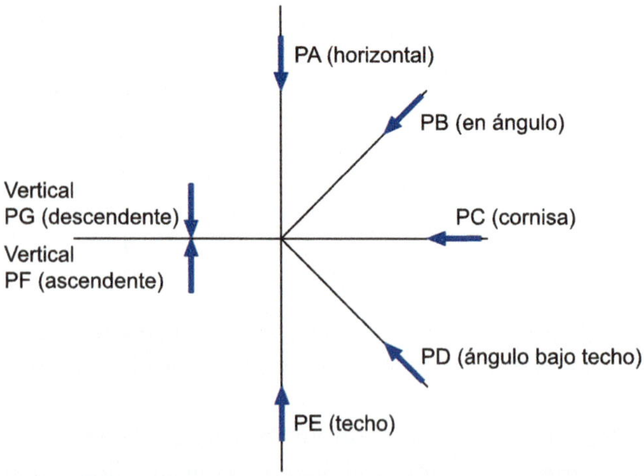

Figura 4. Posiciones según la norma europea (EN).

La normativa que regula las posiciones de soldadura en América es la ASME. Para la designación se nombra por F todas las soldaduras que se hacen sobre piezas dispuestas en ángulo, y se nombran por G todas las soldaduras que se hacen a tope. Delante de estas letras se pone un número que nos indica si la soldadura es en horizontal, en cornisa, en vertical, en techo u otras posiciones.

Las Figuras 5 y 6 muestran unos ejemplos de las dos denominaciones.

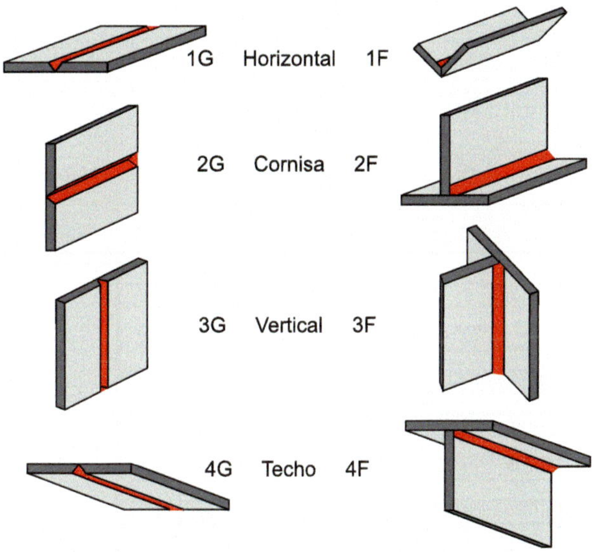

Figura 5. Posiciones según ASME en piezas planas.

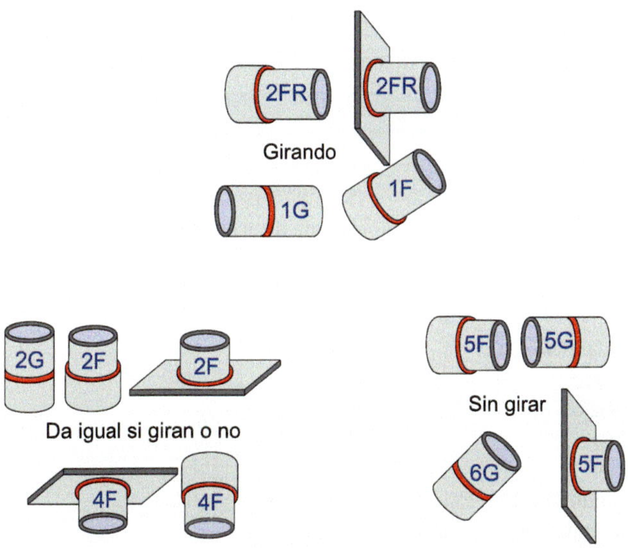

Figura 6. Posiciones según ASME en tuberías.

SOLDADURA EN ATMÓSFERA NATURAL

EJERCICIO N.º: 1	DENOMINACIÓN: depósito de cordones

DISEÑO DE JUNTA:

SECUENCIA DE SOLDEO:

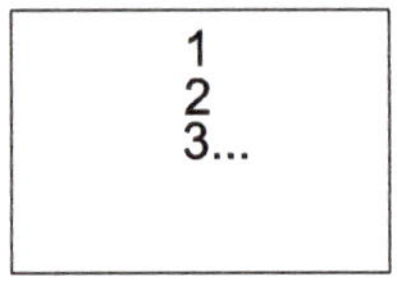

CROQUIS:

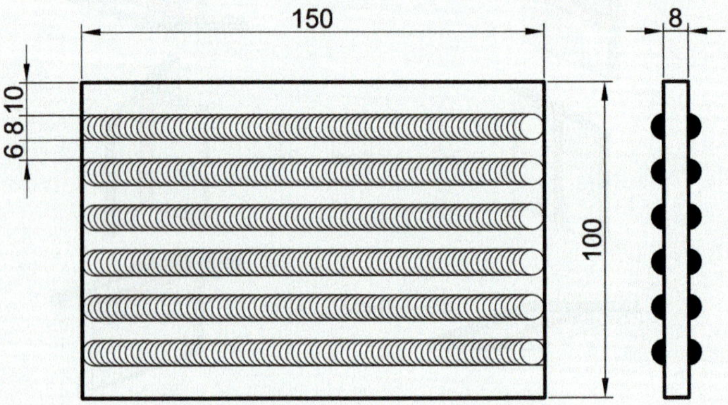

OBJETIVO: realizar con soltura cordones rectos en posición horizontal, empezando y terminando en los bordes.

INFORMACIÓN TÉCNICA

• Proceso de soldeo:	Soldadura eléctrica con electrodo revestido
• Designación normalizada (AWS/EN):	SMAW/111
• Material base:	Pletina de acero de 150 x 100 x 8
• Tipo de soldadura:	Depósito de cordones
• Corriente/polaridad:	Corriente continua/polaridad directa
• Posición:	Horizontal
• Posición normalizada (AWS/EN):	1G/PA
• Movimiento de avance:	A derechas
• Movimiento de trabajo:	Rectilíneo
• Número de pasadas:	1
• Número de cordones:	6
• Diámetro del electrodo (mm):	2,5
• Designación normalizada del electrodo:	E-6013
• Rango de intensidad:	70-90 amperios

SOLDADURA EN ATMÓSFERA NATURAL

EJERCICIO N.º: 2	DENOMINACIÓN: cordones anchos en horizontal

DISEÑO DE JUNTA:

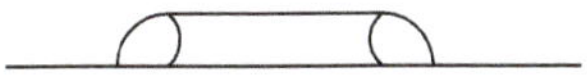

SECUENCIA DE SOLDEO:

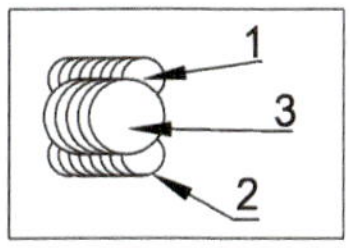

CROQUIS:

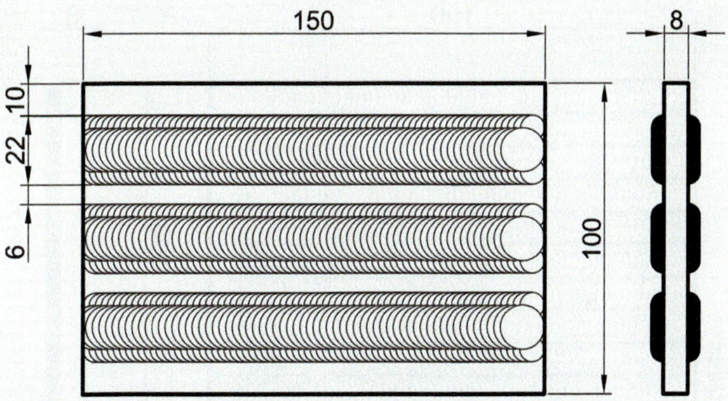

OBJETIVO: realizar cordones anchos en posición horizontal, empezando y terminando en los bordes.

INFORMACIÓN TÉCNICA

• Proceso de soldeo:	Soldadura eléctrica con electrodo revestido
• Designación normalizada (AWS/EN):	SMAW/111
• Material base:	Pletina de acero de 150 x 100 x 8
• Tipo de soldadura:	Depósito de cordones y recargue
• Corriente/polaridad:	Corriente continua/polaridad directa
• Posición:	Horizontal
• Posición normalizada (AWS/EN):	1G/PA
• Movimiento de avance:	A derechas
• Movimiento de trabajo:	Recto y en zigzag
• Número de pasadas:	1
• Número de cordones:	9
• Diámetro del electrodo (mm):	2,5 y 3,25
• Designación normalizada del electrodo:	E-6013
• Rango de intensidad:	70-100 amperios

SOLDADURA EN ATMÓSFERA NATURAL

EJERCICIO N.º: 3	DENOMINACIÓN: recargue en horizontal

DISEÑO DE JUNTA:

SECUENCIA DE SOLDEO:

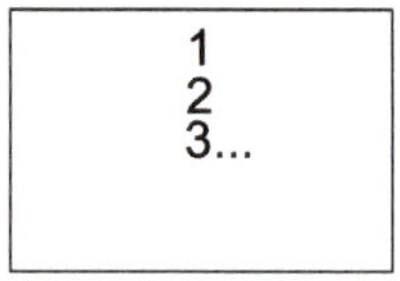

CROQUIS:

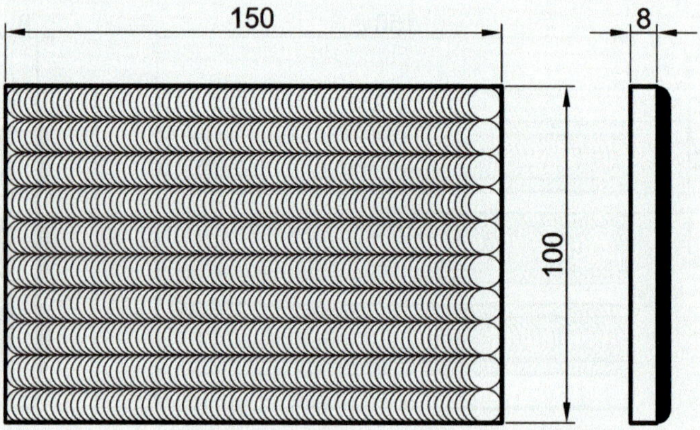

OBJETIVO: realizar con soltura recargues en horizontal.

INFORMACIÓN TÉCNICA

• Proceso de soldeo:	Soldadura eléctrica con electrodo revestido
• Designación normalizada (AWS/EN):	SMAW/111
• Material base:	Pletina de acero de 150 x 100 x 8
• Tipo de soldadura:	Depósito de cordones
• Corriente/polaridad:	Corriente continua/polaridad directa
• Posición:	Horizontal
• Posición normalizada (AWS/EN):	1G/PA
• Movimiento de avance:	A derechas
• Movimiento de trabajo:	Rectilíneo
• Número de pasadas:	1
• Número de cordones:	10
• Diámetro del electrodo (mm):	3,25
• Designación normalizada del electrodo:	E-6013
• Rango de intensidad:	80-110 amperios

SOLDADURA EN ATMÓSFERA NATURAL

EJERCICIO N.º: 4	DENOMINACIÓN: soldadura en ángulo interior

DISEÑO DE JUNTA:

SECUENCIA DE SOLDEO:

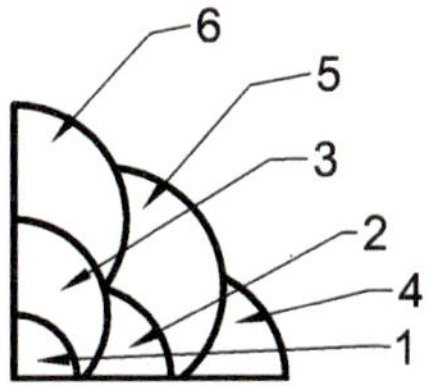

CROQUIS:

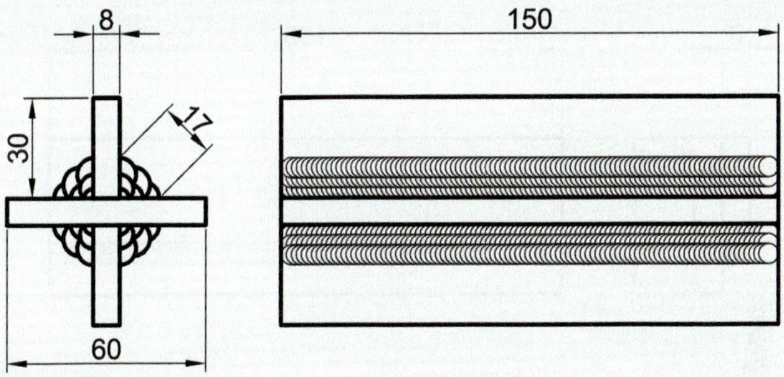

OBJETIVO: realizar soldaduras en ángulos interiores (en rincón).

INFORMACIÓN TÉCNICA

- Proceso de soldeo: Soldadura eléctrica con electrodo revestido
- Designación normalizada (AWS/EN): SMAW/111
- Material base: 2 pletinas de acero de 150 x 30 x 8
- Tipo de soldadura: En ángulo (en esquina y rincón)
- Corriente/polaridad: Corriente continua/polaridad directa
- Posición: Horizontal
- Posición normalizada (AWS/EN): 2F/PB
- Movimiento de avance: A derechas
- Movimiento de trabajo: Recto o pequeño zigzag
- Número de pasadas: 6
- Número de cordones: 24
- Diámetro del electrodo (mm): 3,25
- Designación normalizada del electrodo: E-6013
- Rango de intensidad: 80-100 amperios

SOLDADURA EN ATMÓSFERA NATURAL

EJERCICIO N.º: 5	DENOMINACIÓN: soldadura a solape horizontal

DISEÑO DE JUNTA:

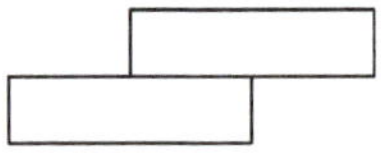

SECUENCIA DE SOLDEO:

CROQUIS:

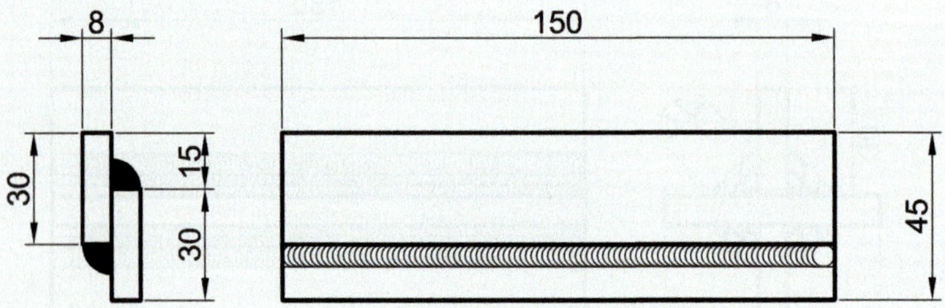

OBJETIVO: realizar soldadura de pletinas a solape en horizontal.

INFORMACIÓN TÉCNICA

• Proceso de soldeo:	Soldadura eléctrica con electrodo revestido
• Designación normalizada (AWS/EN):	SMAW/111
• Material base:	Pletina de acero de 150 x 100 x 8
• Tipo de soldadura:	A solape
• Corriente/polaridad:	Corriente continua/polaridad directa
• Posición:	Horizontal
• Posición normalizada (AWS/EN):	2F/PB
• Movimiento de avance:	A derechas
• Movimiento de trabajo:	Rectilíneo
• Número de pasadas:	1
• Número de cordones:	2
• Diámetro de electrodo (mm):	3,25
• Designación normalizada del electrodo:	E-6013
• Rango de intensidad:	90-110 amperios

SOLDADURA EN ATMÓSFERA NATURAL

EJERCICIO N.º: 6	DENOMINACIÓN: soldadura a tope horizontal

DISEÑO DE JUNTA:

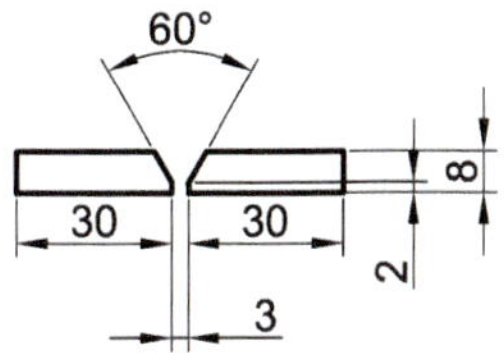

SECUENCIA DE SOLDEO:

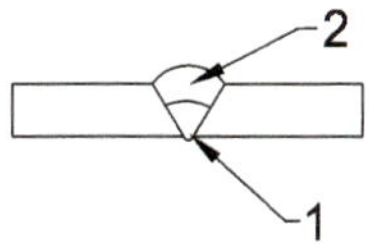

CROQUIS:

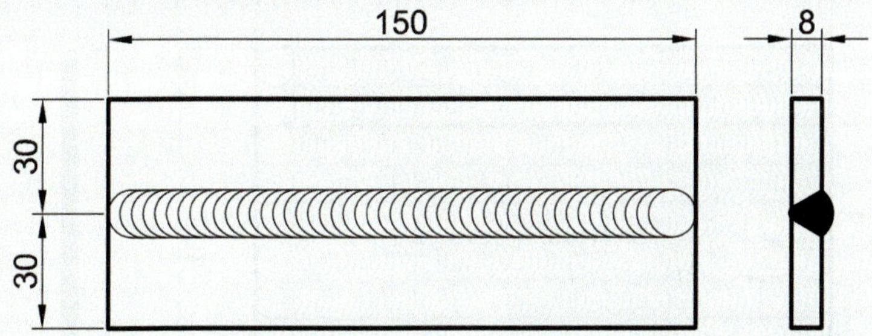

OBJETIVO: realizar uniones a tope, con penetración, en horizontal.

INFORMACIÓN TÉCNICA

• Proceso de soldeo:	Soldadura eléctrica con electrodo revestido
• Designación normalizada (AWS/EN):	SMAW/111
• Material base:	2 pletinas de acero de 150 x 30 x 8
• Tipo de soldadura:	A tope con penetración
• Corriente/polaridad:	Corriente continua/polaridad directa
• Posición:	Horizontal
• Posición normalizada (AWS/EN):	1G/PA
• Movimiento de avance:	A derechas
• Movimiento de trabajo:	Rectilíneo en círculos o zigzag
• Número de pasadas:	2
• Número de cordones:	1
• Diámetro del electrodo (mm):	2,5
• Designación normalizada del electrodo:	E-6013
• Rango de intensidad:	70-90 amperios

SOLDADURA EN ATMÓSFERA NATURAL

EJERCICIO N.º: 7 | **DENOMINACIÓN:** recargue en cornisa

DISEÑO DE JUNTA:

SECUENCIA DE SOLDEO:

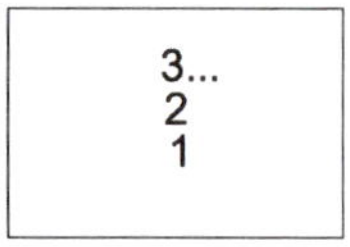

CROQUIS:

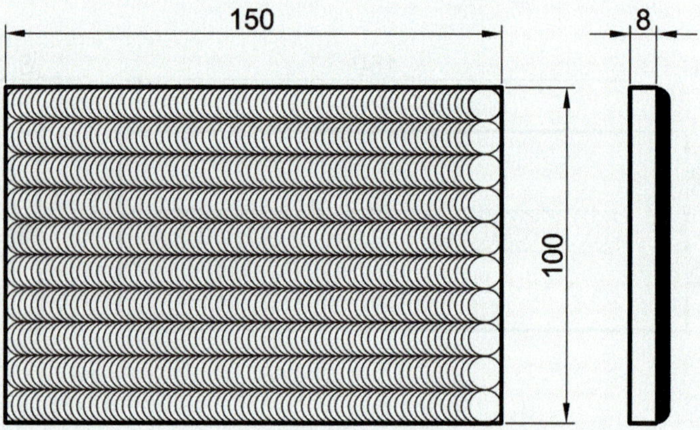

OBJETIVO: realizar con soltura recargues en cornisa.

INFORMACIÓN TÉCNICA

• Proceso de soldeo:	Soldadura eléctrica con electrodo revestido
• Designación normalizada (AWS/EN):	SMAW/111
• Material base:	Pletina de acero de 150 x 100 x 8
• Tipo de soldadura:	Depósito de cordones
• Corriente/polaridad:	Corriente continua/polaridad directa
• Posición:	Cornisa
• Posición normalizada (AWS/EN):	2G/PB
• Movimiento de avance:	A derechas
• Movimiento de trabajo:	Rectilíneo
• Número de pasadas:	1
• Número de cordones:	10
• Diámetro del electrodo (mm):	3,25
• Designación normalizada del electrodo:	E-6013
• Rango de intensidad:	70-90 amperios

SOLDADURA EN ATMÓSFERA NATURAL

EJERCICIO N.º: 8 | **DENOMINACIÓN:** soldadura en cornisa

DISEÑO DE JUNTA:

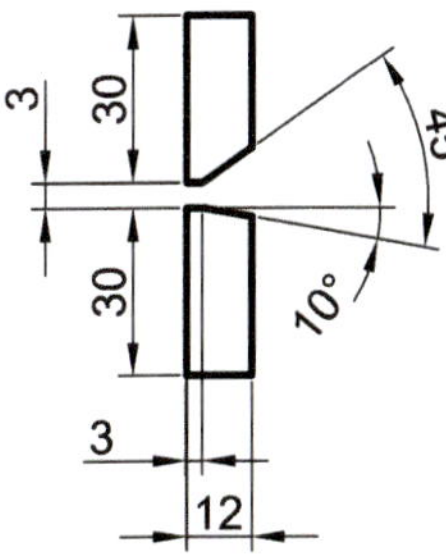

SECUENCIA DE SOLDEO:

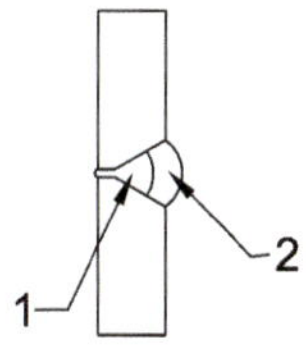

CROQUIS:

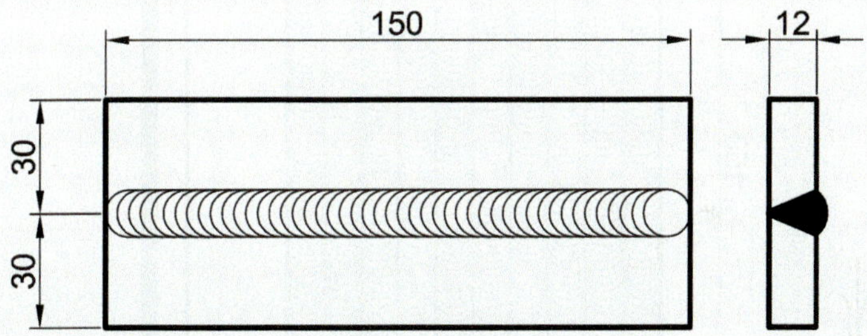

OBJETIVO: realizar soldadura de pletinas en cornisa.

INFORMACIÓN TÉCNICA

• Proceso de soldeo:	Soldadura eléctrica con electrodo revestido
• Designación normalizada (AWS/EN):	SMAW/111
• Material base:	2 pletinas de acero de 150 x 30 x 8
• Tipo de soldadura:	A tope
• Corriente/polaridad:	Corriente continua/polaridad directa
• Posición:	Cornisa
• Posición normalizada (AWS/EN):	2G/PC
• Movimiento de avance:	A derechas
• Movimiento de trabajo:	Rectilíneo
• Número de pasadas:	2
• Número de cordones:	1
• Diámetro del electrodo (mm):	3,25
• Designación normalizada del electrodo:	E-6013
• Rango de intensidad:	80-100 amperios

SOLDADURA EN ATMÓSFERA NATURAL

EJERCICIO N.º: 9	DENOMINACIÓN: recargue en vertical

DISEÑO DE JUNTA:

SECUENCIA DE SOLDEO:

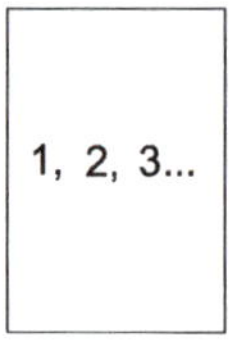

CROQUIS:

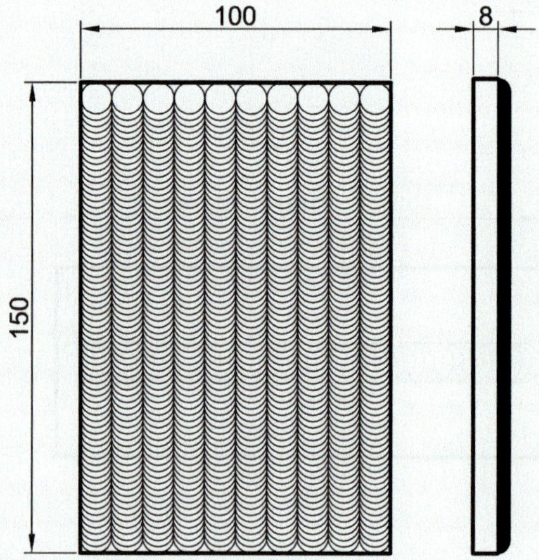

OBJETIVO: realizar con soltura recargues en vertical.

INFORMACIÓN TÉCNICA

• Proceso de soldeo:	Soldadura eléctrica con electrodo revestido
• Designación normalizada (AWS/EN):	SMAW/111
• Material base:	Pletina de acero de 150 x 100 x 8
• Tipo de soldadura:	Depósito de cordones
• Corriente/polaridad:	Corriente continua/polaridad directa
• Posición:	Vertical
• Posición normalizada (AWS/EN):	3G/PC
• Movimiento de avance:	Ascendente
• Movimiento de trabajo:	Rectilíneo o zigzag
• Número de pasadas:	1
• Número de cordones:	10
• Diámetro del electrodo (mm):	3,25
• Designación normalizada del electrodo:	E-6013
• Rango de intensidad:	70-90 amperios

SOLDADURA EN ATMÓSFERA NATURAL

EJERCICIO N.º: 10	DENOMINACIÓN: soldadura a tope en vertical

DISEÑO DE JUNTA:

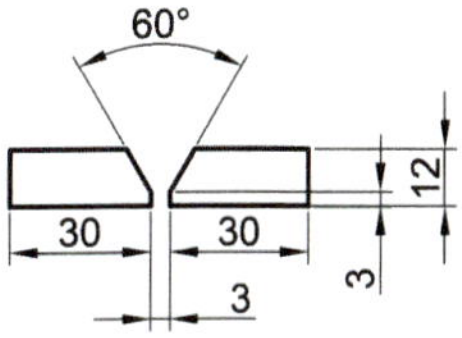

SECUENCIA DE SOLDEO:

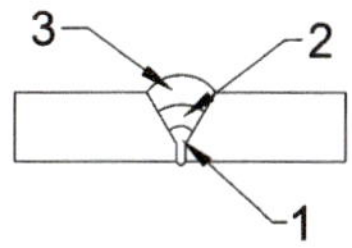

CROQUIS:

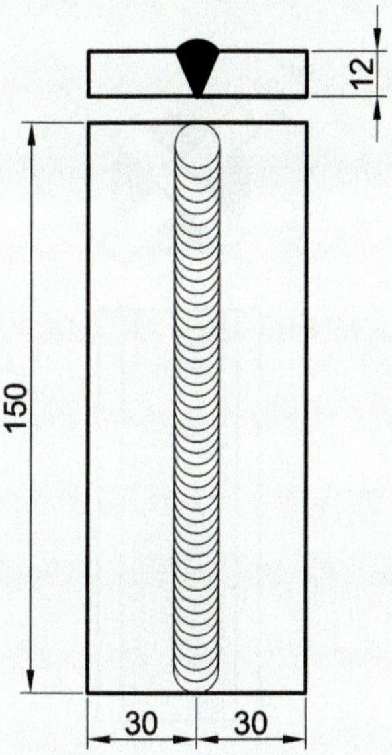

OBJETIVO: realizar soldaduras a tope vertical ascendente.

INFORMACIÓN TÉCNICA

• Proceso de soldeo:	Soldadura eléctrica con electrodo revestido
• Designación normalizada (AWS/EN):	SMAW/111
• Material base:	Pletina de acero de 150 x 100 x 12
• Tipo de soldadura:	Depósito de cordones
• Corriente/polaridad:	Corriente continua/polaridad directa
• Posición:	Vertical
• Posición normalizada (AWS/EN):	3G/PC
• Movimiento de avance:	Ascendente
• Movimiento de trabajo:	Rectilíneo o zigzag
• Número de pasadas:	1
• Número de cordones:	10
• Diámetro del electrodo (mm):	3,25
• Designación normalizada del electrodo:	E-6013
• Rango de intensidad:	70-90 amperios

SOLDADURA EN ATMÓSFERA NATURAL

EJERCICIO N.º: 11	DENOMINACIÓN: soldadura en ángulo vertical

DISEÑO DE JUNTA:

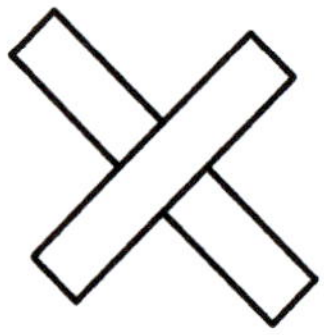

SECUENCIA DE SOLDEO:

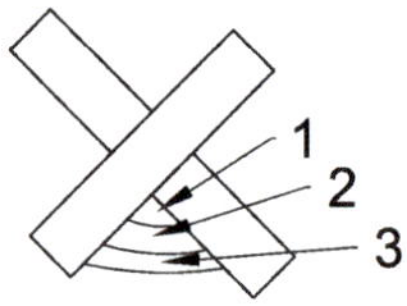

CROQUIS:

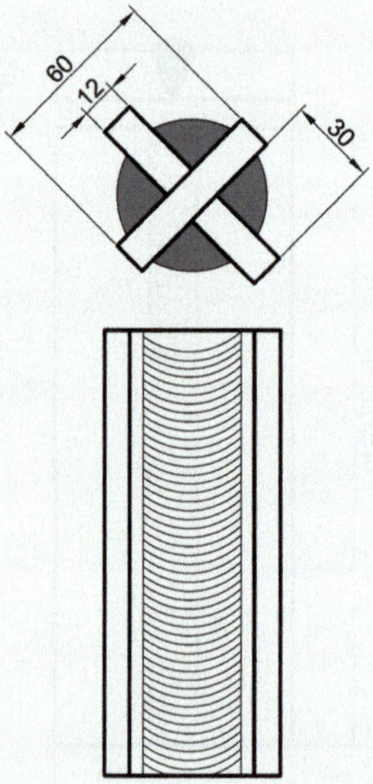

OBJETIVO: realizar soldadura en ángulo vertical tanto ascendente como descendente.

INFORMACIÓN TÉCNICA

- Proceso de soldeo: Soldadura eléctrica con electrodo revestido
- Designación normalizada (AWS/EN): SMAW/111
- Material base: 2 pletinas de acero de 150 x 30 y una de 150 x 60
- Tipo de soldadura: En ángulo
- Corriente/polaridad: Corriente continua/polaridad directa
- Posición: Vertical
- Posición normalizada (AWS/EN): 2F/Pb
- Movimiento de avance: Ascendente/descendente
- Movimiento de trabajo: Rectilíneo descendente/zigzag ascendente
- Número de pasadas: 3
- Número de cordones: 12
- Diámetro del electrodo (mm): 3,25
- Designación normalizada del electrodo: E-6013
- Rango de intensidad: 80-100 amperios

SOLDADURA EN ATMÓSFERA NATURAL

EJERCICIO N.º: 12 | **DENOMINACIÓN:** soldadura a tope en techo

DISEÑO DE JUNTA:

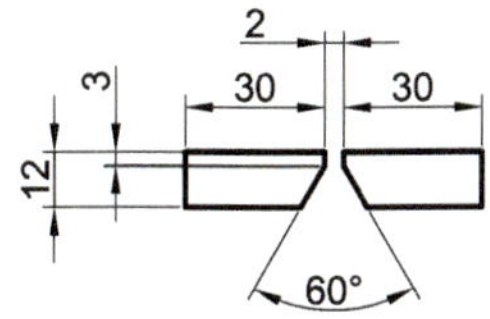

SECUENCIA DE SOLDEO:

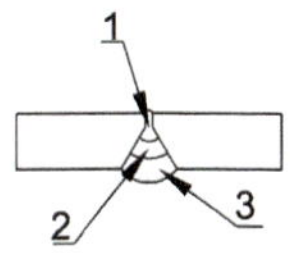

CROQUIS:

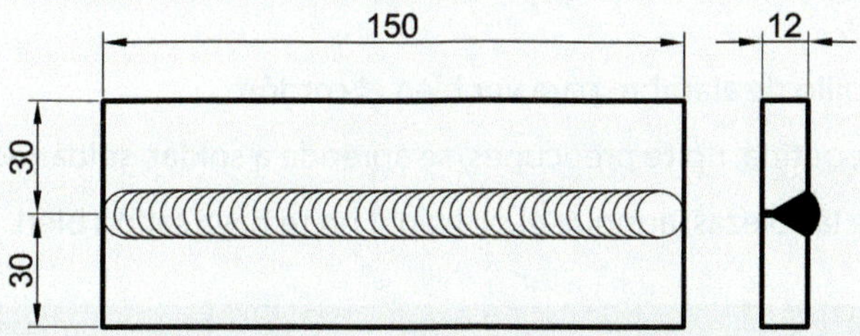

OBJETIVO: realizar soldadura a tope bajo techo.

INFORMACIÓN TÉCNICA

• Proceso de soldeo:	Soldadura eléctrica con electrodo revestido
• Designación normalizada (AWS/EN):	SMAW/111
• Material base:	2 pletinas de acero de 150 x 30 x 12
• Tipo de soldadura:	A tope
• Corriente/polaridad:	Corriente continua/polaridad directa
• Posición:	Bajo techo
• Posición normalizada (AWS/EN):	4F/PE
• Movimiento de avance:	A derechas
• Movimiento de trabajo:	Rectilíneo o en círculos
• Número de pasadas:	3
• Número de cordones:	1
• Diámetro del electrodo (mm):	2,5
• Designación normalizada del electrodo:	E-6013
• Rango de intensidad:	50-70 amperios

Proceso de soldeo de tubos de acero al carbono

Para soldar acero al carbono se procederá de la siguiente forma:

1. Lee detenidamente la Unidad 4. Soldadura eléctrica por arco con electrodo revestido.
2. Presta mucha atención a las explicaciones sobre el equipo que dará el profesor.
3. Lee el proceso de soldeo detenidamente.
4. Respeta las dimensiones de las piezas de chapa o tubo que se especifican en el proceso de soldeo.
5. Elimina las rebabas después del corte.
6. Limpia la pieza de óxidos, grasas o impurezas.
7. Alinea bien las piezas y puntéalas, empezando por el centro.
8. Colócate en una posición cómoda.
9. Realiza el cordón.
10. Límpialo con cepillo de alambre para ver bien el cordón.
11. Si es necesario repetirla, no te preocupes, se aprende a soldar, soldando mucho.
12. Termina siempre las piezas, aunque el principio no te haya salido bien.

Figura 7. Soldadura con electrodo revestido.

SOLDADURA EN ATMÓSFERA NATURAL

EJERCICIO N.º: 13	DENOMINACIÓN: soldadura de tubo cuadrado sobre chapa en horizontal

DISEÑO DE JUNTA:

SECUENCIA DE SOLDEO:

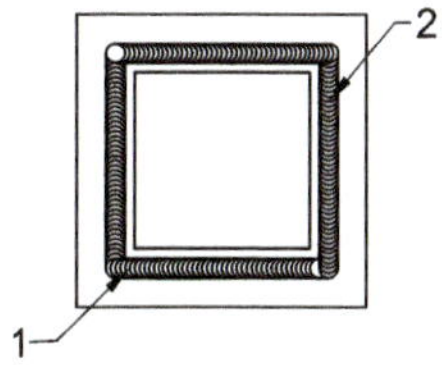

CROQUIS:

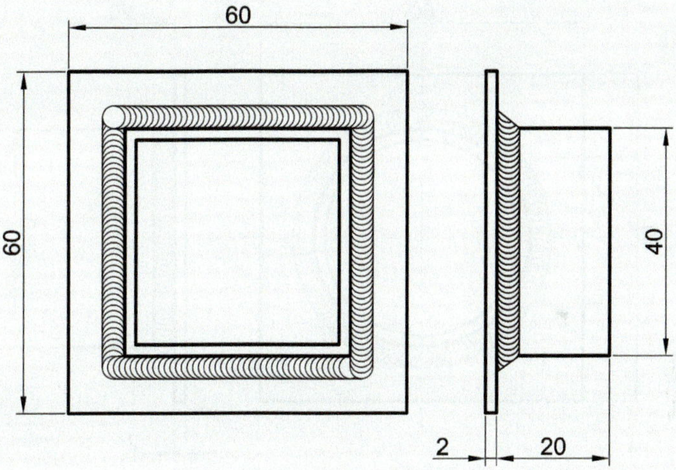

OBJETIVO: realizar soldaduras de tubos sobre superficies planas (2F).

INFORMACIÓN TÉCNICA

• Proceso de soldeo:	Soldadura eléctrica con electrodo revestido
• Designación normalizada (AWS/EN):	SMAW/111
• Material base:	Tubo de 40 x 40 x 2 y chapa de 2 mm
• Tipo de soldadura:	En ángulo
• Corriente/polaridad:	Corriente continua/polaridad directa
• Posición:	Horizontal
• Posición normalizada (AWS/EN):	2F/PB
• Movimiento de avance:	A derechas
• Movimiento de trabajo:	Rectilíneo
• Número de pasadas:	1
• Número de cordones:	1
• Diámetro del electrodo (mm):	2,5
• Designación normalizada del electrodo:	E-6013
• Rango de intensidad:	70-90 amperios

SOLDADURA EN ATMÓSFERA NATURAL

EJERCICIO N.º: 14	DENOMINACIÓN: soldadura de tubo redondo sobre chapa

DISEÑO DE JUNTA:

SECUENCIA DE SOLDEO:

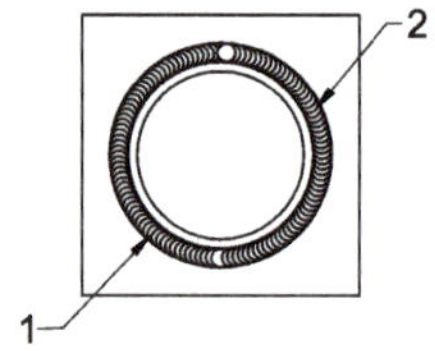

CROQUIS:

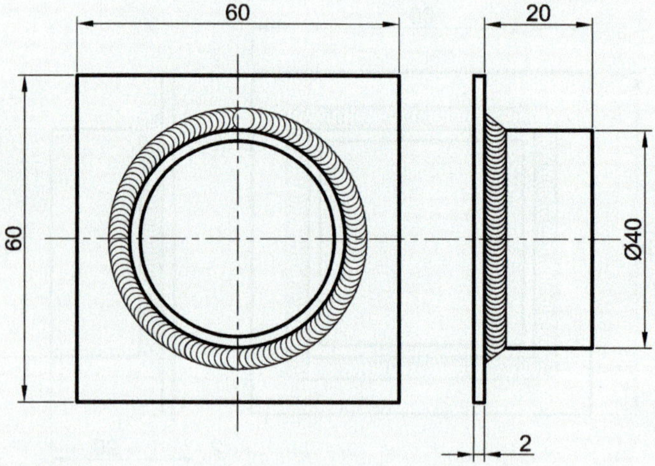

OBJETIVO: realizar soldaduras de tubos sobre superficies planas (2F).

INFORMACIÓN TÉCNICA

• Proceso de soldeo:	Soldadura eléctrica con electrodo revestido
• Designación normalizada (AWS/EN):	SMAW/111
• Material base:	Tubo redondo 40 x 2 y chapa de 2 mm
• Tipo de soldadura:	En ángulo
• Corriente/polaridad:	Corriente continua/polaridad directa
• Posición:	Horizontal
• Posición normalizada (AWS/EN):	2F/Pb
• Movimiento de avance:	A derechas
• Movimiento de trabajo:	Rectilíneo
• Número de pasadas:	1
• Número de cordones:	1
• Diámetro del electrodo (mm):	2,5
• Designación normalizada del electrodo:	E-6013
• Rango de intensidad:	70-90 amperios

SOLDADURA EN ATMÓSFERA NATURAL

EJERCICIO N.º: 15	DENOMINACIÓN: soldadura a tope en horizontal de tubos

DISEÑO DE JUNTA:

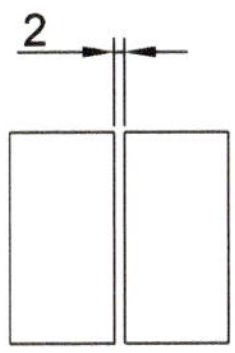

SECUENCIA DE SOLDEO:

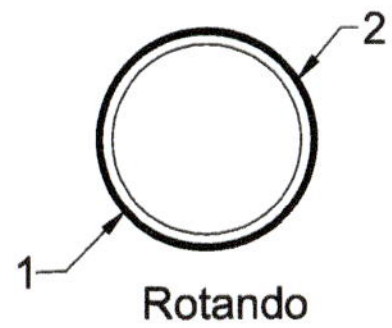

CROQUIS:

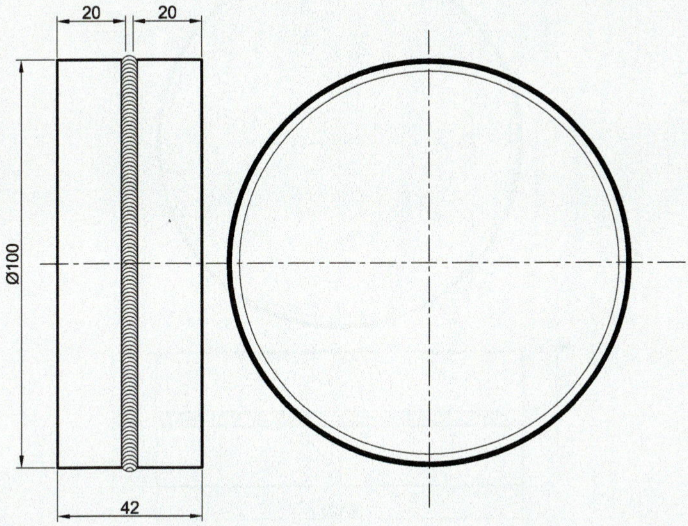

OBJETIVO: realizar soldaduras de tuberías en horizontal girando el tubo (1G).

INFORMACIÓN TÉCNICA

• Proceso de soldeo:	Soldadura eléctrica con electrodo revestido
• Designación normalizada (AWS/EN):	SMAW/111
• Material base:	Tubo redondo de 100 x 3
• Tipo de soldadura:	A tope
• Corriente/polaridad:	Corriente continua/polaridad directa
• Posición:	Horizontal (rotando el tubo)
• Posición normalizada (AWS/EN):	1G/PA
• Movimiento de avance:	A derechas
• Movimiento de trabajo:	Rectilíneo
• Número de pasadas:	1
• Número de cordones:	1
• Diámetro del electrodo (mm):	2,5
• Designación normalizada del electrodo:	E-6013
• Rango de intensidad:	70-90 amperios

SOLDADURA EN ATMÓSFERA NATURAL

EJERCICIO N.º: 16	DENOMINACIÓN: soldadura a tope de tubo en cornisa

DISEÑO DE JUNTA:

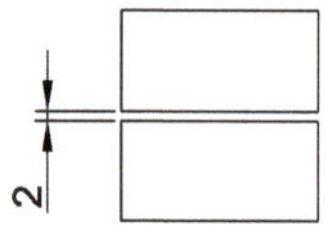

SECUENCIA DE SOLDEO:

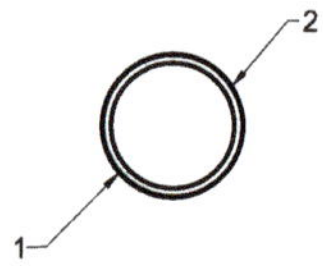

CROQUIS:

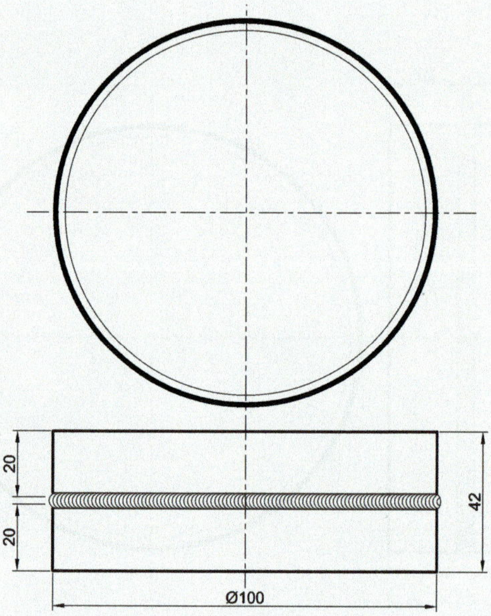

OBJETIVO: realizar soldadura de tuberías en cornisa (2G).

INFORMACIÓN TÉCNICA

• Proceso de soldeo:	Soldadura eléctrica con electrodo revestido
• Designación normalizada (AWS/EN):	SMAW/111
• Material base:	Tubo redondo de 100 x 3
• Tipo de soldadura:	A tope
• Corriente/polaridad:	Corriente continua/polaridad directa
• Posición:	Cornisa
• Posición normalizada (AWS/EN):	2G/PC
• Movimiento de avance:	A derechas
• Movimiento de trabajo:	Rectilíneo
• Número de pasadas:	1
• Número de cordones:	1
• Diámetro del electrodo (mm):	2,5
• Designación normalizada del electrodo:	E-6013
• Rango de intensidad:	70-90 amperios

SOLDADURA EN ATMÓSFERA NATURAL

EJERCICIO N.º: 17 | **DENOMINACIÓN:** soldadura a tope de tubos (5G)

DISEÑO DE JUNTA:

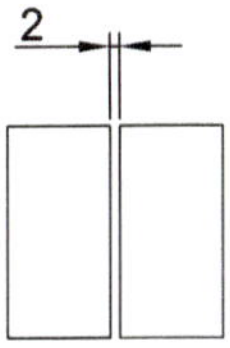

SECUENCIA DE SOLDEO:

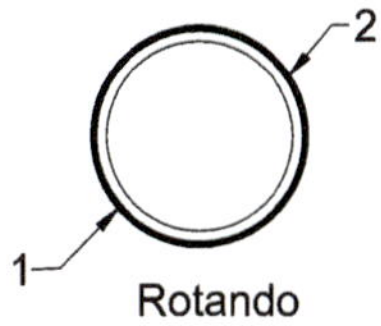

CROQUIS:

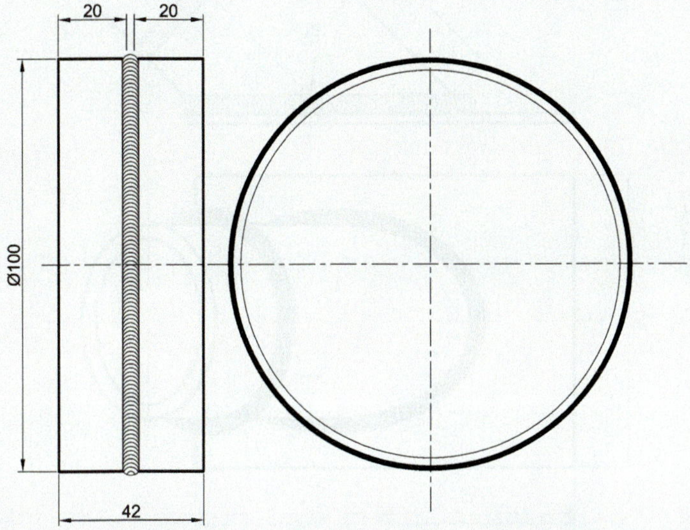

OBJETIVO: realizar soldaduras de tuberías en horizontal sin girar el tubo (5G).

INFORMACIÓN TÉCNICA

- Proceso de soldeo: Soldadura eléctrica con electrodo revestido
- Designación normalizada (AWS/EN): SMAW/111
- Material base: Tubo redondo de 100 x 3
- Tipo de soldadura: A tope
- Corriente/polaridad: Corriente continua/polaridad directa
- Posición: Horizontal (tubo fijo, sin poder rotar)
- Posición normalizada (AWS/EN): 5G/PF
- Movimiento de avance: A derechas
- Movimiento de trabajo: Rectilíneo
- Número de pasadas: 1
- Número de cordones: 1
- Diámetro del electrodo (mm): 2,5
- Designación normalizada del electrodo: E-6013
- Rango de intensidad: 70-90 amperios

SOLDADURA EN ATMÓSFERA NATURAL

EJERCICIO N.º: 18 | **DENOMINACIÓN:** ejercicio de tuberías (6G)

DISEÑO DE JUNTA:

SECUENCIA DE SOLDEO:

CROQUIS:

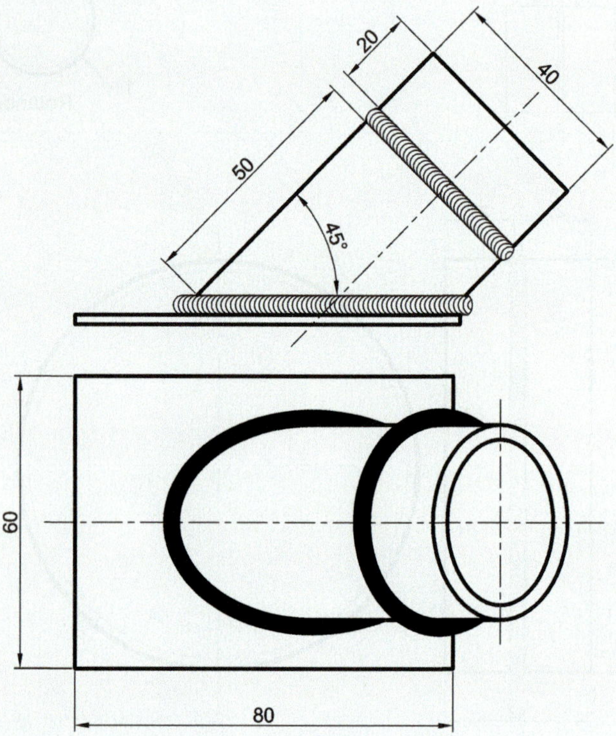

OBJETIVO: realizar soldaduras de tuberías fijas inclinadas (6G).

INFORMACIÓN TÉCNICA

• Proceso de soldeo:	Soldadura eléctrica con electrodo revestido
• Designación normalizada (AWS/EN):	SMAW/111
• Material base:	Tubo redondo de 40 x 3 y chapa de 2
• Tipo de soldadura:	Corriente continua/polaridad directa
• Corriente/polaridad:	Horizontal (tubo fijo, sin poder rotar)
• Posición:	6G
• Posición normalizada (AWS/EN):	A derechas
• Movimiento de avance:	Rectilíneo
• Movimiento de trabajo:	1
• Número de pasadas:	1
• Número de cordones:	2,5
• Diámetro del electrodo (mm):	E-6013
• Designación normalizada del electrodo:	70-90 amperios
• Rango de intensidad:	

SOLDADURA EN ATMÓSFERA NATURAL

EJERCICIO N.º: 19 | **DENOMINACIÓN:** cuadrado de tubos cuadrados

DISEÑO DE JUNTA:

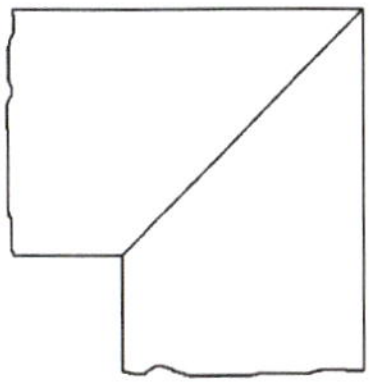

SECUENCIA DE SOLDEO:

CROQUIS:

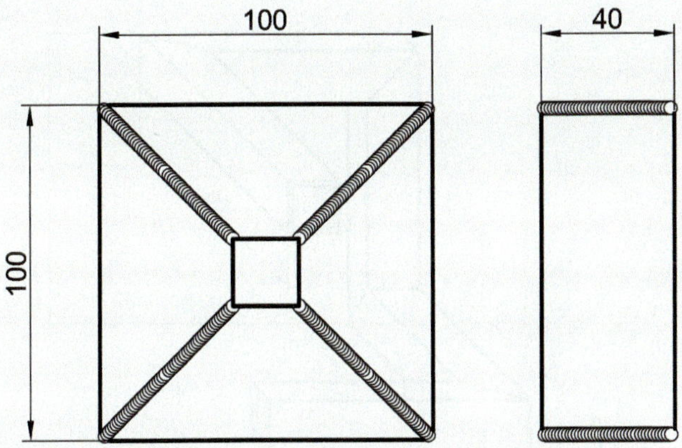

OBJETIVO: realizar montajes y soldadura de tubos.

INFORMACIÓN TÉCNICA

• Proceso de soldeo:	Soldadura eléctrica con electrodo revestido
• Designación normalizada (AWS/EN):	SMAW/111
• Material base:	Tubo cuadrado de 40 x 40
• Tipo de soldadura:	A tope
• Corriente/polaridad:	Corriente continua/polaridad directa
• Posición:	Horizontal (tubo fijo, sin poder rotar)
• Posición normalizada (AWS/EN):	1G/PA
• Movimiento de avance:	A derechas
• Movimiento de trabajo:	Rectilíneo
• Número de pasadas:	1
• Número de cordones:	1
• Diámetro del electrodo (mm):	2,5
• Designación normalizada del electrodo:	E-6013
• Rango de intensidad:	70-90 amperios

SOLDADURA EN ATMÓSFERA NATURAL

EJERCICIO N.º: 20	DENOMINACIÓN: ejercicios con tubos cuadrados

DISEÑO DE JUNTA:

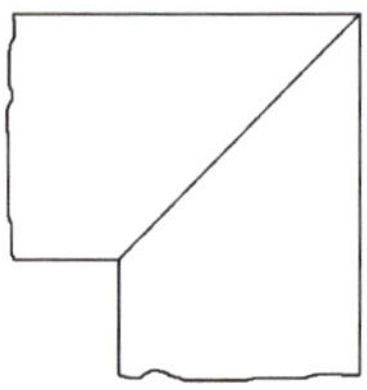

SECUENCIA DE SOLDEO:

CROQUIS:

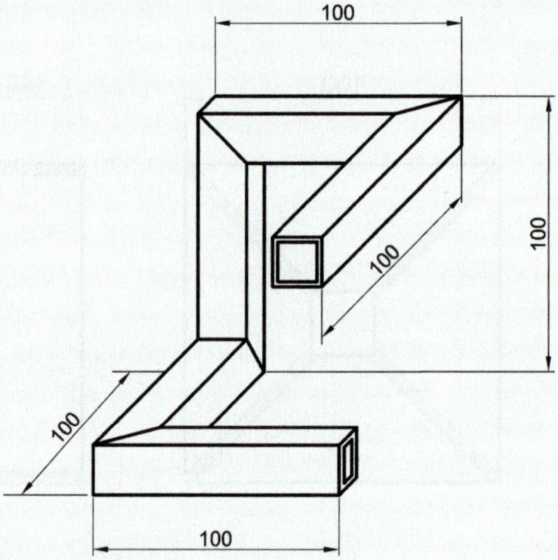

OBJETIVO: realizar montajes y soldadura de tubos cuadrados.

INFORMACIÓN TÉCNICA

• Proceso de soldeo:	Soldadura eléctrica con electrodo revestido
• Designación normalizada (AWS/EN):	SMAW/111
• Material base:	Tubo cuadrado de 20 × 20
• Tipo de soldadura:	A tope
• Corriente/polaridad:	Corriente continua/polaridad directa
• Posición:	Horizontal (tubo fijo, sin poder rotar)
• Posición normalizada (AWS/EN):	1G/PA
• Movimiento de avance:	A derechas
• Movimiento de trabajo:	Rectilíneo
• Número de pasadas:	1
• Número de cordones:	1
• Diámetro del electrodo (mm):	2,5
• Designación normalizada del electrodo:	E-6013
• Rango de intensidad:	70-90 amperios

SOLDADURA EN ATMÓSFERA NATURAL

EJERCICIO N.º: 21	DENOMINACIÓN: codo de cuatro virolas
DISEÑO DE JUNTA:	SECUENCIA DE SOLDEO:

CROQUIS:

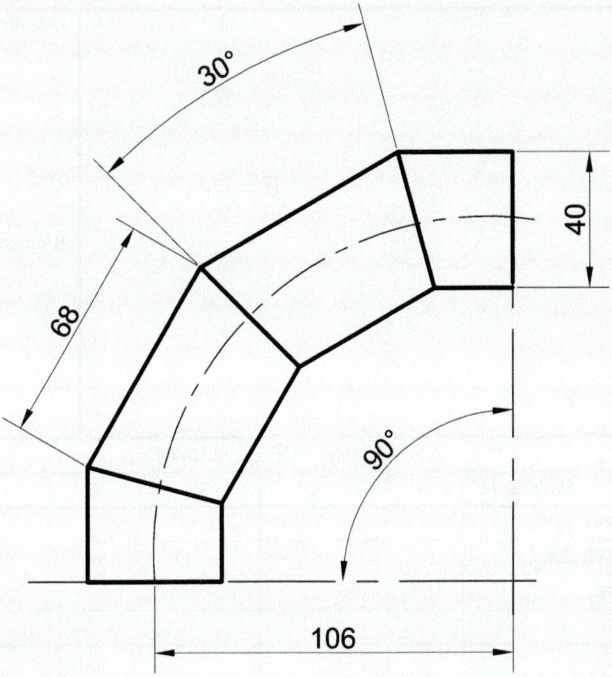

OBJETIVO: realizar montajes y soldadura de tubos.

INFORMACIÓN TÉCNICA

• Proceso de soldeo:	Soldadura eléctrica con electrodo revestido
• Designación normalizada (AWS/EN):	SMAW/111
• Material base:	Tubo redondo de 40
• Tipo de soldadura:	A tope
• Corriente/polaridad:	Corriente continua/polaridad directa
• Posición:	Horizontal
• Posición normalizada (AWS/EN):	1G/PA
• Movimiento de avance:	A derechas
• Movimiento de trabajo:	Rectilíneo
• Número de pasadas:	—
• Número de cordones:	—
• Diámetro del electrodo (mm):	2,5
• Designación normalizada del electrodo:	E-6013
• Rango de intensidad:	70-90 amperios

Departamento de Fabricación Mecánica	Soldadura en atmósfera natural					Ciclo de grado medio de Soldadura y Calderería
EJERCICIO N.°	Proceso de soldeo:					
Material:	Tipo de soldadura:			Posición:		
Movimiento de avance:	Número de pasadas:			Posición (AWS/EN):		
CROQUIS				Diseño de junta Secuencia de soldeo		
A RELLENAR POR EL ALUMNO						
Pasada N.°	1	2	3	4	5	6
Electrodo (Ø mm)						
Clasificación AWS (elec.)						
Tipo de corriente						
Polaridad						
Intensidad (A)						
Voltaje (V)						
Varillla de aporte (Ø mm)						
Presión de oxígeno						
Presión de acetileno						
Movimiento de trabajo						
Movimiento de desplazamiento						
OBSERVACIONES						
Dificultad encontrada (de 1 a 5):	Tiempo invertido:			N.° de piezas realizadas:		
A RELLENAR POR EL PROFESOR						
OBSERVACIONES				Fecha de entrega		
				Calificación del ejercicio		
				Actitud		

Figura 8. Hoja de procesos.

Prácticas de soldadura oxiacetilénica

Objetivos

- Utilizar equipos de soldadura oxiacetilénica.
- Conocer los consumibles del proceso.
- Realizar con soltura soldaduras por oxigás.
- Realizar el mantenimiento de primer nivel de herramientas y equipos.
- Aprender a montar las piezas y prepararlas antes y después de la soldadura.
- Participar en el reciclado de materiales, limpieza y orden del taller.
- Utilizar y tomar conciencia de la importancia de los EPI.

Contenidos

Ejercicios prácticos de soldadura oxiacetilénica

Introducción

La última unidad didáctica se dedica a los ejercicios prácticos de soldadura oxiacetilénica. Ten especial cuidado con los gases, pues son peligrosos. Piensa que el soplete sigue encendido cuando paras de soldar, no es como la soldadura eléctrica, que, cuando levantas el electrodo, cesa el arco.

Enciende el soplete cuando vayas a soldar y apágalo en cuanto termines, así evitarás peligros y ahorrarás gases.

Aprovecha bien todos los recursos. En soldadura, lo más importante es practicar mucho, eso es lo que da la destreza.

Proceso de soldeo del acero al carbono

Para soldar acero al carbono se procederá de la siguiente manera:

1. Lee detenidamente la Unidad 5. Soldadura oxiacetilénica.
2. Presta mucha atención a las explicaciones sobre el equipo que dará el profesor.
3. Lee la información técnica detenidamente.
4. Respeta las dimensiones de las piezas de chapa o tubo que se especifican en el proceso de soldeo.
5. Elimina las rebabas después del corte.
6. Limpia la pieza de óxidos, grasas o impurezas.
7. Alinea bien las piezas y puntéalas empezando por el centro.
8. Ponte en una posición cómoda.
9. Realiza el cordón.
10. Límpialo con cepillo de alambre para ver bien el cordón.
11. Si es necesario repetirla no te preocupes, se aprende a soldar, soldando mucho.
12. Termina siempre las piezas, aunque el principio no te haya salido bien.

Preparación de piezas

Con la oxiacetilénica vamos a soldar piezas de pequeño espesor que se deformarán bastante por los efectos del calor. Un método que puede ayudar a corregir esto en cierta medida es deformar previamente en sentido contrario las piezas para que después la deformación juegue a nuestro favor. En la Figura 1 se muestra un ejemplo.

1. Piezas sueltas.
2. Colocación con la ayuda de un calzo.
3. Punteado, retirada del calzo y soldadura.
4. La pieza debido a la contracción por la temperatura, se enderezará.

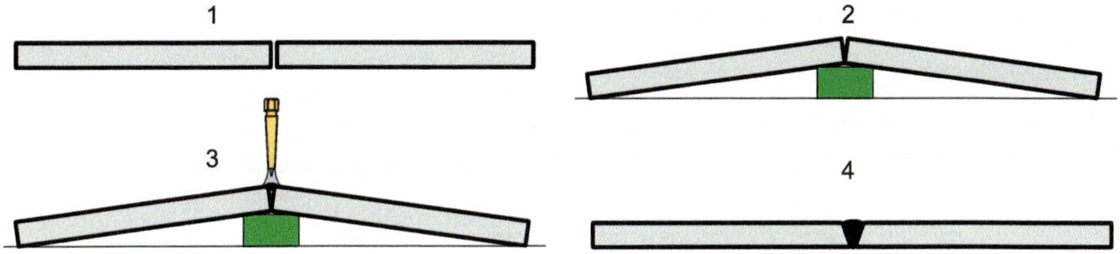

Figura 1. Predeformado de piezas para soldeo.

A veces, como son chapas finas, habrá que puntear con un poco de material de aporte.

Repasa los contenidos sobre normalización de la unidad anterior antes de empezar a hacer los ejercicios propuestos.

Al ser chapa fina no es necesario dejar separación entre las piezas para conseguir penetración.

Solo se pide penetración en las piezas soldadas a tope. En las de solape y las de ángulo se realiza el cordón sin penetración.

SOLDADURA EN ATMÓSFERA NATURAL

EJERCICIO N.º: 1	DENOMINACIÓN: soldadura a tope sin aporte

DISEÑO DE JUNTA:	SECUENCIA DE SOLDEO:

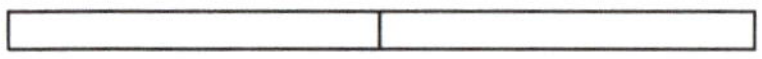

CROQUIS:

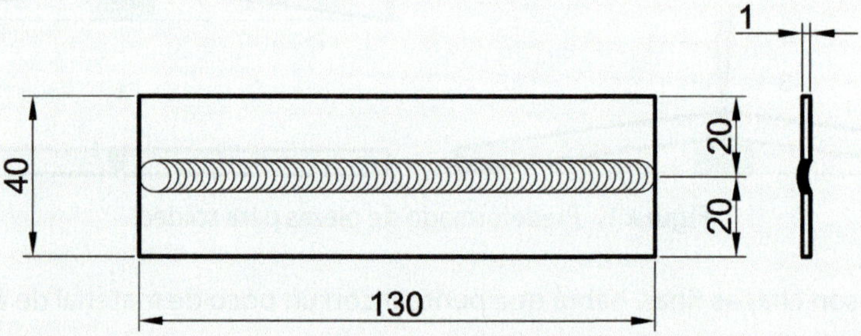

OBJETIVO: realizar uniones de chapa sin material de aportación.

INFORMACIÓN TÉCNICA

• Proceso de soldeo:	Soldadura oxiacetilénica
• Designación normalizada (AWS/EN):	OAW/311
• Material base:	2 chapas de 130 x 20 x 1
• Tipo de soldadura:	A tope
• Posición:	Horizontal
• Posición normalizada (AWS/EN):	1G/PA
• Movimiento de avance:	A izquierdas
• Movimiento de trabajo:	Rectilíneo o en círculos
• Número de cordones:	1
• Diámetro de la varilla de aporte:	—
• Designación normalizada varilla:	—
• Presión de oxígeno:	5 kg/cm^2
• Presión de acetileno:	0,5 kg/cm^2
• Número de boquilla:	0

SOLDADURA EN ATMÓSFERA NATURAL

EJERCICIO N.º: 2	DENOMINACIÓN: soldadura a tope con aporte

DISEÑO DE JUNTA:

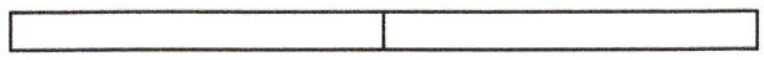

SECUENCIA DE SOLDEO:

CROQUIS:

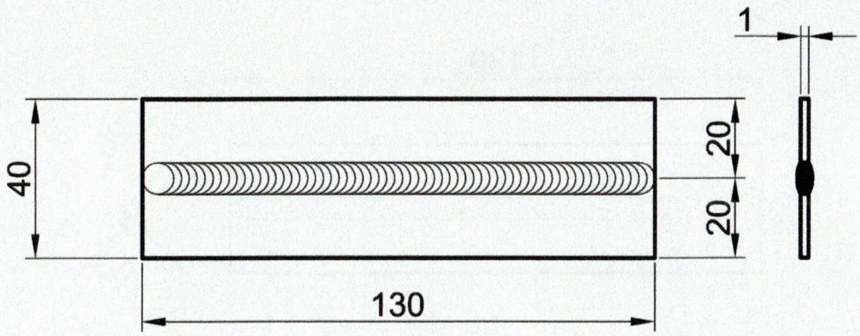

OBJETIVO: realizar uniones de chapa con material de aportación.

INFORMACIÓN TÉCNICA

• Proceso de soldeo:	Soldadura oxiacetilénica
• Designación normalizada (AWS/EN):	OAW/311
• Material base:	2 chapas de 130 x 20 x 1
• Tipo de soldadura:	A tope
• Posición:	Horizontal
• Posición normalizada (AWS/EN):	1G/PA
• Movimiento de avance:	A izquierdas
• Movimiento de trabajo:	Rectilíneo o en círculos
• Número de cordones:	1
• Diámetro de la varilla de aporte:	1,6
• Designación normalizada varilla:	ER 70S-3
• Presión de oxígeno:	5 kg/cm^2
• Presión de acetileno:	0,5 kg/cm^2
• Número de boquilla:	0

SOLDADURA EN ATMÓSFERA NATURAL

EJERCICIO N.º: 3	DENOMINACIÓN: soldadura en ángulo exterior acunado

DISEÑO DE JUNTA:

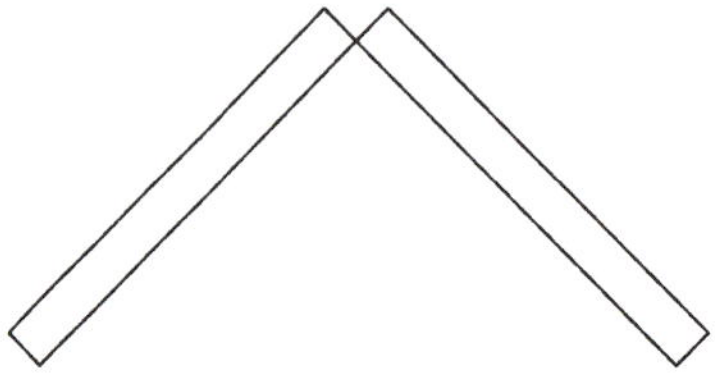

SECUENCIA DE SOLDEO:

CROQUIS:

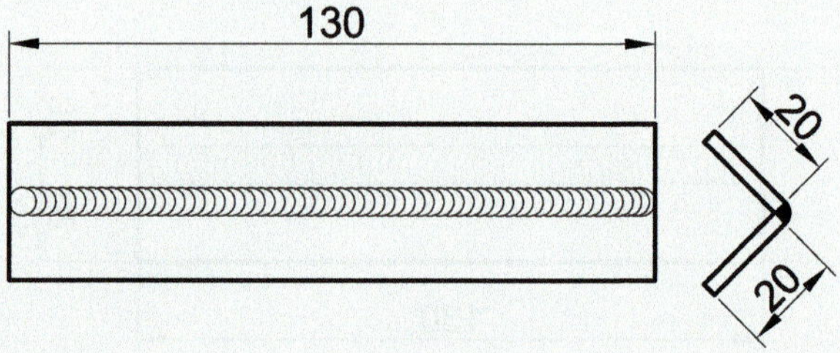

OBJETIVO: realizar soldadura en ángulo exterior con soltura sin aporte.

INFORMACIÓN TÉCNICA

• Proceso de soldeo:	Soldadura oxiacetilénica
• Designación normalizada (AWS/EN):	OAW/311
• Material base:	2 chapas de 130 x 20 x 1
• Tipo de soldadura:	A tope
• Posición:	Horizontal
• Posición normalizada (AWS/EN):	1G/PA
• Movimiento de avance:	A izquierdas
• Movimiento de trabajo:	Rectilíneo o en círculos
• Número de cordones:	1
• Diámetro de la varilla de aporte:	—
• Designación normalizada varilla:	—
• Presión de oxígeno:	5 kg/cm^2
• Presión de acetileno:	0,5 kg/cm^2
• Número de boquilla:	0

SOLDADURA EN ATMÓSFERA NATURAL

EJERCICIO N.º: 4	DENOMINACIÓN: soldadura a solape sin aporte

DISEÑO DE JUNTA:

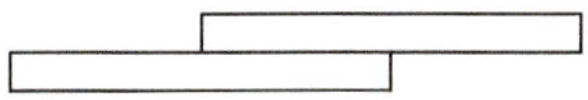

SECUENCIA DE SOLDEO:

CROQUIS:

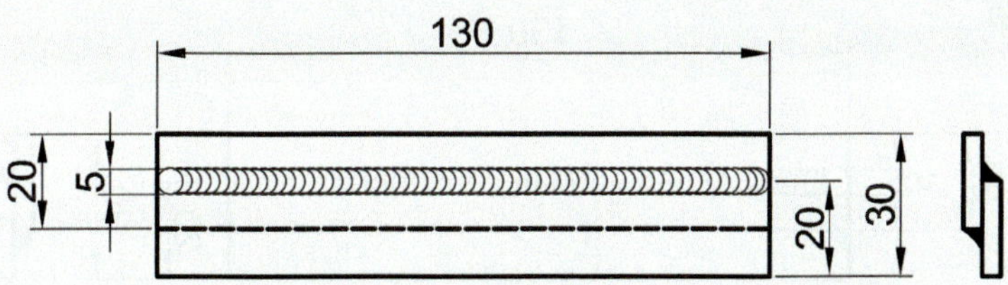

OBJETIVO: realizar soldaduras de chapas a solape sin material de aportación.

INFORMACIÓN TÉCNICA

• Proceso de soldeo:	Soldadura oxiacetilénica
• Designación normalizada (AWS/EN):	OAW/311
• Material base:	2 chapas de 130 x 20 x 1
• Tipo de soldadura:	A tope
• Posición:	Horizontal
• Posición normalizada (AWS/EN):	1G/PA
• Movimiento de avance:	A izquierdas
• Movimiento de trabajo:	Rectilíneo o en círculos
• Número de cordones:	1
• Diámetro de la varilla de aporte:	—
• Designación normalizada varilla:	—
• Presión de oxígeno:	5 kg/cm^2
• Presión de acetileno:	0,5 kg/cm^2
• Número de boquilla:	0

SOLDADURA EN ATMÓSFERA NATURAL

EJERCICIO N.º: 5	DENOMINACIÓN: soldadura a solape con aporte

DISEÑO DE JUNTA:	SECUENCIA DE SOLDEO:
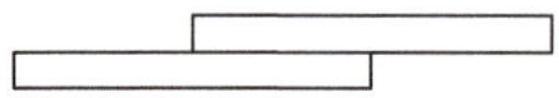	

CROQUIS:

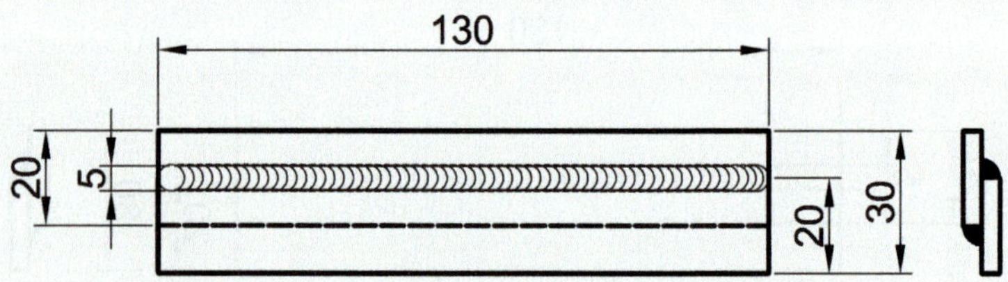

OBJETIVO: realizar soldaduras de chapas a solape con material de aportación.

INFORMACIÓN TÉCNICA

• Proceso de soldeo:	Soldadura oxiacetilénica
• Designación normalizada (AWS/EN):	OAW/311
• Material base:	2 chapas de 130 x 20 x 1
• Tipo de soldadura:	A solape
• Posición:	Horizontal
• Posición normalizada (AWS/EN):	1G/PA
• Movimiento de avance:	A izquierdas
• Movimiento de trabajo:	Rectilíneo o en círculos
• Número de cordones:	1
• Diámetro de la varilla de aporte:	1,6
• Designación normalizada varilla:	ER 70S-3
• Presión de oxígeno:	5 kg/cm^2
• Presión de acetileno:	0,5 kg/cm^2
• Número de boquilla:	0

SOLDADURA EN ATMÓSFERA NATURAL

EJERCICIO N.º: 6	DENOMINACIÓN: soldadura en ángulo interior con aporte

DISEÑO DE JUNTA:

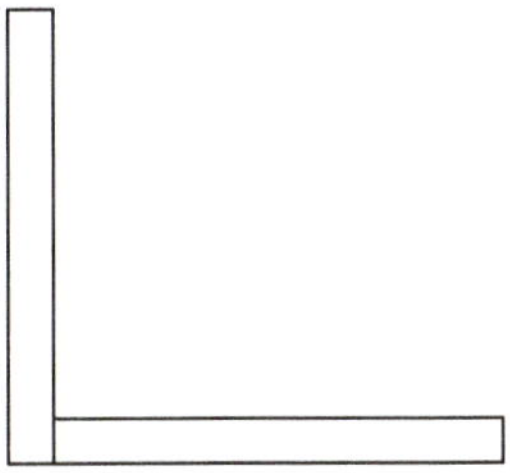

SECUENCIA DE SOLDEO:

CROQUIS:

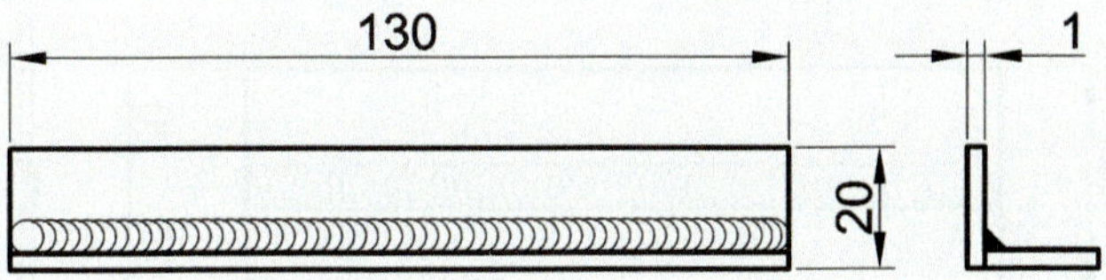

OBJETIVO: realizar soldaduras de chapas en ángulo interior (rincón) con aporte de material.

INFORMACIÓN TÉCNICA

- Proceso de soldeo: Soldadura oxiacetilénica
- Designación normalizada (AWS/EN): OAW/311
- Material base: 2 chapas de 130 x 20 x 1
- Tipo de soldadura: En ángulo
- Posición: Horizontal
- Posición normalizada (AWS/EN): 2F/PB
- Movimiento de avance: A izquierdas
- Movimiento de trabajo: Rectilíneo o en círculos
- Número de cordones: 1
- Diámetro de la varilla de aporte: 1,6
- Designación normalizada varilla: ER 70S-3
- Presión de oxígeno: 5 kg/cm^2
- Presión de acetileno: 0,5 kg/cm^2
- Número de boquilla: 0

SOLDADURA EN ATMÓSFERA NATURAL

EJERCICIO N.º: 7	DENOMINACIÓN: soldadura en cornisa sin aporte

DISEÑO DE JUNTA:

SECUENCIA DE SOLDEO:

CROQUIS:

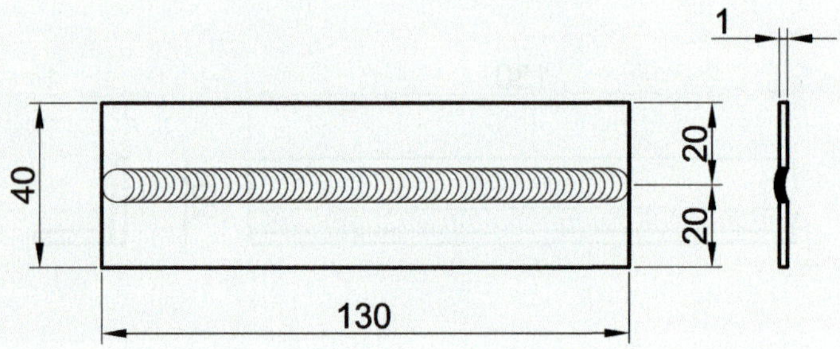

OBJETIVO: realizar soldaduras en cornisa sin aporte de material.

INFORMACIÓN TÉCNICA

• Proceso de soldeo:	Soldadura oxiacetilénica
• Designación normalizada (AWS/EN):	OAW/311
• Material base:	2 chapas de 130 x 20 x 1
• Tipo de soldadura:	A tope
• Posición:	Cornisa
• Posición normalizada (AWS/EN):	2G/PC
• Movimiento de avance:	A izquierdas
• Movimiento de trabajo:	Rectilíneo o en círculos
• Número de cordones:	1
• Diámetro de la varilla de aporte:	1,6
• Designación normalizada varilla:	—
• Presión de oxígeno:	5 kg/cm^2
• Presión de acetileno:	0,5 kg/cm^2
• Número de boquilla:	0

SOLDADURA EN ATMÓSFERA NATURAL

EJERCICIO N.º: 8	DENOMINACIÓN: soldadura en ángulo interior con aporte

DISEÑO DE JUNTA:

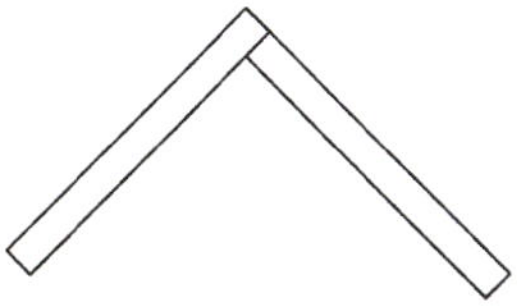

SECUENCIA DE SOLDEO:

CROQUIS:

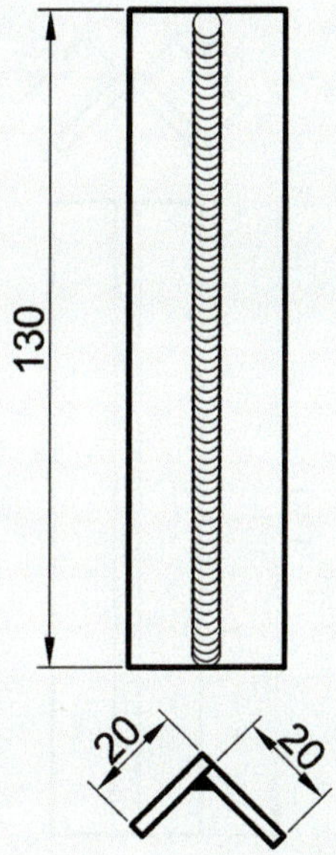

OBJETIVO: realizar soldaduras de chapas en ángulo interior con aporte de material.

INFORMACIÓN TÉCNICA

- Proceso de soldeo: Soldadura oxiacetilénica
- Designación normalizada (AWS/EN): OAW/311
- Material base: 2 chapas de 130 x 20 x 1
- Tipo de soldadura: En ángulo interior
- Posición: Vertical
- Posición normalizada (AWS/EN): 3F/PG
- Movimiento de avance: Ascendente
- Movimiento de trabajo: Rectilíneo o en círculos
- Número de cordones: 1
- Diámetro de la varilla de aporte: 1,6
- Designación normalizada varilla: ER 70S-3
- Presión de oxígeno: 5 kg/cm^2
- Presión de acetileno: 0,5 kg/cm^2
- Número de boquilla: 0

SOLDADURA EN ATMÓSFERA NATURAL

EJERCICIO N.º: 9	DENOMINACIÓN: soldadura en ángulo exterior sin aporte

DISEÑO DE JUNTA:	SECUENCIA DE SOLDEO:
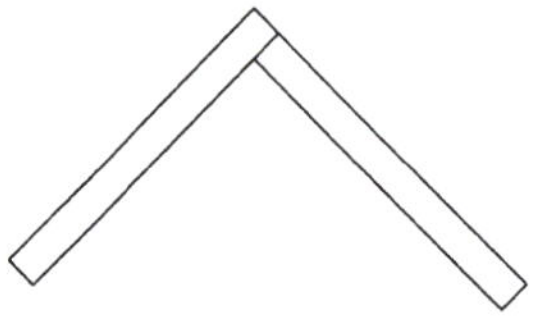	

CROQUIS:

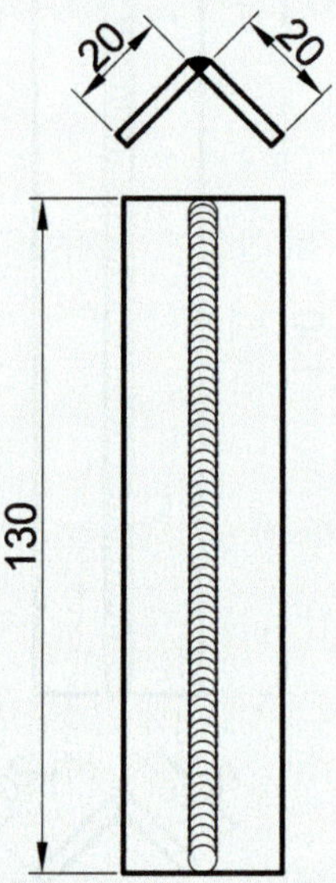

OBJETIVO: realizar soldaduras de chapas en ángulo exterior sin aporte de material.

INFORMACIÓN TÉCNICA	
• Proceso de soldeo:	Soldadura oxiacetilénica
• Designación normalizada (AWS/EN):	OAW/311
• Material base:	2 chapas de 130 x 20 x 1
• Tipo de soldadura:	En ángulo exterior
• Posición:	Vertical
• Posición normalizada (AWS/EN):	3F/PG
• Movimiento de avance:	Descendente
• Movimiento de trabajo:	Rectilíneo o en círculos
• Número de cordones:	1
• Diámetro de la varilla de aporte:	—
• Designación normalizada varilla:	—
• Presión de oxígeno:	5 kg/cm^2
• Presión de acetileno:	0,5 kg/cm^2
• Número de boquilla:	0

Proceso de soldeo de tuberías de acero

Para soldar acero al carbono se procederá de la siguiente manera:

1. Lee detenidamente la Unidad 5. Soldadura oxiacetilénica.
2. Presta mucha atención a las explicaciones sobre el equipo que dará el profesor.
3. Lee el proceso de soldeo detenidamente.
4. Respeta las dimensiones de las piezas de chapa o tubo que se especifican en el proceso de soldeo.
5. Elimina las rebabas después del corte.
6. Limpia la pieza de óxidos, grasas o impurezas.
7. Alinea bien las piezas y puntéalas empezado por el centro.
8. Colócate en una posición cómoda.
9. Realiza el cordón.
10. Límpialo con cepillo de alambre para ver bien el cordón.
11. Si es necesario repetirla, no te preocupes, se aprende a soldar, soldando mucho.
12. Termina siempre las piezas, aunque el principio no te haya salido bien.

Todos los ejercicios de tuberías se soldarán con aporte.

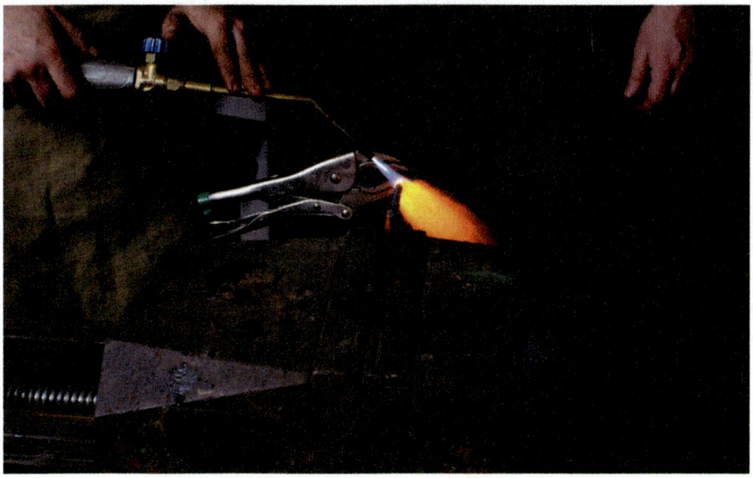

Figura 2. Soldadura oxiacetilénica.

SOLDADURA EN ATMÓSFERA NATURAL

EJERCICIO N.º: 10	DENOMINACIÓN: soldadura de tubo cuadrado a chapa

DISEÑO DE JUNTA:

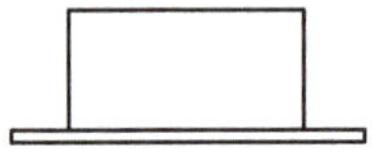

SECUENCIA DE SOLDEO:

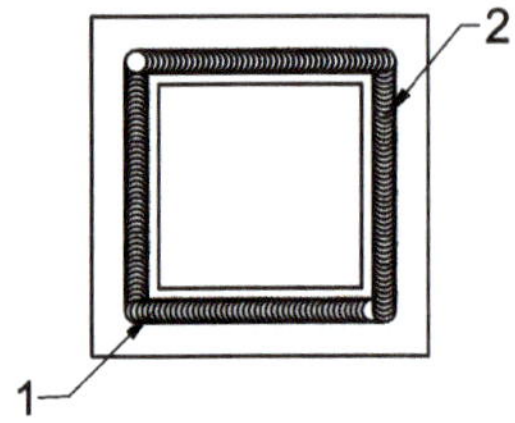

CROQUIS:

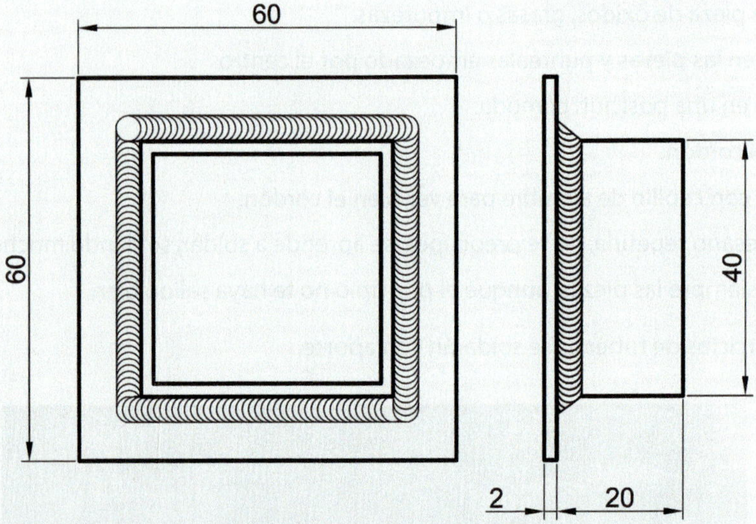

OBJETIVO: realizar soldaduras de tubos y chapas con metal de aporte.

INFORMACIÓN TÉCNICA

• Proceso de soldeo:	Soldadura oxiacetilénica
• Designación normalizada (AWS/EN):	OAW/311
• Material base:	Chapa de 60 x 60 x 1 y tubo cuadrado 40 x 40
• Tipo de soldadura:	En ángulo
• Posición:	Horizontal
• Posición normalizada (AWS/EN):	2F/PB
• Movimiento de avance:	A izquierdas
• Movimiento de trabajo:	Rectilíneo o en círculos
• Número de cordones:	1
• Diámetro de la varilla de aporte:	1,6
• Designación normalizada varilla:	ER 70S-3
• Presión de oxígeno:	5 kg/cm²
• Presión de acetileno:	0,5 kg/cm²
• Número de boquilla:	0

SOLDADURA EN ATMÓSFERA NATURAL

EJERCICIO N.º: 11 | **DENOMINACIÓN:** soldadura de tubo redondo a chapa

DISEÑO DE JUNTA:

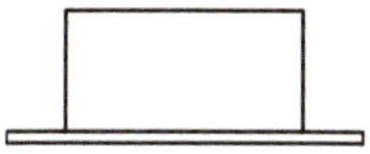

SECUENCIA DE SOLDEO:

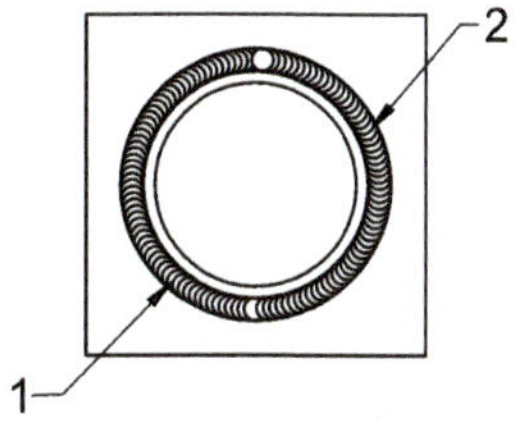

CROQUIS:

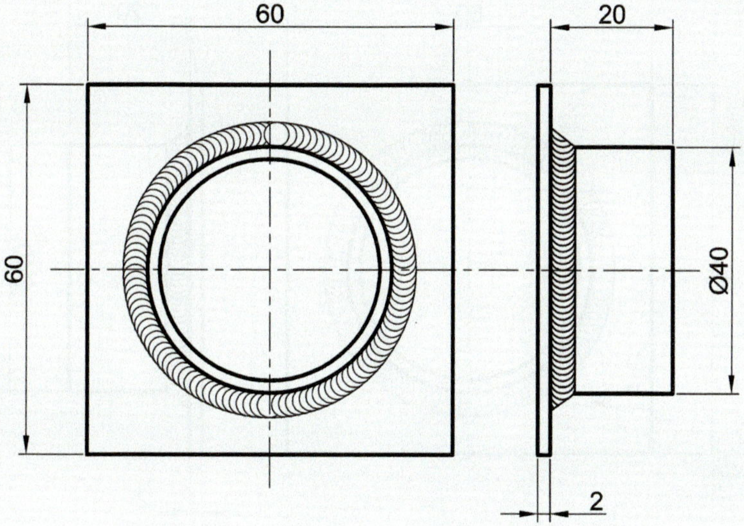

OBJETIVO: realizar soldaduras de tubos y chapas con metal de aporte.

INFORMACIÓN TÉCNICA

- Proceso de soldeo: Soldadura oxiacetilénica
- Designación normalizada (AWS/EN): OAW/311
- Material base: Chapa de 60 x 60 x 1 y tubo redondo de 40 x 1
- Tipo de soldadura: En ángulo
- Posición: Horizontal
- Posición normalizada (AWS/EN): 2F/PB
- Movimiento de avance: A izquierdas
- Movimiento de trabajo: Rectilíneo o en círculos
- Número de cordones: 1
- Diámetro de la varilla de aporte: 1,6
- Designación normalizada varilla: ER 70S-3
- Presión de oxígeno: 5 kg/cm^2
- Presión de acetileno: 0,5 kg/cm^2
- Número de boquilla: 0

SOLDADURA EN ATMÓSFERA NATURAL

EJERCICIO N.º: 12	DENOMINACIÓN: soldadura fuerte de tubo redondo a chapa

DISEÑO DE JUNTA:

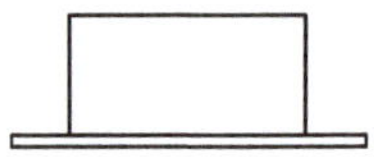

SECUENCIA DE SOLDEO:

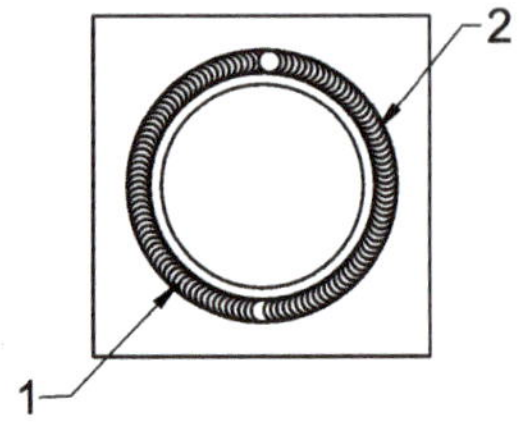

CROQUIS:

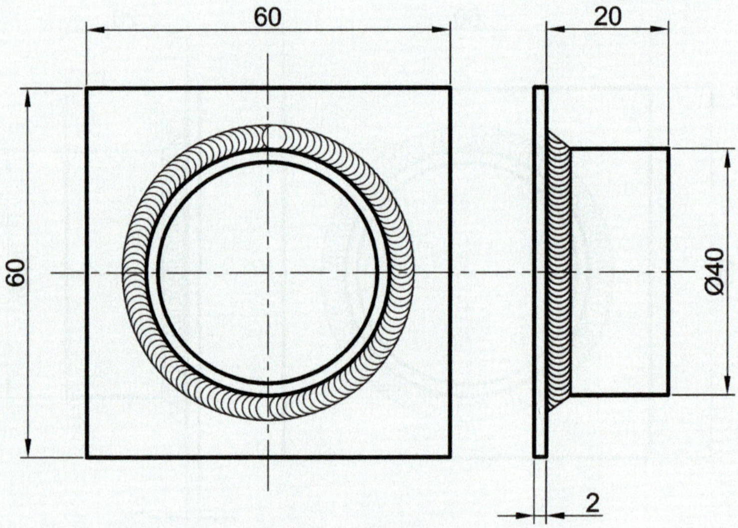

OBJETIVO: realizar soldaduras fuertes con aporte de latón de tubos y chapas.

INFORMACIÓN TÉCNICA

• Proceso de soldeo:	Soldadura oxiacetilénica
• Designación normalizada (AWS/EN):	OAW/311
• Material base:	Chapa de 60 x 60 x 1 y tubo redondo de 40 x 1
• Tipo de soldadura:	En ángulo
• Posición:	Horizontal
• Posición normalizada (AWS/EN):	2F/PB
• Movimiento de avance:	A izquierdas
• Movimiento de trabajo:	Rectilíneo o en círculos
• Número de cordones:	1
• Diámetro de la varilla de aporte:	1,6
• Designación normalizada varilla:	ER 70S-3
• Presión de oxígeno:	5 kg/cm^2
• Presión de acetileno:	0,5 kg/cm^2
• Número de boquilla:	0

Departamento de Fabricación Mecánica	Soldadura en atmósfera natural	Ciclo de grado medio de Soldadura y Calderería

EJERCICIO N.°	Proceso de soldeo:	
Material:	Tipo de soldadura:	Posición:
Movimiento de avance:	Número de pasadas:	Posición (AWS/EN):

CROQUIS	Diseño de junta
	Secuencia de soldeo

A RELLENAR POR EL ALUMNO						
Pasada N.°	1	2	3	4	5	6
Electrodo (Ø mm)						
Clasificación AWS (elec.)						
Tipo de corriente						
Polaridad						
Intensidad (A)						
Voltaje (V)						
Varillla de aporte (Ø mm)						
Presión de oxígeno						
Presión de acetileno						
Movimiento de trabajo						
Movimiento de desplazamiento						

OBSERVACIONES

Dificultad encontrada (de 1 a 5):	Tiempo invertido:	N.° de piezas realizadas:

A RELLENAR POR EL PROFESOR		
OBSERVACIONES	Fecha de entrega	
	Calificación del ejercicio	
	Actitud	

Figura 3. Hoja de procesos.

Modelo imprimible para desarrollar los ejercicios prácticos disponible en www.paraninfo.es